工业设计专业系列教材

产品设计材料与工艺

主　编　陈炳发　吴　讯　王文明
副主编　周海海　姬科举

电子工业出版社
Publishing House of Electronics Industry
北京·BEIJING

内 容 简 介

无法落地实现的设计概念，如同空中楼阁，因此产品设计的落地性至关重要。由于材料在设计中发挥着无可替代的作用，因此在产品设计过程中，充分考虑材料的性能、成型工艺，能够大大提高产品的可实现性。

本教材主要内容包括：设计材料的相关概念、设计材料的性能与特性、设计材料的选择等；设计材料的感性认识，包括材料的质感、材料的美学规律研究；常用设计材料（金属、塑料、陶瓷、玻璃、木材）的性能、成型工艺及其在设计中的运用；最新材料技术的相关介绍。

本书可作为本科高等教育工业设计、产品设计专业相关课程的教学用书，也可供工业设计、产品设计一线从业人员参考使用。

未经许可，不得以任何方式复制或抄袭本书之部分或全部内容。
版权所有，侵权必究。

图书在版编目（CIP）数据

产品设计材料与工艺 / 陈炳发，吴讯，王文明主编.
北京：电子工业出版社，2024. 10. -- ISBN 978-7-121-48984-6

Ⅰ．TB472

中国国家版本馆CIP数据核字第2024185UH3号

责任编辑：赵玉山
印　　刷：中国电影出版社印刷厂
装　　订：中国电影出版社印刷厂
出版发行：电子工业出版社
　　　　　北京市海淀区万寿路173信箱　邮编：100036
开　　本：787×1092　1/16　印张：19.5　字数：524千字
版　　次：2024年10月第1版
印　　次：2024年10月第1次印刷
定　　价：99.00元

凡所购买电子工业出版社图书有缺损问题，请向购买书店调换。若书店售缺，请与本社发行部联系，联系及邮购电话：（010）88254888，88258888。
质量投诉请发邮件至 zlts@phei.com.cn，盗版侵权举报请发邮件至 dbqq@phei.com.cn。
本书咨询联系方式：（010）88254556，zhaoys@phei.com.cn。

前　言

"造型材料与工艺"是工业设计、产品设计专业学生的专业基础课程，能增强学生对材料的理解和运用能力，使学生在设计中能创造出符合材料特性同时又具有时代美感的产品。本教材从材料要素（如性能、成型工艺及材质美感等）出发，研究各种材料在产品创新设计中的应用规律。

通过本教材的学习，读者可以掌握常用设计材料的性能、成型工艺及设计运用等基本理论、基本知识和基本技能，掌握一定的产品材料形式美的规律，具备一定的产品 CMF 设计的能力；并具有灵活运用材料特性设计产品造型的能力，具备一定运用材料创新来进行产品创新设计的能力。与以往同类型的教材相比，本教材增加了新材料、仿生材料等最新的技术内容，能够为产品的创新设计提供更为广阔的眼界和思路。

本教材的编写建立在作者多年的教学和设计实践经验的基础上，团队教师承担了城市有轨电车、轻型飞机、无人直升机、高端机电装备等产品的工业设计项目，具有丰富的设计实战经验。本教材辅以各类具有特色的教学活动，在内容编排上强调理论联系实际，能够较好地满足设计类学生将设计概念转化为现实产品的需求；能够满足设计类学生在注重可实现性与经济性的同时进行创新设计的需求；能够有效地强化学生的创新创业思维和求职就业能力。本教材将传统的知识点组织成系统化的思维大纲，形式独特新颖，是一本实用性较强的设计材料与工艺教材。

本教材的策划统筹由吴讯、陈炳发完成，陈炳发对全书的组织架构提出了建设性意见。第 1、3、4、5、6 章由吴讯完成编写；第 2、7、9 章由王文明完成编写；第 8 章由姬科举完成编写；周海海、吴讯完成本教材知识点的整理；吴讯、陈炳发完成全书的校稿工作。基于本教材的电子教案、教学视频由吴讯、周海海、董湛、杨国强（企业导师）、吴沙（企业导师）完成。本教材在编写过程中得到了朱如鹏教授、于敏教授的大力支持，研究生李佳益、曾效良、张惠琳等同学参与了本教材知识点和教学数字资源的搜集和整理工作，本科生朱阔、欧阳沏霖、卫东龙、卞雅新、闫婧怡、赵雪、卞辰晨、胡韵、王清宇、艾月婷、任茜茜参与了资料收集、案例整理、文字编排等工作，在此一并表示感谢。

目 录

第 1 章
产品设计材料与工艺概述 ········· 001

1.1 材料工艺与设计 ············· 001
    1.1.1 材料的定义 ············· 001
    1.1.2 材料与设计 ············· 002
    1.1.3 设计中的工艺因素 ········ 005

1.2 设计材料的发展 ············· 008

1.3 设计材料的分类 ············· 011
    1.3.1 历史分类法 ············· 012
    1.3.2 物质结构分类法 ·········· 012
    1.3.3 材料加工度分类法 ········ 012
    1.3.4 材料形态分类法 ·········· 015

1.4 设计材料的性能与特性 ········ 015
    1.4.1 材料的一般性质 ·········· 016
    1.4.2 设计材料的工艺特性 ······ 021

1.5 设计材料的选择 ············· 022
    1.5.1 材料的性能因素 ·········· 023
    1.5.2 材料的市场性因素 ········ 023
    1.5.3 材料的环境性因素 ········ 024

1.6 设计材料的质感 ············· 025
    1.6.1 质感概述 ··············· 025
    1.6.2 材料的质感分类 ·········· 026
    1.6.3 影响材料质感的因素 ······ 028

1.7 设计材料的美感 ············· 030
    1.7.1 材料的色彩美 ············ 031
    1.7.2 材料的肌理美 ············ 032
    1.7.3 材料的光泽美 ············ 034
    1.7.4 材料的质地美 ············ 035

本章习题 ························ 036

第 2 章
金属及其加工工艺 ············· 037

2.1 金属材料概述 ··············· 037
    2.1.1 金属材料的定义与发展历史 ··· 037
    2.1.2 金属材料的性能 ·········· 040

2.2 常用金属材料及其应用 ········ 041
    2.2.1 常用黑色金属 ············ 041
    2.2.2 常用有色金属及其合金 ····· 043

2.3 金属材料的成型加工工艺 ······ 048
    2.3.1 铸造 ··················· 048
    2.3.2 塑性成型 ··············· 051
    2.3.3 切削加工 ··············· 054
    2.3.4 粉末冶金成型 ············ 057

2.4 金属材料的连接工艺 ·········· 058
    2.4.1 连接工艺的概念与分类 ····· 058
    2.4.2 螺栓连接 ··············· 058
    2.4.3 焊接 ··················· 058
    2.4.4 铆接 ··················· 063
    2.4.5 粘接 ··················· 063
    2.4.6 连接新工艺 ············· 063

2.5 金属表面处理与装饰技术 ········ 065
- 2.5.1 材料表面处理的功效 ······· 065
- 2.5.2 表面处理与装饰技术的分类 ··· 065
- 2.5.3 金属材料常用表面处理和装饰技术 ·················· 066

2.6 "学以致用"——金属产品设计案例分析 ················· 069

本章习题 ························· 072

第3章
塑料及其加工工艺 ············ 073

3.1 塑料概述 ···················· 073
- 3.1.1 塑料的发展历史 ·········· 073
- 3.1.2 塑料的组成 ············· 074
- 3.1.3 塑料的分类 ············· 076
- 3.1.4 塑料的性能 ············· 078

3.2 常用塑料的特性与应用 ·········· 080
- 3.2.1 通用塑料 ··············· 080
- 3.2.2 工程塑料 ··············· 085
- 3.2.3 特种塑料 ··············· 088
- 3.2.4 常用的塑料代号、代码汇总 ··· 089

3.3 塑料的成型方法 ··············· 091
- 3.3.1 成型方法概述 ············ 091
- 3.3.2 注塑成型 ··············· 091
- 3.3.3 挤出成型 ··············· 093
- 3.3.4 压制成型 ··············· 094
- 3.3.5 吹塑成型 ··············· 095
- 3.3.6 热成型 ················ 096
- 3.3.7 滚塑成型 ··············· 097
- 3.3.8 延压成型 ··············· 097
- 3.3.9 发泡成型 ··············· 098

3.4 塑料的二次加工 ··············· 098
- 3.4.1 塑料的机械加工 ·········· 099
- 3.4.2 连接 ·················· 099
- 3.4.3 表面装饰处理 ············ 103

3.5 塑料制备技术处理原则 ·········· 106
- 3.5.1 壁厚 ·················· 107
- 3.5.2 脱模斜度 ··············· 107
- 3.5.3 圆角的布置 ············· 108
- 3.5.4 加强筋 ················ 109
- 3.5.5 支撑面 ················ 109
- 3.5.6 嵌件 ·················· 110
- 3.5.7 分模线 ················ 111
- 3.5.8 侧向凹凸 ··············· 111
- 3.5.9 孔的设计 ··············· 112
- 3.5.10 模具痕迹 ·············· 112

3.6 塑料材质的鉴别及选用 ·········· 113
- 3.6.1 塑料的鉴别方法 ·········· 113
- 3.6.2 塑料的选用原则 ·········· 115

3.7 "学以致用"——塑料产品设计案例分析 ················· 118
- 3.7.1 普通塑料产品拆解分析——Jonsered 鼓风机造型材料与结构工艺分析 ············ 118
- 3.7.2 新型塑料产品创新设计案例分析 ·················· 125

本章习题 ························· 128

第4章
陶瓷及其加工工艺 ············ 129

4.1 陶瓷概述 ···················· 129
- 4.1.1 陶瓷的概念 ············· 129

- 4.1.2 陶瓷的发展历史 131
- 4.1.3 陶瓷分类 140

4.2 设计常用的陶瓷材料 140
- 4.2.1 普通陶瓷 141
- 4.2.2 特种陶瓷 142

4.3 陶瓷的性质 145

4.4 陶瓷的加工工艺 148
- 4.4.1 原料配制 148
- 4.4.2 坯料成型 148
- 4.4.3 坯体干燥 151
- 4.4.4 坯体装饰 151
- 4.4.5 上釉 153
- 4.4.6 窑炉烧结 155

4.5 "学以致用"——陶瓷产品设计案例分析 155

本章习题 157

第 5 章

玻璃及其加工工艺 158

5.1 玻璃概述 158

5.2 玻璃的组成 161
- 5.2.1 玻璃的主料 162
- 5.2.2 玻璃的辅料 162

5.3 玻璃的基本性能 163

5.4 玻璃的分类 167
- 5.4.1 按主要成分分类 167
- 5.4.2 按功能分类 169
- 5.4.3 按制造方式分类 171

5.5 玻璃的成型工艺 171

- 5.5.1 压制法 172
- 5.5.2 吹制法 173
- 5.5.3 拉制法 174
- 5.5.4 延压法 174
- 5.5.5 浇铸法 175
- 5.5.6 浮法成型法 175

5.6 玻璃的二次加工 176

5.7 玻璃的表面工艺 178

5.8 "学以致用"——玻璃产品设计案例分析 179

本章习题 184

第 6 章

木材及其加工工艺 185

6.1 木材概述 185
- 6.1.1 木材介绍 185
- 6.1.2 木材的分类 187

6.2 木材的结构 188
- 6.2.1 木材的基本构造 188
- 6.2.2 木材的三切面 189

6.3 木材的特性 190

6.4 木材的成型工艺 194
- 6.4.1 木材的加工流程 194
- 6.4.2 木材的加工方法 195
- 6.4.3 木材的软化处理与弯曲技术 199

6.5 木材的二次加工 201
- 6.5.1 木材的连接 201
- 6.5.2 木材的表面处理 206

6.6 新型木材 209

- 6.6.1 新型木材概述 ………………… 209
- 6.6.2 常见木质材料 ………………… 215

6.7 "学以致用"——木材在设计中的应用分析 ……………………… 218

本章习题 …………………………………… 221

第7章

增材制造 ……………………………… 222

7.1 增材制造概述 ………………………… 222
- 7.1.1 增材制造的概念及基本原理 … 222
- 7.1.2 增材制造与传统制造的区别 … 224
- 7.1.3 增材制造的技术优点 ………… 224
- 7.1.4 增材制造的工艺分类 ………… 226

7.2 增材制造材料 ………………………… 227
- 7.2.1 增材制造常用材料状态分类 … 227
- 7.2.2 常见的增材制造材料 ………… 228

7.3 增材制造的一般工艺流程 …………… 230
- 7.3.1 三维建模 ……………………… 231
- 7.3.2 数据处理 ……………………… 232
- 7.3.3 参数设置 ……………………… 233
- 7.3.4 加工 …………………………… 233
- 7.3.5 后处理 ………………………… 233

7.4 增材制造常见工艺介绍 ……………… 235
- 7.4.1 熔融沉积成型（FDM） ……… 235
- 7.4.2 三维打印成型（3DP） ……… 236
- 7.4.3 分层实体制造（LOM） ……… 237
- 7.4.4 立体光固化成型（SLA） …… 238
- 7.4.5 选择性激光烧结（SLS） …… 238
- 7.4.6 选择性激光熔融（SLM） …… 239
- 7.4.7 电子束选区熔化（EBSM） … 240
- 7.4.8 激光立体成型（LSF） ……… 241

- 7.4.9 电子束熔丝沉积（EBFF） … 242
- 7.4.10 电弧增材制造（WAAM） … 242

7.5 "学以致用"——增材制造应用案例分析 ……………………………… 244

本章习题 …………………………………… 246

第8章

仿生轻质功能材料概述 ……………… 248

8.1 仿生设计概述 ………………………… 248

8.2 仿生设计艺术形态基础 ……………… 250

8.3 仿生结构力学 ………………………… 253
- 8.3.1 仿生结构色 …………………… 253
- 8.3.2 仿生轻质结构 ………………… 256
- 8.3.3 仿生超强韧纤维 ……………… 258

8.4 仿生表面界面技术 …………………… 260
- 8.4.1 仿生黏附表面与界面 ………… 260
- 8.4.2 仿生表面特殊浸润性能 ……… 263

8.5 "学以致用"——仿生爬壁机器人案例分析 ……………………………… 265

本章习题 …………………………………… 269

第9章

新材料 ………………………………… 270

9.1 新材料概述 …………………………… 270
- 9.1.1 新材料的概念 ………………… 270
- 9.1.2 新材料的研发趋势 …………… 271

9.2 新材料与产品设计 …………… 272
 9.2.1 新材料对产品设计的影响 …… 272
 9.2.2 新材料的应用 ……………… 273
9.3 新材料介绍 …………………… 273
 9.3.1 信息材料 …………………… 273
 9.3.2 新能源材料 ………………… 278
 9.3.3 先进复合材料 ……………… 282
 9.3.4 纳米材料 …………………… 286
 9.3.5 生态环境材料 ……………… 288
 9.3.6 生物医用材料 ……………… 290
 9.3.7 智能材料 …………………… 292
 9.3.8 超导材料 …………………… 295
9.4 "学以致用"——碳纤维复合
  材料在自行车中的运用 ………… 298
本章习题 ……………………………… 299

参考文献 …………………………… **301**

第 1 章 产品设计材料与工艺概述

产品设计的一个重要要求就是可实现性,材料是设计的物质基础,设计的实现离不开材料的支撑,没有材料,设计就会永远停留在"创意"阶段,而工艺是人们使用各种设备、工具对各种材料进行加工或处理,使之成为成品的方法与过程。因此,材料与工艺(或称材料工艺)决定了产品的可实现性及其工业化生产。材料是人类文明的里程碑,是人类赖以生存和发展的重要物质基础。在人类文明的发展历程中,各种新材料和新工艺的不断开发以及利用,推动了社会的发展。从某种角度来看,人类的文明史就是材料的发展史,并以不同特征的材料划分不同的历史时期。可以说,材料与工艺的进步,造就了人类社会的发展,是人类生存和生活中不可缺少的部分,也代表了人类和时代的进步。

1.1 材料工艺与设计

1.1 材料工艺与设计

1.1.1 材料的定义

从广义上讲,材料指人们思想意识之外的所有物质。具体地讲,材料是人们用来制作成物品的物质,不仅包括传统概念中的金属、木材、玻璃等普通材料,还包括一些装置、工具、用具。物质与材料的区别:能够用来制作其他物质的物质才是材料,如木头,在森林中只是一棵树,当用于制作家具时,才能称为材料。图 1-1 与图 1-2 所示为用废弃易拉罐、废弃零件制成的工艺品，此时的废弃易拉罐、废弃零件就是材料。

图 1-1　用废弃易拉罐制成的工艺品

图 1-2　用废弃零件制成的工艺品

1.1.2　材料与设计

材料是设计的物质载体，设计与材料是密不可分的。俗话说"巧妇难为无米之炊"，材料之于设计，就好比米之于巧妇，有了材料，设计师才能设计出好的产品。设计通过材料与工艺（或加工工艺）转换为实体产品，材料与工艺得以实现自身的价值。任何一个产品设计都要选用合理的材料与工艺，才能实现其目的和要求。历史上创造性的设计总伴随着新材料的出现与新技术的发展，它们给设计带来了无穷的活力。材料与设计的关系，主要体现在以下三个方面。

1. 材料工艺与功能设计

功能是工业设计最重要的设计要素，也是用户最看重的创新价值。材料技术（材料开发、研究、制造、加工工艺等科学技术）的发展促进了各种功能性产品的发明与创造，在产品设计中，对新材料的开发与应用是提高产品效用和开发产品新功能的重要因素。

如氟树脂，由于其优异的热性能，及易清洁、不粘油、无毒等特征，造就了不粘锅厨具（见图 1-3）以及易清洁的脱排油烟机等新产品的问世，从而帮助家庭拥有一个干净整洁的厨房环境。在交通领域，人们利用超导磁体材料的性能，研制成功了高速超导磁悬浮列车（见图 1-4）。该列车能够高效率地完成载客，且不需要使用活塞、涡轮等活动零件；在行驶过程中没有噪声，也不需要紧贴钢轨行驶，而是以悬浮的形式飞驰在轨道上面，这大大提高了运行的速度。目前，该高速超导磁悬浮列车在上海已投入运行，车速每小时可达 400km。

电子科技产品领域同样如此。例如，图 1-5 所示电子纸的英文名为 E-paper，其显示面板多采用电泳显示（Electrophoresis Display，EPD）技术，该显示面板内部装有芯片线路。电子纸打破了原来植物纤维纸的结构，又具有与原来纸张相似的特点，如像纸一样薄、像印刷品一样可阅读等，同时还具有可保存或者可消除电子信息的显示系统。电子纸可擦写，且其图像保持时不需要耗电，这样可大大节省能源。如图1-6所示，柔性屏幕（柔性OLED）的成功量产使新一代高端折叠智能手机成为可能，其低功耗、可弯曲的特性对可穿戴式设备的应用带来了深远的影响。未来，柔性屏幕将随着应用场景的拓展而不断广泛应用。

图1-3　不粘锅厨具

图1-4　高速超导磁悬浮列车

图1-5　电子纸

图1-6　柔性屏幕

2. 材料工艺与造型结构

不同的材料具有不同的性能、特征，材料被应用到某个具体产品时，也会对这一产品的形态、构造乃至视觉产生影响。此外，不同的材料有不同的加工工艺，不同的加工工艺也会使产品的形态有很大的变化。例如，以前的自行车车架一直受钢管加工工艺的限制，车架基本上都是由圆柱形钢管组成的三角形（见图1-7）。碳纤维等合成材料出现后，由于它具有质量轻、强度高、整体成型等特点，当其成为自行车的车架材料时，就彻底改变了自行车的形态。在设计师的设计下，除满足力学结构要求，自行车又能造型各异（见图1-8）

又如，椅子的基本功能是相同的，但由于使用材料及其特性的不同，椅子的构造也不相同。此外，同一材料采用不同的加工工艺，其造型也会不同。图1-9和图1-10都是木制的椅子，前者为明代的木制椅子（见图1-9），由于木材易于加工，那时的椅子多为框架式结构；它由四条腿支撑，形成框架后再安装坐板、背板和其他装置，受当时加工工艺限制多为卯榫结合工艺制造。后者随着加工工艺的进步，采用板材弯曲成型工艺制造，使木质椅子的造型有了丰富的曲面变化，从而带来了前所未有的形制（指物体的形状和制造）（见图1-10）。

图 1-7　老式二八自行车

图 1-8　碳纤维自行车

图 1-9　明代的木制椅子

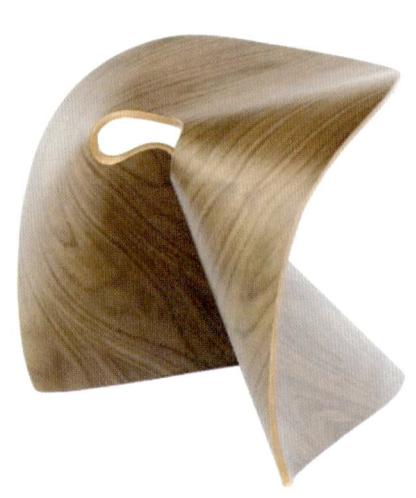

图 1-10　曲面椅

可以看出，新材料与新工艺带来了新的设计构思，新的设计构思也给材料与工艺带来了新的要求，促使着材料的发展与工艺的创新。毫不夸张地讲，材料及其工艺的发展带来了造型设计的革命。

3. 设计材料与企业战略

随着材料科学的发展，人们对材料的认识不断地发生变化，越来越多的企业也开始通过设计战略来占领市场。此时，构成产品的重要因素——材料、形态、色彩和工艺等得到了很高的重视，这些重要因素也被赋予了新的理解。工业设计也从一种以传统外观"包装"为目的转向为以建立人与环境、人与高科技之间的协同关系为目的，且已成为一种设计上的文化。

对各种设计材料的运用，不仅可以建立起产品的个性，还可以作为一种设计战略，可以提升企业品牌形象和产品形象。图 1-11 与图 1-12 所示为现在的苹果 homepod 音响和苹果手机，其运用材料与色彩的语言向世人诠释了数码科技的魅力。在 20 世纪 80 年代，无印良品就提出了其产品以低调的自我品质以及更接近于自然的姿态而存在。无印良品的服装和床上用品均采用棉、麻、毛以及丝等天然材料制成，家用器具，无论是木质的、金属的还是纸制的，都保持本色。同时无印良品在包装上尽量从简，其产品采用环保再生材料，提倡与大自然的天然材料紧密联系，这赢得了大量环保主义者的拥护。所以，无印良品在材料设计的整体风格上简化至最原始状态，简单朴素，形成了素雅、天然的产品质感，给人带来一种新鲜且纯粹的感觉的同时又传达了一种环保意识，引导了人们健康自然的消费观念，如图1-13和图1-14所示。

图1-11　苹果homepod音响

图1-12　苹果手机

图1-13　无印良品的专卖店

图1-14　无印良品的服装

1.1.3　设计中的工艺因素

如果说材料是产品存在的物质条件，那么工艺就是产品形成的技术条件。工艺是材料成型的手段，是人们认识、利用和改造材料，并实现产品造型的技术方法，所以我们要充分发挥设计的能动性，了解设计中的工艺性因素，从而通过设计和工艺手段去弥补材料的缺陷。何谓"工艺"，《说文解字》中讲："工，巧也，匠也，善其事也。凡执艺事成器物以利用，皆谓之工。"又"工，巧饰也。""艺"即技艺，字典中对工艺的解释：劳动者利用生产工具对各种原材料、半成品进行加工或处理（如量测、切削、热处理、检验等），使之成为产品的方法，是人类在劳动中积累起来的并经过总结的操作技术及经验。图1-15所示的真空双层玻璃杯，通过双层玻璃的设计，解决了单层玻璃烫手的问题。同时，该真空双层玻璃杯如果是保温杯，也可以让保温效果更佳。

由此可以看出，人类在不同的发展阶段，为了适应需求，除了发现和创造材料，还应主动地以工艺和技术去改造材料。产品经过设计后，得到的"型性、构性、工艺性"弥补了"材性"的局限。这正是人类主动适应自然的表现，也体现了"设计"的主观能动作用。

图 1-15　真空双层玻璃杯

1. 以"型性"弥补"材性"的局限

"型性"是材料与工艺对造型的限定，以"型性"弥补"材性"的局限就是以材料容易加工出的造型来弥补材料物理性能的不足。在设计中，通过"型性"来弥补材料物理性能不足的例子很多，如通过设计凹面形状将铁制成船，克服了铁的密度过大的局限。又如，将图 1-16 所示的轮胎表面，设计成拥有特殊花纹的造型，可以增大橡胶的摩擦力。

图 1-16　各种花纹的轮胎

2. 以"构性"弥补"材性"的局限

"构性"指产品结构对力的抵抗形式和能力，是在产品结构中起决定性的因素。设计中以"构性"弥补"材性"的局限，通常指以稳定的结构来弥补材料机械性能的不足，主要体现在两个方面。

（1）利用结构抵抗重力的作用。任何物体都有重力，为克服重力，结构需要有从下向上的支撑或者从上向下的牵拉。绝大多数结构与地面有直接接触，这样只需以地面为地基就可以支撑起来；少数是悬空的，如悬挂的灯笼、吊桥等。

（2）利用结构抵抗载荷力的作用。载荷力主要包括所承载物体的重量、外界的冲击力、运动时的惯性、干湿冷热的变化使自身产生的变形力等。图1-17所示为一种早餐经常使用的酸奶包装。可以看出，通过一个简单的结构设计，有了一个方便的抓手，就改变了原来软塌塌的材料性质。

如图1-18所示，万神殿穹顶的结构设计是建筑界的经典。万神殿又称潘提翁神殿，始建于公元前27年—公元前25年，是至今完整保存的唯一一座古罗马帝国时期的建筑。古罗马之前，建筑技术相对落后，建筑内部有很多柱子作为支撑（如古希腊神庙），所以室内空间跨度很小。万神殿却通过穹顶的结构设计，直径达到了43.3m，并将顶部的压力传递给四周的柱子和墙体。为了减轻重量，穹顶越往上越薄，并且穹顶内面有五圈深深的凹格，这种设计使得室内空间的跨度也达到了空前。

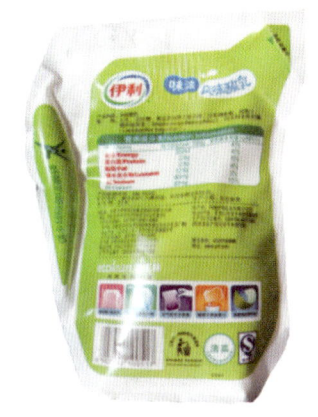

图1-17　一种早餐经常使用的酸奶包装

图1-18　万神殿穹顶

3．以"工艺性"弥补"材性"的局限

"工艺性"指加工工艺的特点、条件、限制、禁忌等。以"工艺性"弥补"材性"的局限，即以合理的工艺来弥补材料的加工性能、化学性能、机械性能等的局限。如图1-19所示，很多笔记本电脑的金属外壳进行拉丝工艺处理后，能够减少使用过程中产生的划痕、指印等。因此，在设计及实践过程中，设计师应发挥设计的主动性，积极地以工艺、技术改造材料，以适应多种成型工艺的需求，从而创造出更多、更好的产品。

图1-19　联想 ideapady50 笔记本电脑

1.2 设计材料的发展

材料是人类用来制造产品和工具的物质，映射着一个时代的文化、经济和生活方式，更体现了当时科学技术、生产工艺的发展水平。我们从一个具体的产品来看看设计与材料，它们是如何相辅相成的。以车轮的变迁为例（见图 1-20），最早的车轮大约在 5000 年前，是美索不达米亚平原的苏美人使用的，是将一个粗大的树干切成圆片，再在中间凿一个洞制成的，但是这种车轮很容易沿着木纹裂开。后来人们用木条进行拼接，并从中间向四周进行散射，这样既改善了车轮的支撑性，也使车轮轻便、灵巧了很多。

  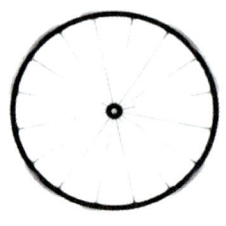 

图 1-20　车轮的变迁

进入 18 世纪，第一次产业革命兴起后，人们开始大量制造较耐用的金属车轮。但是不论是金属车轮还是木质车轮，减震耐磨的效果都不够好（早期有人用兽皮包裹在车轮上面，达到一定的缓冲减震效果）。直到橡胶材料的出现，人们在轮毂上装了橡胶轮胎，大大提升了整个车轮的减震、缓冲效果及耐磨度，同时橡胶轮胎的抓地力更好，因而其一直沿用至今。那么在未来，磁悬浮技术是否会替代现在的车轮呢？

在人类漫长的进化史中，材料的开发和利用始终贯穿其中。人类的发展也根据所使用的材料被划分为石器时代、陶器时代、青铜器时代、铁器时代、高分子材料时代、复合材料时代等。

（1）石器时代。250 万年前，人类祖先为了生存逐渐学会了使用天然的材料——木棒、石块等。石器就是利用一块较硬的石头砍砸另一块较松软的石头而成的，并且不同的形状有不同的功能（见图 1-21），这时的石器被称为砍砸器，而这个时期被称为旧石器时代。

大约 1 万年前，人类开始能够制造更加精美的石器以及陶器、玉器，这标志着新石器时代的开始。人们开始改造自然材料，从一次加工到二次加工和多次加工，并且出现了不同材料的组合。例如，图 1-22 所示的骨耜可以用于松土。

（2）陶器时代。随着对火的利用，人类将黏土捏成各种形状，在火中烧制成最原始的陶器，这标志着人类进入了陶器时代。陶是人类第一种人工制成的合成材料。最初的器型多考虑使用功能，后来慢慢具备朴素的审美意识。如图 1-23 所示的三足陶鼎，其上部壁沿上刻画了高低起伏的波浪线，像是连绵起伏的群山，而图 1-24 所示三足陶鼎的三只脚就是鱼鳍造型，刻画得惟妙惟肖。

（3）青铜器时代。差不多在同时期，古代中国、美索不达米亚平原和埃及等地都进入了青铜器时代。公元前 8000 年，人类就已发现并利用天然铜块制作铜兵器和铜工具，制陶技术的发展为炼铜准备了必要条件。到公元前 5000 年，人类已逐渐学会用铜矿石炼铜。铜是人类最早使用的一种金属，青铜（铜锡合金）也是人类历史上发明的第一种合金。人们通过陶范法、合范法、失蜡法等，制作出诸多精美的青铜器，如图 1-25 所示。

图 1-21　砍砸器

图 1-22　骨耜

图 1-23　三足陶鼎一

图 1-24　三足陶鼎二

青铜器时代后期，金属工艺取得了长足的进步，类似图 1-26 所示的铜牛灯（汉代）不仅功能完备，而且美轮美奂。铜牛灯的亮光可以通过门的开合进行调整，灯火的烟雾可通过牛角进入牛肚子里面，非常环保。

图 1-25　后母戊鼎

图 1-26　铜牛灯（汉代）

（4）铁器时代。公元前 1400 年，人类具有了从铁矿石中冶炼铁的技术。我国从春秋战国时期开始大量使用铁器。钢铁性能优良、机加工性（机械加工性能）好、成本低，而几次技术革命，促进了手工业生产方式向机器批量化生产方式的转变。

炼铁及制造技术的发展，推动了人类经历了四次技术革命，开创了人类文明的新时代。第一次技术革命开始于 18 世纪后期，以蒸汽机的发明及广泛应用为主要标志，实现了钢材的工业化；第二次技术革命开始于 19 世纪末，以电的发现和广泛应用为标志，实现了电气化；第三次技术革命始于 20 世纪中期，以原子能的应用为主要标志；第四次技术革命始于 20 世纪 70 年代，以计算机、微电子技术、生物工程技术和空间技术为主要标志，各种新兴材料、新兴技术是其主攻方向。

铁器时代材料加工技术的发展带动了其他金属、合金材料的大发展，其产品应用于我们生活的方方面面，小到简单的日常用品，大到各种精密复杂的工业产品，如图 1-27 和图 1-28 所示。

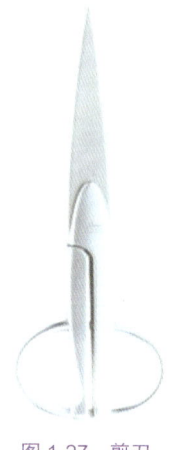
图 1-27　剪刀

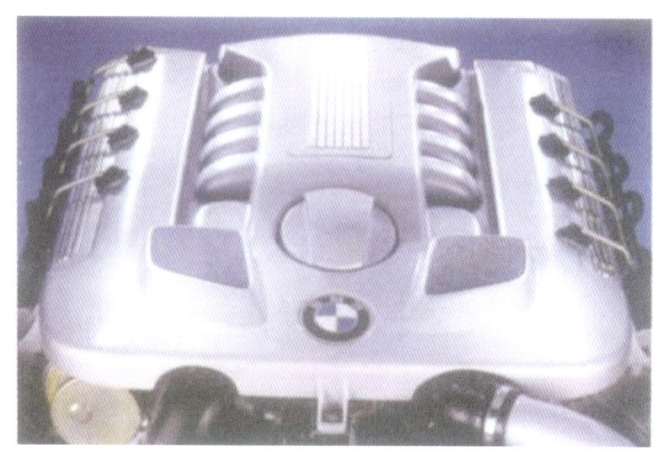
图 1-28　宝马发动机

（5）高分子材料时代。人类进入高分子材料时代可以从 1909 年第一个人工合成的酚醛塑料算起，至今已有一百多年的历史。20 世纪 90 年代初，全球塑料产量已逾 1 亿吨。人工合成材料的大量运用，使得工业产品的造型发生了很大的变化（见图 1-29、图 1-30）。其对工业设计的影响更是巨大，各种功能造型的产品层出不穷。此外，它使得设计创新的空间更大了，也更加自由了。

图 1-29　灯具

图 1-30　净水器

（6）复合材料时代。复合材料是由高分子材料、无机非金属材料或金属材料等几类不同的材料通过复合工艺组合而成的新型材料。复合材料经过设计可以使各组成部分的材料性能互相补充并彼此关联，从而使其获得新的优越性能。复合材料能够适应更加复杂、严苛的环境，甚至于外太空，如图1-31所示。

图1-31　中国运载火箭

1.3　设计材料的分类

1.3 设计材料的分类

现代产品其设计材料（产品设计中常规用到的材料）的种类繁多，且材料的发展速度又异常迅猛，新材料、新品种层出不穷（见图1-32）。设计材料的用途不同，性能也会千差万别。为了在产品设计中更好地选择和理解材料的各种特性，可以按照以下四种方式对设计材料进行分类：①历史分类法；②物质结构分类法；③材料加工度分类法；④材料形态分类法。

图1-32　各种材料

1.3.1　历史分类法

历史分类法是 1980 年前后，日本机械技术研究所的岛村昭治提出来的。他将材料的发展历史划分为五代。

第一代材料：石器时代的木片、石器、骨器等天然材料。

第二代材料：陶、青铜和铁等从矿物中提炼出来的材料。

第三代材料：高分子材料，其原料主要来源于石油、煤等矿物资源。

第四代材料：运用先进的材料制备技术将不同性质的材料，优化组合而成的复合材料。

第五代材料：特征随环境和时间而变化的复合材料，可以对外界刺激产生反馈，即智能型材料。

1.3.2　物质结构分类法

物质结构分类法是按材料的组成、结构特点进行分类的，它将材料分为金属材料、无机非金属材料、高分子材料、复合材料，如图 1-33 所示。

（1）金属材料包含了黑色金属的生铁和钢，有色金属的重金属、轻金属、贵金属和稀有金属以及一些具有特殊功能的金属材料（特殊金属材料）。

（2）无机非金属材料包括碳酸盐材料和新型无机非金属材料。碳酸盐材料主要有玻璃、陶瓷、耐火材料、搪瓷材料等；新型无机非金属材料更多的是一些特种的功能陶瓷，或者称为现代陶瓷。

（3）高分子材料主要包括各类热塑性、热固性等合成塑料以及天然橡胶、合成橡胶、天然纤维、合成纤维、涂料、黏合剂等。

（4）复合材料是以前述的各种材料为基础进行复合的一些材料，如树脂基复合材料、金属基复合材料、陶瓷基复合材料和碳-碳复合材料。复合材料可以保持各成分材料性能的优点，同时通过各种成分材料的互补和关联，可以获得单一组成材料所不能达到的综合性能。

1.3.3　材料加工度分类法

材料加工度分类法是按照材料的加工度进行分类的，可以分为天然材料、加工材料、人造材料。

天然材料指不改变其在自然界中所保持的自然特性或只进行了低度加工的材料，如石材、原木等（见图 1-34、图 1-35）。

图 1-33 物质结构分类法对材料的分类

图 1-34 石材

图 1-35 原木

加工材料指介于天然材料和人造材料之间，经过不同程度人为加工的材料。例如，对木材加工以后，获得的各类木料板材（见图 1-36）。

人造材料指人工制造的材料，包括两部分，一是以天然材料为蓝本所制造的人造材料，如人造皮革（见图 1-37）、人造大理石等；二是利用化学反应制成的在自然界不存在或几乎不存在的材料，如金属合金、塑料与玻璃等，如图 1-38 所示的钢化膜使用的玻璃材质和图 1-39 所示的塑料积木使用的塑料材质。

图 1-36 木料板材

图 1-37 人造皮革

图 1-38 钢化膜

图 1-39 塑料积木

1.3.4 材料形态分类法

材料形态分类法是按照形状来对材料进行分类的,可分为颗粒材料、线状材料、面状材料和块状材料。

颗粒材料,主要指粉末与颗粒状等细小形状的物体。

线状材料,设计中常用的有各类金属管棒、塑料棒、木条、竹条、藤条等。工业设计史上著名的钢管椅(见图1-40)就是典型的利用金属管材和各类编制线材获得的产品设计。

面状材料,是各种材料的板材,有金属板、木板、塑料板、纺织布料、玻璃板、纸板等。

设计中常用的块状材料有木材、石材、泡沫塑料、混凝土、铸钢、铸铁、铸铝、油泥、石膏等,如图1-41所示的石栏杆和图1-42所示的球墨铸铁井盖。利用块状材料设计的产品,往往都通过类似浇筑工艺而成。

图1-40 钢管椅(设计者:马塞尔·布劳耶)

图1-41 石栏杆

图1-42 球墨铸铁井盖

1.4 设计材料的性能与特性

1.4 设计材料的性能与特性

进行产品设计时,应依据产品各个零部件的功能、造型以及结构要求去选择材料。而选择材料的基本考虑因素就是材料的性能，只有材料的性能与材料的设计要求匹配了，才是合格的设计。

材料的性能包括材料的固有特性和派生特性。材料的固有特性即材料的物理特性和化学特性，如力学性能、热性能、电性能、磁性能、光性能和表面特性；而材料的派生特性是由材料的固有特性派生出来的，如材料的加工特性、感觉特性、经济特性等。在进行产品设计时，需要根据产品各个零部件的功能要求和材料的固有特性的匹配程度去选择材料。另外，为了达到产品成本、质感等方面的成效，还需要从材料的经济特性等派生特性去考虑。产品设计与材料性能的匹配如图1-43所示。

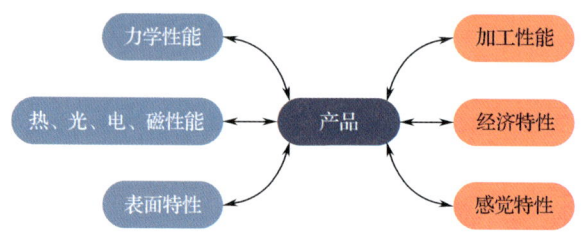

图1-43　产品设计与材料性能的匹配

1.4.1　材料的一般性质

材料的一般性质主要指材料的各种固有性质，包括材料的密度、力学性能、热性能、电性能、磁性能、光性能等。

1. 材料的密度

材料的密度指材料在绝对密实状态下单位体积的质量，即 $\rho=m/V$。如钓鱼浮漂（见图1-44）、鱼钩钓坠（见图1-45）就是利用了材料密度的不同。

图1-44　钓鱼浮漂

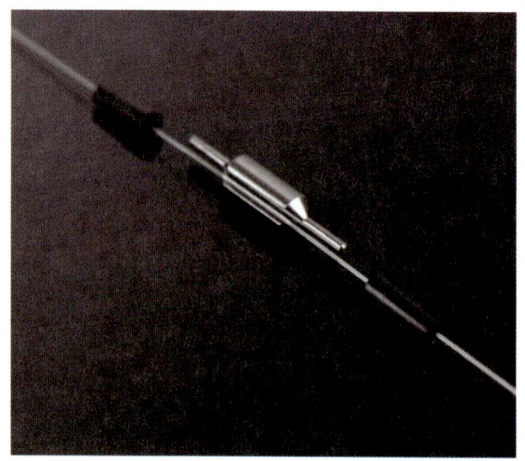

图1-45　鱼钩钓坠

2. 力学性能

材料的力学性能包括材料的强度、硬度、弹性、塑性、脆性与韧性疲劳特性、耐磨性等。

（1）强度指材料在外力（载荷）作用下抵抗明显的塑性变形或破坏作用的最大能力，它是评定材料质量的重要力学性能指标，也是设计中选用材料的主要依据。在汽车设计中，大于1000MPa的高强度钢主要用于车身笼式框架最重要的地方，以确保驾驶人员的安全。如图1-46所示，汽车在出厂前要进行碰撞测试，用来检测汽车的安全性，车身框架强度的大小直接关系着人们行车的被动安全。

（2）硬度是材料抵抗其他物体压入其表面的能力，反映了材料局部塑性变形的能力。通常用钢球或金刚石的尖端压入各种材料的表面，通过压痕深度来测定材料的硬度。常用的测定材料硬度的方法有布氏（J. A. Brinnell）硬度法、洛氏（S. P. Rockwell）硬度法、维氏（G. S. Viekers）硬度法和肖氏（Albert F. Shore）硬度法等。迄今，最硬的物质是钻石（见图1-47）。

图1-46　汽车碰撞测试

图1-47　钻石

（3）在外力（载荷）作用下材料产生变形，当外力去除后材料能恢复到原来形状的性能称为材料的弹性，这一变形称为弹性变形。弹性好的材料广泛应用于很多产品上，如强调弹性和缓冲的运动鞋，很多都采用了PU、EVA等弹性材料（见图1-48）。PU是高分子聚氨酯合成材料，其优点是密度和硬度高、耐磨、弹性佳，所以多用于篮球鞋鞋底。EVA或PHYLON（MD）是乙酸乙烯共聚物，其优点是轻便、弹性好、柔韧好、不易皱，所以多用于综合训练鞋或者跑鞋等产品上（见图1-49）。

图1-48　使用PU材料的鞋

图1-49　使用EVA材料的鞋

（4）材料在外力作用下产生变形，当外力消失后材料仍保持变形后的形状和尺寸，但不产生裂缝，这一变形称为永久变形，材料所能承受永久变形的能力称为材料的塑性。黏土就是可塑性好的材料，可以塑造成各种形状，图 1-50 所示为用黏土捏成的工艺品。其实，很多加工性能好的材料，可塑性都很强，如钢铁等金属材料，可以折弯制造成各类产品（见图 1-51）。

图 1-50　用黏土捏成的工艺品

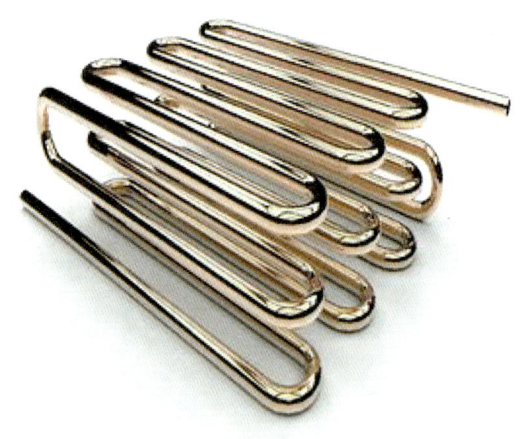

图 1-51　折弯的铁丝

（5）脆性与韧性。材料的力学断裂是由原子间或分子间的键断开引起的，按断裂时的应变大小分为脆性断裂和韧性断裂。脆性断裂指材料未断裂之前无塑性变形发生，或发生很小的塑性变形导致破坏的现象，而韧性断裂指材料在断裂前产生大的塑性变形的断裂。

（6）疲劳特性。材料在受到拉伸、压缩、弯曲、扭曲或这些外力组合的反复作用时，应力的振幅超过某一限度时会导致材料的断裂，这一限度称为疲劳极限。疲劳破坏是机械零件失效的主要原因之一。需要经常运动的零部件，如传动零部件（见图 1-52），其疲劳特性往往要求特别高。

（7）耐磨性。材料对磨损的抵抗能力称为材料的耐磨性，可用磨损量表示。在一定条件下，磨损量越小，耐磨性越高。一般用在一定条件下试样表面的磨损厚度或体积（或质量）的减少量来表示磨损量的大小。磨损包括氧化磨损、咬合磨损、热磨损、磨粒磨损、表面疲劳磨损等。例如，手机屏幕（见图 1-53）由于经常使用，其表面材质的耐磨性必须要高。

图 1-52　传动零部件

图 1-53　手机屏幕

3. 热性能

材料的热性能主要包括熔点、比热容、热胀系数、导热率、耐热性、耐燃性、耐火性等。

（1）熔点是材料重要的热性能指标。纯金属由固态变为液态时的温度称为材料的熔点。在电流大时保险丝（见图1-54）应能及时熔断，起到保护作用，所以通常用熔点低的铝锑合金制成。

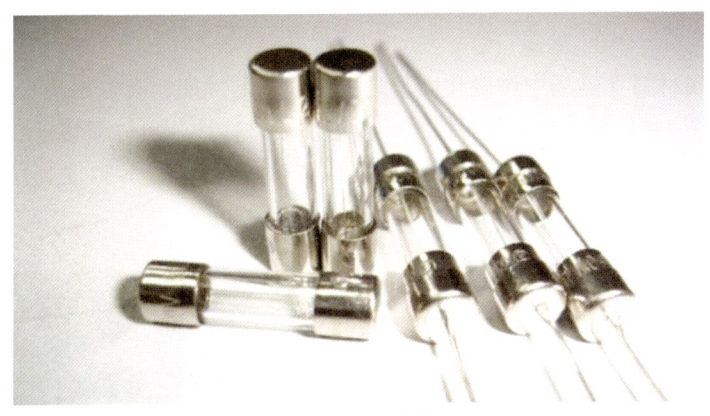

图1-54　保险丝

（2）将1kg质量的材料温度升高1℃所需要的热量称为该材料的比热容，其单位为焦（耳）每千克开（尔文），即J/(kg·K)。

（3）热胀系数是材料的主要物理性质之一，是衡量材料热稳定性好坏的一个重要指标，是主要用来表征材料物理热膨胀性质的物理量，即物体受热时其长度、面积、体积增大程度，也就是温度改变时，物体尺寸的变化与原始尺寸的比值。材料由于其温度上升或下降会产生膨胀或收缩，此种变形如果以材料上两点之间的单位距离在温度升高10℃时的变化来计算，则称为线胀系数；如果以物体的体积变化来计算，则称为体胀系数。线胀系数以高分子材料的最大，金属材料的次之，陶瓷材料的最小。

（4）材料中将热量从一侧表面传递到另一侧表面的性质称为导热性。具有单位厚度的材料，其相对的两个面上如果给予单位的温度差，则在单位时间内传导的热量称为热导率（导热系数）。

（5）耐热性是材料长期在热环境下抵抗热破坏的能力，通常用耐热度来表示。

（6）耐燃性是材料对火焰和高温的抵抗性能。根据耐燃能力，材料可分为不燃材料和易燃材料。

（7）耐火性是材料长期抵抗高热而不熔化的性能，或称耐熔性。耐火材料还应在高温下不变形、能承载。按耐火度的不同，材料可分为耐火材料、难熔材料和易熔材料三种。图1-55是徽派建筑中的砖门，它就是利用了耐火砖耐燃耐火的特点。

图1-55　砖门

4. 电性能

（1）导电性：材料传导电流的能力。通常用电导率来衡量导电性的好坏。电导率大的材料其导电性能好。铜的导电性很好，往往用来生产电线。

（2）电绝缘性：与导电性相反，通常用电阻率、介电常数、击穿强度来表示。电阻率是电导率的倒数，电阻率越大，材料的电绝缘性越好；击穿强度越大，材料的电绝缘性越好；介电常数越小，材料的电绝缘性越好。大部分的塑料其绝缘性都很好，所以电器产品的外壳往往都是塑料件。

5. 磁性能

磁性能指金属材料在磁场中被磁化而呈现磁性强弱的性能，有铁磁性材料、顺磁性材料、抗磁性材料等。图 1-56 所示的多功能洗漱台利用了吸磁特性，可以对镜子、搁物架等功能模块进行自由组合、更换，从而丰富了家居用品的功能和造型。图 1-57 是使用磁悬浮技术设计的悬浮音箱，充满意趣。

图 1-56　多功能洗漱台

图 1-57　悬浮音箱

6. 光性能

光性能是材料对光的反射、透射、折射的性质。如材料对光的透射率愈高，材料的透明度愈好；材料对光的反射率越高，则其表面反光性越强，这种材料为高光材料。图 1-58 所示为西班牙毕尔巴鄂古根海姆博物馆外墙（石灰石，钛金属板），它是纽约古根海姆博物馆的分馆，在阳光下熠熠生辉。又如光雾化玻璃能够根据环境调节其透光性，这种玻璃在一些建筑玻璃、交通工具等上面都有使用。

图 1-58　西班牙毕尔巴鄂古根海姆博物馆外墙

1.4.2 设计材料的工艺特性

设计材料的工艺特性包括加工成型性、环境形状保持性、表面工艺性。

1. 加工成型性

材料的加工成型性是材料最重要的工艺特性,它决定了材料能够加工成什么样的形状、结构。容易加工和成型的材料是最佳的材料,而容易加工和成型也是衡量设计材料好坏的重要因素之一。因此,设计材料必须具备在一定温度和一定压力下可对其进行成型加工,并塑制成某种形状的能力。木材和塑料,都有其成型特点,能够设计的造型也各有特点。木材具有易锯、易刨、易打孔、易组合等加工成型性,而且木材表面的纹理能给人以淳朴、自然、舒适的感觉(见图1-59)。塑料制品的品种和数量日益增多,这不仅是由于塑料原料易得,且其性能优良,表面富有装饰效果和不同质感,还因为塑料的可塑性特别强,几乎可以采用任何方法自由加工成型,可以塑造出造型非常复杂的产品(见图1-60),也容易体现出设计者的构思要求。因此,塑料已成为当代工业产品设计中不可缺少的重要造型材料。

图 1-59 木制家具

图 1-60 塑料游戏手柄

2. 环境形状保持性

产品都是以一定的形状出现的,并在该形状下体现出产品的使用性。因此,材料应具有在所设计的使用环境条件下，保持既定形状，并可供实际使用的能力。即材料应能经得起自然环境因素的变化和周围介质的破坏作用，不因外界因素的影响或袭击而发生物理、化学变化，以致引起材料内部构造的破坏。例如，垃圾桶长期放在户外，需要抵抗雨、雪、阳光、高低温等各种环境条件带来的长期侵蚀，还需要耐受各种垃圾的破坏。因此，玻璃钢材质的垃圾桶（见图1-61）因其环境的耐受性好，实用性更强。

3. 表面工艺性

任何设计都不能直接使用基材或毛坯，而应通过一系列的表面处理，改变材料的表面状态，其目的除可使产品防腐蚀、防化学药品、防污染、提高使用寿命，还可使材料表面的装饰效果增强，获得美观的外形，从而提高产品的经济价值（见图1-62）。不同的材料有不同的表面工艺处理方法，甚至同种材料通过不同的表面工艺处理方法，可赋予材料表面以多种外观特征。根据材料的性质和产品的使用环境，正确选择表面工艺处理方法和表面装饰工艺是提高产品外观效果的重要途径。

图1-61　玻璃钢材质的垃圾桶

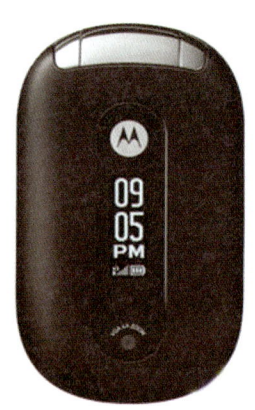

图1-62　手机

1.5　设计材料的选择

1.5 设计材料的选择

材料的各项基本性能是进行产品设计材料选择的依据。在产品设计过程中，材料与设计相辅相成。一件设计作品的诞生，是设计师让产品与材料彼此渗透、相辅相成，并取得和谐一致的结果。选择合适的材料，使其功能和造型完美地呈现出来，这便是设计的目的。设计是一项很复杂的行为，需要设计师感性与理性的判断。材料的选择是设计中最基本的，需要尽可能地使材料与产品的功能需求达到最佳匹配。由于设计材料种类繁多，设计师在正确合理地选择材料时往往要从三个方面来考虑：一是材料的性能因素，二是材料的市场性因素，三是材料的环境性因素。

1.5.1 材料的性能因素

关于材料的性能因素,首先是安全性能。应当按照有关标准正确选用材料,并充分考虑各种可能预见的危险。特别是儿童使用的产品,其材料的使用,必须具有无毒性。

其次是产品设计成型的需求。产品的造型在很大程度上受其可见表面的影响,并采取材料所能允许制造成的结构形式。因此,在进行产品设计时,其造型必须满足各类材料成型工艺。图1-63为本书作者设计的电动汽车充电控制器,其设计细节往往只能通过塑料注塑工艺成型得到。

再次是工艺性能。材料所要求的工艺性能与零部件制造的加工工艺路线有着密切的关系,包括机械性能、物理性能、化学性能。金属成型工艺的发展,促使现代汽车的造型更加多样化,机械性能、安全性也得到了很大的提升。

图 1-63 电动汽车充电控制器

1.5.2 材料的市场性因素

产品设计要面向市场竞争,材料的市场性因素是必须要考虑的。因此,所使用材料的可达性和经济性,都是关于成本的考量。可达性就是在考虑使用材料时,首先了解有没有这种材料,或者考虑能否用另一种材料代替。而经济性就是在满足使用要求、艺术造型、工艺和可达性的同时,尽可能选用价廉的材料,以降低总成本,取得最大的经济效益,也使产品在市场上具有最强的竞争力。经济性包括材料的价格、使用寿命、制造性能、零部件的总成本等。

办公桌椅(见图1-64)、教学桌椅的市场需求量很大,因而成本因素非常重要。采用大量预制成型的板材、型材,可以大大降低这些产品的成本,从而增强市场竞争力。

图 1-64 办公桌椅

1.5.3 材料的环境性因素

材料的环境性因素是环境可持续发展对设计师的要求。在进行产品设计时，可以从以下几个方面考虑。

1. 选用同类材料

设计产品时应尽量采用同类材料，避免使用多种材料，以便产品回收和再利用。

2. 减少表面装饰

用表面不加任何涂、镀的原材料直接制成产品，这也是出于便于回炉处理和再利用的目的。

3. 采用可降解材料

可降解材料指废弃后能自然分解并为自然界吸收的材料。

4. 废弃物的再利用

充分选用废弃物的再生材料，以利于资源的循环再利用。对废弃物的再利用，不仅能有效减少可能污染环境的垃圾堆放，也可大大节约原材料。

图 1-65 是设计师设计的环境友好型的电脑机箱，其以竹子为材料来代替塑料件，因竹子成长快、成材快，也不会像塑料那样对环境产生较大的污染。

废弃材料的再利用，也是环境友好的体现。在日本，许多储存了几十年甚至上百年酒的旧木酒桶，都被人丢弃或当柴烧。一家家具公司偶然发现了这些旧木酒桶并加以利用，使这些废弃的旧木酒桶成了制作家具的上好木材（见图 1-66）。而且，因这些旧木酒桶长时间被酒精渗透、浸泡，制造出来的家具竟然从未发生蛀虫现象！

图 1-65　环境友好型的电脑机箱

图 1-66　旧木酒桶家具

1.6 设计材料的质感

1.6 设计材料的质感

1.6.1 质感概述

产品设计中，理性与感性并重，理性思维在产品功能、结构设计方面起到较大的作用，而感性因素在产品的美感、风格等方面有较强的影响力。因此，产品设计的材料应用也有较大的感性成分。产品形态设计的三大基本感觉要素包括形态感、色彩感和材质感（材料的质感，也称为材料的感觉特性）。人们对物质的认识都是通过形、色、质三者的统一表现形成的，质感是物体的固有性质，因而色和光是材料质地特征的表现，而质又是色和光表现的条件。因此，有色必有质的感觉，有质必有色的反映，它们是相互依存的。我们能够从产品的视觉效果中，体会到金属的技术感、纺织材料的柔和（见图1-67）。

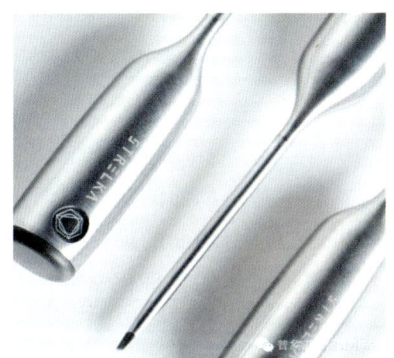

图 1-67　不同材料展现的不同质感

感性（感觉特性）指人对物所持有的感觉或意象，具有人对物的心理上的期待和感受（见表1-1）。设计材料的感性指材料作用于人的认知体验，包括人的感觉系统因生理刺激对设计材料做出的反映或由人的知觉系统从材料表面特征得出的信息，是人对设计材料的生理和心理活动，它建立在生理基础上，是人们通过感觉器官对材料做出的综合印象。例如，进入汽车的驾驶舱后，除了眼睛所见，我们还能通过身体接触方向盘皮革的细腻、座椅的柔软等（见图1-68）。这就是我们俗称的质感。

表 1-1　一般设计材料的感觉特性

材　料	感　觉　特　性
木材	自然、协调、亲切、古典、手工、温暖、粗糙、感性
金属	人造、坚硬、光滑、理性、拘谨、现代、科技、冷漠、凉爽、笨重
玻璃	高雅、明亮、光滑、时髦、干净、整齐、协调、自由、精致、活泼
塑料	人造、轻巧、细腻、艳丽、优雅、理性
皮革	柔软、感性、浪漫、手工、温暖
陶瓷	高雅、明亮、时髦、整齐、精致、凉爽
橡胶	人造、低俗、阴暗、束缚、笨重、呆板

图 1-68　汽车内饰材质设计

1.6.2　材料的质感分类

通常，人们从两个不同层次的概念来表达材质感。一是由物面的几何细部特征造成的形式要素——肌理，这更多的是描述视觉上的纹理效果。二是由物面的理化类别特征造成的内容要素——质地，这更多考虑的是材料的本质属性，包括具体的物理化学特性，以及给人的总体印象（见图 1-69）。

图 1-69　肌理与质地

按人的感觉，可将材料的感觉特性分为触觉材质感和视觉材质感；按材料本身的构成特性，可将其分为自然材质感和人为材质感。

（1）触觉材质感是人们通过手和皮肤触及材料而感知的材料表面特性，是人们感知和体验材料的主要感受。触觉材质感又有生理构成和心理构成。

触觉由运动感觉与皮肤感觉复合组成，是一种特殊的反映形式，运动感觉指对身体运动和位置状态的感觉；皮肤感觉指辨别物体机械特性、温度特性或化学特性的感觉，一般分为温觉、压觉、痛觉等。我们经常利用触觉材质感的生理构成来进行产品设计。例如，人们可以发现，办公用笔由于需要经常性地抓握，其握持部位触摸起来更为柔软、细腻，其目的是可以减缓长期握笔书写带来的疲劳感。又如指压板也是利用了触觉生理感受，对足底产生按摩作用，从而达到健身效果。

触觉材质感的生理构成带来了其心理构成。材料表面特性对触觉的刺激，会给人们带来不同的心理感受。化妆棉垫会给人细滑、柔软、光洁、湿润、凉爽、娇嫩等舒适的触觉感受；生锈的金属会给人刺、烫、麻、辣、涩、粗、乱等过量刺激造成的不舒适的触觉感受。柔软的化妆模垫（见图1-70）与锈蚀的金属（见图1-71）给人的感官刺激和心理感受是完全不一样的，在心理上，人们更容易接受触摸柔软的化妆棉垫。

图1-70　化妆棉垫

图1-71　锈蚀的金属

（2）视觉材质感是靠眼睛来感知材料表面特征的，是材料被视觉感受后经大脑综合处理产生的一种对材料表面特征的感觉和印象。其同样有生理构成和心理构成。在人的感觉系统中，视觉是捕捉外界信息能力最强的器官，人们通过视觉器官对外界进行了解。当视觉器官受到刺激后，人们会产生一系列的生理和心理反应，并产生不同的情感意识。视觉材质感是触觉材质感的综合和补充。材料对视觉器官的刺激，因其表面特性的不同而决定了视觉感受的差异。材料表面的光泽、色彩、肌理和透明度等都会产生不同的视觉材质感，从而形成材料的精细感、粗犷感、均匀感、工整感、光洁感、透明感等各种心理感受。例如，在产品设计中，各类洁具通过光洁的表面，给人以清爽干净的心理感受。

1987年，意大利菲亚姆公司设计的幽灵椅（见图1-72）由水晶玻璃制成。其通过高压水刀切割缝隙，然后用弯曲技术，获得了连续透明优雅的造型，充分展现了视觉上的通透感。

另外，相对于触觉材质感，视觉材质感有其间接性的特点。因为材料的触觉感觉特性相对于人的视觉而言是较为直接的。大部分触觉感受可以经过人的经验积累转化为视觉的间接感受。因此，相对于触觉材质感，视觉材质感具有间接性、经验性、知觉性和遥测性等特点。表1-2列出了触觉材质感和视觉材质感的特征对比，从中可以看出两者的差异。

图1-72　幽灵椅

（3）自然材质感是材料本身固有的质感，是材料的成分、物理化学特性和表面肌理等物面组织所显示的特征。自然材质感突出材料的自然特性,强调材料自身的美感,关注材料的天然性、真实性和价值性。

表1-2 触觉材质感和视觉材质感的特征对比

类别	感知	生理性	性质	质感印象
触觉材质感	人的表面和物的表面	手、皮肤——触觉	直接、体验、直觉真实、单纯、肯定	软硬、冷暖、粗细钝刺、滑涩、干湿
视觉材质感	人的内部和物的表面	眼——视觉	间接、经验、知觉遥测、综合、估量	脏洁、雅俗、枯润疏密、贵贱

(4)人为材质感指人有目的地对材料表面进行技术性及艺术性的加工和处理,使其具有材料自身非固有的表面特征。人为材质感突出人为的工艺特性,强调工艺美和技术创造性。

通过天然露珠与金属珠链的材质对比(见图1-73),可以体会自然材质感与人为材质感的区别。人为材质感能够通过创造性的材料工艺设计,与自然材质感相媲美。

图1-73 天然露珠与金属珠链的材质对比

1.6.3 影响材料质感的因素

影响材料质感的因素很多,包括材料种类、成型加工工艺与表面处理工艺等。

1. 材料种类

材料的感觉特性与材料本身的组成和结构密切相关,不同的材料呈现不同的感觉特性。人们在长期使用材料的过程中所积累的经验,赋予了该种材质多样复杂的感觉特性。例如,看到石材、接触石材,就能够唤起我们长久以来的记忆,即自然、协调、凉爽、清新、粗糙、感性等各种情感体验;又如,脚踩石材制的地板砖,可以让人感受到凉爽和自然。

2. 成型加工工艺与表面处理工艺

材料的成型加工工艺和表面处理工艺也能够积极影响材料的感觉特性。以各类金属工艺为例,每种工艺都能够在金属材料的表面,或者金属部件的结构上产生多种视觉的、触觉的痕迹和效果,从而给人带来各种感觉特性。锻造工艺,在锻打过程中能产生丰富的肌理效果,可圆、可方、可长、可短、可规则、可随意、可粗犷、可精细,忠实地保留了制作过程中情绪化的痕迹,具有强烈的个性化特征和浓厚的手工美。铸造工艺,其良好的复写功能可精确地复制出纤细的叶脉、粗糙的岩石，甚至流动的液体，丰富了金属的表现范围。焊接工艺，不仅是实现造型、表达观念、倾泻情感的表述技艺，同时也是一种艺术的表现力。焊接后的锉平、抛光是一种工艺美，有意识保留焊接的痕迹，能产生奇特的肌理美，丰富产品的艺术美感。铆接工艺，具有一种强烈的工业感和现代感。铆接的铆钉头有节奏地整齐排列，形成一种肌理变化。编织工艺，是一种由纤维艺术发展而来的工艺，是将丝状材料按一定的方法编织在一起，可产生极富韵律和秩序感的肌理效果。

金属材料的表面处理工艺，同样能够带来很多感觉特性。通过金属切旋工艺产生的光泽美感（见图1-74），以及通过金属刷丝工艺产生的漫射光泽美感（见图1-75），都带来了丰富的视觉体验和美好的心理感受。电镀工艺不仅能改变材料的表面性能，而且可以使材料表面具有镜面般的光泽效果。喷砂工艺能使材料获得不同程度的粗糙表面、花纹与图案，通过光滑与粗糙、明与暗的对比给人以含蓄、柔和的美感。

图 1-74　通过金属切旋工艺产生的光泽美感　　　　图 1-75　通过金属刷丝工艺产生的漫射光泽美感

设计师应充分了解各类工艺的要求和能力，从而在设计中创新性地加以利用，达到各种视觉及触觉的效果，唤起人们多种感觉体验。如图1-76所示，斯提芬纽拜设计的带塞子的不锈钢容器，视觉效果柔和的枕头造型与其坚硬的不锈钢质地形成了强烈的对比。抛光研磨工艺的应用使得这些枕头看起来并不如我们想象的那样坚硬，其外观柔和而灵活，如常见的普通枕头。经过抛光研磨，加强了金属的质地。枕头的造型柔和而自然，这与该不锈钢容器的质感形成了强烈的心理对比，给人印象深刻。这就是设计师创造性地使用材料和工艺的优秀案例。

图 1-76　带塞子的不锈钢容器

1.7 设计材料的美感

1.7-1 设计材料的美感

美感是人们通过感官接触事物时所产生的一种愉悦的心理状态，是人对美的认识、欣赏和评价。设计材料的美感来自材料自身固有的物质特征形式，同时还来自对材料的合理选择和利用、巧妙的搭配组合以及精心的工艺加工，从而达到设计形式与物质材料的性能一致，实用功能与审美功能的价值统一。

选取设计材料时，应了解材料的性能、工艺、质感。此外，还应考虑材料通过设计所得到的视觉效果对产品的美学体验所带来的提升。Thinkk Studio 设计的水泥花瓶，用水泥做成底座，再用薄钢的支架固定，使单只花也可以保持竖直的状态，既方便花的搭配，在室内也是个很出彩的单品（见图1-77）。

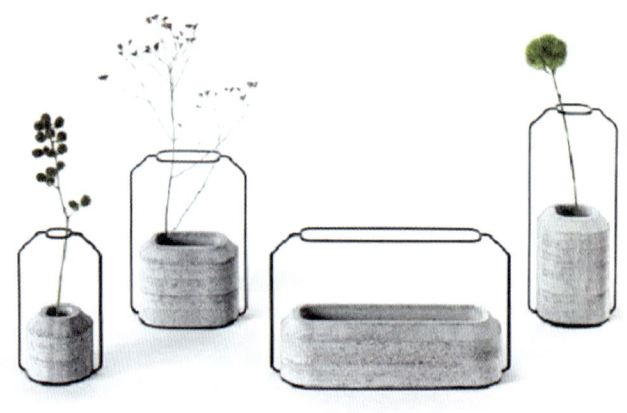

图 1-77　水泥花瓶

材料的美感设计是对产品材料的技术性与艺术性的先期规划，是一个合乎设计规范的认材——选材——配材——理材——用材的有机程序，是企业产品设计战略的重要部分。20世纪90年代末乔布斯回归苹果公司后，苹果公司就大力推进工业设计企业战略，苹果电脑的材质从一开始的透明、半透明，到纯白色机身，再到现如今的充满科技感的金属效果，材料设计起到了重大作用，也一直引领着电子产品的设计方向（见图1-78）。

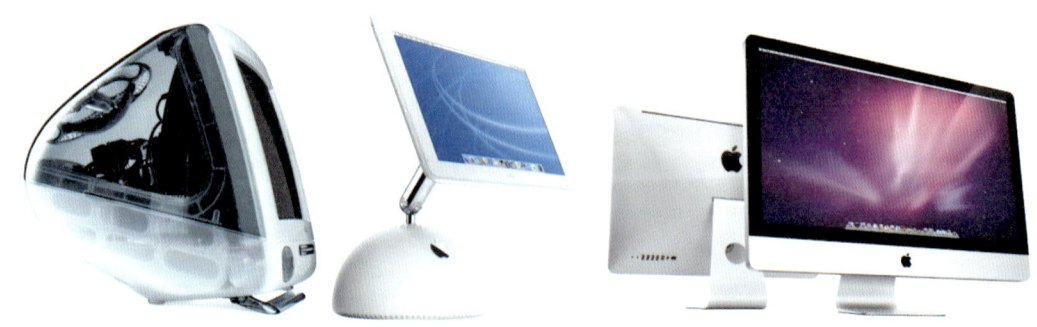

图 1-78　苹果电脑材质设计的变化

通过分类的方法可以更好地理解材料的美感。材料的美感可以分为材料的色彩美、肌理美、光泽美、质地美（见图1-79）。

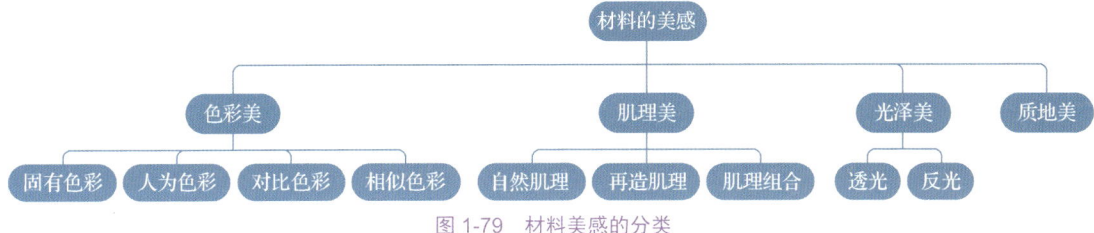

图1-79 材料美感的分类

1.7.1 材料的色彩美

材料所具备的固有色彩是产品设计中的重要因素，设计中必须充分发挥材料固有色彩的美感属性，而不能削弱和影响材料固有色彩美感功能的发挥，应运用对比、点缀等手法去加强材料固有色彩的美感功能，丰富其表现力。如图1-80所示，木材的天然色有很自然的亲和力，设计的表现力也会非常强烈。

图1-80 木材的天然色

材料的人为色彩指根据产品装饰的需要，对材料进行着色处理，以调节材料本色，强化和烘托材料的色彩美感，使其造型活泼有趣。但应注意的是，材料的自然肌理美感不能受影响，只能增强。阿莱西公司的日用产品通过塑料注塑成型工艺，将色料加入其中，着成各种鲜艳的颜色，以使其达到鲜活丰富的效果（见图1-81）。

图1-81 阿莱西公司的日用产品

同色彩搭配设计一样，通过相似色材料的组合，能给产品带来和谐、统一、亲切、平静、柔和的效果。相似色材料的组合指明暗度差异不大、色相基本上属同类且只有微差、无较大冷暖反差的材料的组合，这种组合配置易于统一色调。这种组合一般先选定一种面积大的材料做基调，再选用色彩相近或同类色中明暗度有一定差异的材料来组合，以达到产品所需要的色彩效果。

通过材料色彩的对比，能给产品带来强烈、活泼、充满生机的感觉，也能突出产品的视觉刺激程度。这种视觉刺激主要是色相上的差异、明度上的对比、冷暖色调上的对比。

1.7.2 材料的肌理美

肌理是材料特有的美感。肌理是在视觉或触觉上可感受到的一种表面材质效果。肌理是由天然材料自身的组织结构或人工材料的人为组织设计而形成的，是产品造型美构成的要素，在产品造型中具有极大的艺术表现力。在产品设计中，通过运用材料肌理的特点可以使产品的外观达到变化丰富、层次分明的视觉美感。任何材料的表面都有其特定的肌理形态，不同的肌理具有不同的品格和个性，会对心理反应产生不同的影响。有的肌理粗犷、坚实、厚重、刚劲，有的肌理细腻、轻盈、柔和、通透。即使同一类型的材料，不同品种也有微妙的肌理变化。

根据材料表面形态的构造特征，肌理可分为自然肌理和再造肌理；而根据材料表面给人以知觉方面的某种感受，肌理还可分为视觉肌理和触觉肌理。

自然肌理是材料自身所固有的肌理特征，包括天然材料的自然形态肌理和人工材料的肌理。天然材料突出材料的材质美，其价值性强，以"自然"为贵。北欧的家居设计，把木材自身的肌理充分展现出来，处处体现着有机功能主义的特点（见图1-82）。

图1-82　北欧的家居设计

再造肌理是通过设计对材料表面进行加工再造，通常是运用各种工艺手段，如喷、涂、镀、贴面等改变材料原有的表面特征，形成一种新的材料表面特征，以满足产品设计的需要。图1-83所示的电镀塑料盖，其通过电镀工艺使塑料有了金属感。

视觉肌理是通过视觉得到的肌理感受，即不需要触摸就能感受到，如木材、石材表面的肌理（见图1-84、图1-85）。

图 1-83　电镀塑料盖

图 1-84　木材表面的肌理

图 1-85　石材表面的肌理

触觉肌理是用手触摸而能感受到的有凹凸起伏感的肌理。如皮革表面的凹凸肌理（见图 1-86）、纺织材料的编制肌理、各类金属肌理（见图 1-87）等。在适当的光源下，视觉也可以感知这种触觉肌理。

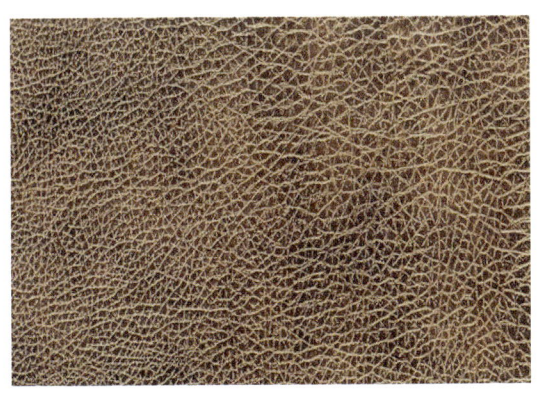

图 1-86　皮革表面的凹凸肌理

图 1-87　各类金属肌理

同材料的色彩搭配一样，也可以形成相似肌理和对比肌理的组合。

（1）同一肌理的材料组合：同一肌理的材料的运用主要依靠产品自身造型面的变化所产生的凹凸变化和方向变化，使得产品的外观协调，从而体现出一种整体美感。

（2）相似肌理的材料组合：相似的肌理其统一中有变化，使得产品外观更具有层次丰富的美感。

（3）对比肌理的材料组合：采用两种以上肌理的材料组合配置时，通过鲜明肌理与隐蔽肌理、凹凸肌理与平面肌理、粗肌理与细肌理、横肌理与竖肌理等的对比运用，产生相互烘托、交相辉映的肌理美感。

1.7.3 材料的光泽美

材料的光泽美是人通过感受反射于材料表面的光线而产生的美感。材料表面对光的反射角度、强弱、颜色产生影响而使人获得视觉效果，从而在心理、生理方面产生反应，引起某种情感，产生某种联想并形成审美体验。光不仅使材料呈现出各种颜色，还会使材料呈现不同的光泽度。光泽是材料表面反射光的空间分布，主要由人的视觉来感受。

根据受光情况，可以将材料分为透光材料和反光材料。

（1）透光材料受光后能被光线直接透射，并呈透明或半透明状。这类材料常以反映身后的景物来削弱自身的特性，给人以轻盈、明快、开阔的感觉。透光材料的动人之处在于它的晶莹以及它的可见性与阻隔性的心理不平衡状态（见图1-88）。当透光材料以一定数量叠加时，其透光性减弱，会形成一种层层叠叠像水一样的朦胧美。

（2）反光材料按照反光特征的不同，可分为定向反光材料和漫反光材料。

定向反光：光线在反射时带有某种明显的规律性。定向反光材料一般表面光滑、不透明，受光后明暗对比强烈，高光反光明显，给人以生动、活泼的感觉。金属抛光面（见图1-89）、塑料光洁面等可以反射周围的景物。

图1-88 透明的花瓶

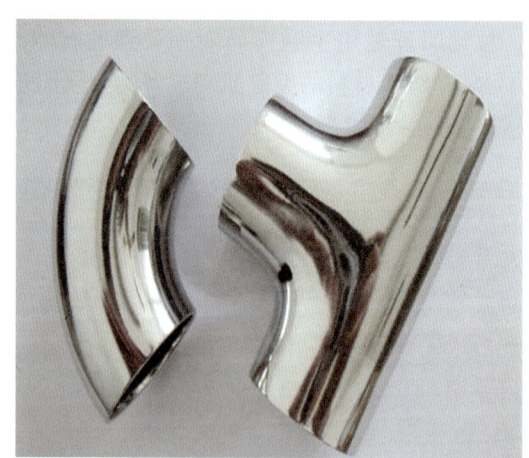

图1-89 金属抛光面

漫反光：光线在反射时反射光呈三百六十度方向扩散。漫反光材料通常不透明，表面粗糙且颗粒组织无规律，受光后明暗转折层次丰富，高光反光微弱，为无光或亚光，给人以质朴、随和、含蓄、安静、平稳的感觉。8848手机（见图1-90）的设计，将材料的定向反光和漫反光这两种效果进行了很好的对比。常见的漫反光材料如毛石面、木质面、混凝土、橡胶等。

图 1-90　8848 手机

1.7.4　材料的质地美

材料的质地美是材料本身的固有特征所引起的一种赏心悦目的心理综合感受，容易有较强的感情色彩。材料的质地主要由材料自身的组成、结构、物理化学特征来体现，主要表现为材料的软硬、轻重、冷暖、干湿、粗细等。材料的质地能够体现产品的品质与美感。如表面特征相同的无机玻璃和有机玻璃，虽然有相近的视觉质感，但其质地完全不同，分别属于两种不同的材料——无机材料和有机材料，这两种材料具有不同的物理、化学特征，所表现的触觉质感也不同。

质地是与任何材料都有关的造型要素，它更具有材料本身的固有品格，一般分为天然质地和人工质地。天然质地包括未加工的天然材料的质地，如树皮、沙土及动物皮毛等（见图 1-91），和以天然材料为基材人工加工而成的材料质地，如经切割、打磨、抛光等加工的木材（见图 1-92）、石材等。

图 1-91　天然木材

图 1-92　加工后的木材

人工质地是人工材料的质地，如各种金属、塑料、玻璃等材料的质地。图1-93、图1-94所示的汽车内饰设计里面，有大量的材料色彩、肌理、质地等的组合与搭配设计，把功能设计与形式美感、材质设计与人机效应很好地统一起来，充分体现了内里的高技术与高品质。

1.7-2 企业导师——
汽车材料设计简介

图1-93　汽车内饰

图1-94　汽车挡把

本章习题

1. 材料对设计影响巨大，试举例生活中材料设计使你印象深刻的产品。
2. 试举例产品设计中需要考虑的工艺因素。
3. 材料对产品设计的哪些方面有影响？
4. 试举例说明材料发展的各个时代中，其产品的典型特征。
5. 对于未来材料的发展方向，你有什么想法？
6. 材料分类方法有哪些？具体怎么分类？
7. 材料形态分类法中，举例说明各类形态的应用。
8. 说出生活中的产品，如电线、电线杆、袜子、凳子、钓鱼竿、钥匙等主要需要哪种力学性能。
9. 为什么设计选材的过程应具备匹配性？这种情况体现在哪些方面？试举例说明。
10. 举例说明相同的材料，不同的材质感，并说明原因。
11. 影响材料感觉特性的相关因素有哪些？
12. 设计材料的美感包括哪些方面？
13. 阐述自己喜欢的某个品牌（如无印良品、阿莱西等）产品其材料的设计风格。

第 2 章 金属及其加工工艺

材料是人们生产、生活和文明发展所需要的物质基础,而金属材料更是从古至今被广泛应用于人们生活的各种场合中。人们通过劳动创造文明,创造物质财富和精神财富,而金属材料在不断满足人们物质和精神诉求的同时,也随着人类生产能力水平的提高而日新月异。人们日常生活用品及生产工具的制造,很多都离不开金属材料。在现代产品设计中,金属材料的重要性不仅仅体现在功能性要求中,也体现在造型艺术中,可以说金属材料在设计材料中的地位是举足轻重的。本章主要介绍金属材料的种类、性能、特点以及产品设计中常用的金属材料;重点介绍金属材料的成型加工工艺、连接工艺等,并通过各种案例对其中的理论知识进行阐述。

2.1 金属材料概述

2.1 金属材料概述

2.1.1 金属材料的定义与发展历史

凡由金属元素或以金属元素为主而形成的,并具有一般金属特性的材料统称为金属材料。金属是材料的重要组成部分,是人类社会发展的物质基础之一。

人类和自然斗争的历史大致可分为两大时代:石器时代和金属时代,而金属时代又分为青铜器时代和铁器时代。

公元前 4000 年,人类开始由石器时代进入金属时代中的青铜器时代。伊朗南部、土耳其、美索不达米亚平原一带以及欧洲在公元前4000年～公元前3000年已开始使用青铜器，中国则在公元前3000年前就掌握了青铜冶炼技术。

图2-1所示为1977年湖北随州曾侯乙墓中出土的编钟。该编钟及曾侯乙墓中的其他文物，不仅为考古学、天文学、古文字学、历史学、古代科技史、音乐史等提供了丰富的研究资料，还对研究古代青铜铸造史提供了大量实物。墓中出土的4640余件青铜礼器、乐器、青铜质地的兵器、车马器，重达10t。这些青铜器物造型之复杂，纹饰装潢之精美，都是举世罕见的。通过现代科学鉴定，其制作工艺综合使用了浑铸、分铸、锡焊、铜焊、雕刻、镶嵌、铆接及熔模铸造技术。尤其是编钟的铸造，为保证其音响效果及综合性能，铜及铝锡的配比以及壁厚的设计，都达到了尽善尽美的程度。这些都表明，当时我国金属冶炼和铸造的工艺水平，处于世界领先地位。

图2-1 曾侯乙墓中出土的编钟

图2-2 吴王夫差剑

图2-2所示为苏州博物馆馆藏的吴王夫差剑，全长58.3cm，身宽5cm，格宽5.5cm，剑茎（剑柄）长9.7cm。时隔约2500年，依然寒光逼人，剑上有一层蓝色薄锈，刀刃极其锋利。收藏家曾经做过实验，在桌上放一张A4纸，不需要按压，剑刃只在A4纸上轻轻划过，该A4纸便立刻被割成了两半。

在金属材料中，青铜最早被人类开发利用，主要原因是铜的熔点（1083℃）较低。但纯铜的质地柔软，不能应用在生产工具中，人们经过实践积累，逐步掌握了各种铜合金的冶炼技术。青铜是纯铜与锡或铅的合金，因为颜色青灰，故名青铜。相比于纯铜，青铜的硬度高、强度大、铸造性能良好，它的出现拉开了青铜器时代的序幕。随着青铜器的出现和增加，农业和手工业的生产力水平逐步提高，社会生产力也得到了极大的发展。

公元前1400年左右，人类进入了铁器时代。与金、银、铜相比，铁在自然界中的储量极为丰富，但是由于冶炼工艺的限制，铁器在最初未能大量应用。之后人类还经历了"炼金术"时代，虽然想将"贱金属"（如铁、铜、铝、锡等）转变为"贵金属"（如金、银等）的目标未能实现，但是各种金属冶炼技术得到了极大的发展，为后续的技术进步打下了良好的基础。

我国的块炼铁技术始于春秋时代，在掌握块炼铁技术不久，我国劳动人民就炼出了含碳2%以上的液态生铁，并用以铸成工具。战国初期，我国已掌握了脱碳、热处理技术方法，发明了韧性铸铁，到战国后期，又发明了可重复使用的铁范。西汉时期，我国还发明了炒钢法，即利用生铁"炒"成熟铁或钢的新工艺，其产品称为炒钢。东汉光武帝时，发明了水力鼓风炉，即水排。我国古代水排的发明，比欧洲早1200多年。汉代以后，我国又发明了灌钢方法。

在我国古代的金属加工工艺中，铸造占有突出位置，其具有广泛的社会影响，而"模范""陶冶""熔铸"等用语就是沿用了铸造业的术语。劳动人民通过世代相传的长期生产实践，创造了具有我国民族特色的传统铸造工艺，其中泥范、铁范和熔模铸造最重要，被称为古代三大铸造技术。用泥范铸造大型和特大型铸件，从唐宋时期起就有了很大的发展。

据文献记载，沧州铁狮子（见图2-3）原铸于后周广顺三年（公元953年），是中国现存的年代最早的铸铁艺术珍品。单从造型来看，这尊铁狮子体形硕大，长约6.3m，宽约3m，高约5.5m，重约40t，是我国目前现存的最大的古物单体铁件。

图2-3 沧州铁狮子

自18世纪中期开始，英国发明了各类新的机器装置，并由此引发了工业革命。机器生产大量取代手工制作，可以大批量、高效率、低成本地生产产品，也可以使产品具备优良的品质。制造机器不可避免地要大规模地使用钢铁材料，从而对钢铁材料的生产提出了量大、高效、低价、优质的要求。由此可以看出，钢铁材料是推进工业革命的必备物质基础。1856年，德国人西门子构想了一种带有熔池的高效炼钢炉，它带有燃料和热空气通道，可以快速加热并控制钢水的温度，保证钢材的质量。基于西门子的构想，1864年法国人马丁建造了第一个专用炼钢设备，被称为西门子-马丁炉，又名平炉，由此开始了现代的炼钢生产。

从公元前1400年左右人类进入铁器时代开始，直到20世纪中叶，金属材料在材料工业中一直占据着绝对优势。近半个世纪以来，随着高分子材料（尤其是合成高分子材料）、无机非金属材料（尤其是先进陶瓷材料），以及各种先进的复合材料的发展，金属材料的绝对主导地位才逐渐被其他材料所取代。但是，在可以预见的将来，金属材料仍将占有重要地位，这种情况在发展中国家尤其如此。这是因为金属（如钢铁）工业已经具有了一整套相当成熟的生产技术和庞大的生产能力，同时，金属材料也在不断地推陈出新，许多新兴金属材料也将应运而生。

2.1.2 金属材料的性能

金属材料种类繁多，按照不同的标准有许多不同的分类方法。工业上常把金属材料分为黑色金属材料、有色金属材料与特殊金属材料，前两者是根据金属的外观颜色来分类的，后者是采用新技术生产的金属材料，也可以归入新材料行列。金属的具体分类详见图 1-33。

不同种类的金属其性能也不尽相同，金属材料的性能一般分为工艺性能和使用性能。工艺性能指在加工制造过程中，金属材料在特定温度条件下表现出来的性能。金属材料的工艺性能决定了它在制造过程中加工成型的适应性，一般包括铸造性能、锻造性能、焊接性能、切削加工性能、热处理性能等。而金属材料的使用性能指在使用状态下，金属材料表现出来的性能。金属材料的使用性能决定了它的使用范围与使用寿命，一般包括机械性能、物理性能、化学性能等。

金属材料具有许多鲜明的特征，主要表现在以下几个方面：

（1）具有良好的反射能力、金属光泽及不透明性（见图 2-4）。

（2）具有良好的塑性变形能力（或称延展性）。

（3）具有良好的导电性、导热性（见图 2-5）和正的电阻温度系数。

图 2-4　典型金属光泽

图 2-5　利用金属导热性能制成的锅

（4）可制成金属间化合物，可以与其他金属或者非金属在熔融状态下形成合金。

（5）除少数贵重金属，几乎所有金属的化学活性都较高，易氧化腐蚀（见图 2-6）。

（6）加工工艺性能优良。

在工业生产中，常把金属理解为有特殊光泽及有良好的导电、导热性能和良好塑性的固体物质。非金属材料也可能有上述特性中的一种或几种，但不会同时具有上述的全部特性，也达不到金属所具有的那样高的性能水平。

图 2-6　金属氧化腐蚀形成锈斑

2.2 常用金属材料及其应用

2.2 金属分类 - 常用金属及其应用

2.2.1 常用黑色金属

黑色金属主要包含生铁和钢，钢与生铁最主要的区别是含碳量不同，其中钢的含碳量在 0.04% ~ 2% 之间，含碳量大于 2% 的一般为生铁。

1. 钢

钢的种类很多，根据化学成分的差异可分为碳素钢和合金钢两大类。碳素钢俗称碳钢，是铁碳合金；合金钢是在钢中添加锰、铬、硼等元素，从而增强其性能。

1）碳素钢

碳素钢按其含碳量的多少被称为低碳钢、中碳钢、高碳钢。随着含碳量的增加，钢的强度、硬度提高，塑性、韧性、可焊性下降。碳素钢根据其工业用途一般分为碳素结构钢和碳素工具钢两种。

碳素结构钢的含碳量相对较低，有良好的综合机械性能，主要用于建筑、造船、生产工具、桥梁、汽车、铁路、家具、家居产品。图 2-7 所示的意式极简铁艺床的床侧、床头、床尾及床脚均采用磨砂碳素结构钢。

碳素工具钢中碳的含量较高，因此其硬度和耐磨性较强，塑性和韧性较低，主要用于制造各种金属加工工具，如锻模、冷却模、各种切削刀具等。

2）合金钢

合金钢是在钢中加入一种或多种其他元素而获得的具有某些特殊性质和用途的钢铁材料，包含合金结构钢、合金工具钢和特殊用途钢三种。

合金结构钢的用途与碳素结构钢的相似，但由于添加了一种或数种合金元素，其机械性能明显优于碳素结构钢，因而能满足更高性能的要求。

合金工具钢一般作为量具钢、刃具钢和模具钢使用。

图2-7 意式极简铁艺床

图2-8 奥氏体不锈钢餐具

特殊用途钢指某些合金具有特殊的物理化学性能,能够满足特殊用途的需要。常用的特殊用途钢有不锈钢、耐热钢和耐磨钢三种。其中,不锈钢是在腐蚀介质中高度稳定的合金钢,在日常生活中的应用非常广泛。不锈钢包含奥氏体不锈钢、铁素体不锈钢、复合体不锈钢和马氏体不锈钢四种。奥氏体不锈钢主要应用于家居用品(见图2-8)、工业管道及建筑结构;铁素体不锈钢主要应用在耐久实用的洗衣机以及锅炉零部件中;复合体不锈钢的防腐蚀性能更强,经常应用于侵蚀性环境中;马氏体不锈钢主要用于制作刀具和涡轮刀片。

2. 生铁

生铁的含碳量大于2%,不同种类的生铁具有不同的性能,下面主要介绍纯铁和铸铁。

1)纯铁

纯铁的塑性很好,但是其机械强度较低,因此在制作产品的结构部件和外壳部件时,很少使用纯铁,工业上主要使用其制造磁铁和磁极的铁芯。

2)铸铁

铸铁是一种历史悠久的重要的金属材料,其流动性和铸造性能较好,可以浇铸成各种复杂形态,具有良好的机械加工性、耐磨性、耐热性,所以被广泛应用于建筑、桥梁工程部件、家具以及厨房用具等领域。铸铁的含碳量越高,在浇铸过程中的流动性就越好。铸铁中的碳元素以石墨和渗碳体两种形式存在,根据碳在铸铁中存在形式的不同,可将铸铁分为灰口铸铁、球墨铸铁和可锻铸铁等。

(1)灰口铸铁具有良好的铸造和切削加工性能、优异的耐磨性和减震性以及较低的缺口敏感性,但其抗拉强度、塑性和韧性远低于钢的,而其抗压强度远高于抗拉强度。灰口铸铁广泛用于制造各种需承受压力和有吸收振动要求的底座、机架,以及结构复杂需铸造成型的箱体、壳体等。

(2)球墨铸铁的强度、塑性与韧性都大大优于灰口铸铁,其力学性能可与一些铸钢相媲美。

球墨铸铁的缺点是凝固时收缩较大,容易出现缩松与缩孔,且熔铸工艺要求高。球墨铸铁的力学性能优于灰口铸铁,与钢的力学性能相近,可用它代替铸钢和锻钢,以制造各种载荷较大、受力较复杂和耐磨损的零件。如珠光体球墨铸铁常用于制造汽车、拖拉机或柴油机中的曲轴、连杆、凸轮轴、齿轮,以及机床中的主轴、蜗杆、蜗轮等;而铁素体球墨铸铁则多用于制造受压阀门、机器底座、汽车后桥壳等。

(3)可锻铸铁的强度、硬度低,但塑性、韧性好,其机械性能介于灰口铸铁与球墨铸铁之间,有较好的耐蚀性(或耐腐蚀性)。可锻铸铁可用于形状复杂、需要承受较高冲击和振动的零件,如汽车后桥外壳等;也可用于制造在潮湿空气、锅炉蒸汽和水等介质中工作的零件,如石油管道、炼油厂管道、商用及民用建筑的供气和供水系统的管件、管接头、阀门等。

德国设计师 Konstantin Grcic 为意大利家具品牌 Magis 设计的以铸铁为核心的 Brut 系列作品(见图 2-9),用铸铁充当底座,充分利用了铸铁结实稳定以及成本较低的特点。同时,通过锻造加工出使人吃惊的精致细节,使之与铸铁传统的刻板印象完全不符,并使其产生塑料质感的视错觉,再配之以轻松时髦的色彩,令人十分喜爱。

 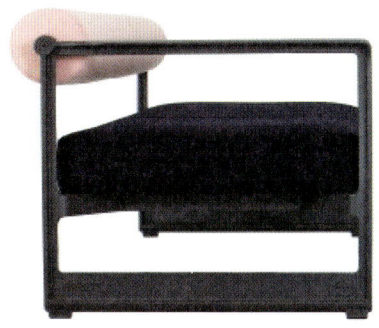

图 2-9　Brut 日间床

2.2.2　常用有色金属及其合金

有色金属与黑色金属的主要区别在于其表面的色泽。不同种类的有色金属,具有本身独有的光泽和色彩,极具装饰性,是现代工业设计中非常重要的设计材料。这里介绍几种常用的有色金属及其合金。

1. 铝及铝合金

铝的储量在自然界中占地壳质量的 8%,尽管铝的自然储备极为丰富,但是人类直到近代才发明铝的电解冶炼技术,因此铝被广泛使用的时间并不长。随着近代炼铝技术的发展及铝加工的广泛应用,目前铝已成为产量最大的有色金属,其产量已超过有色金属总产量的 1/3。

纯铝是银白色的低熔点轻金属,其密度小,具有优异的导电导热性和延展性。纯铝光反射率高,具有良好的塑性加工性能,但其铸造性能差。纯铝的硬度和强度均较低,化学性质活泼且极易被氧化,被氧化后,其表面会形成一层致密的氧化铝隔离层,可以阻隔空气,防止其内部被进一步氧化。

高纯度的铝主要用于制造电缆和电容等电气元件及炊具、器皿、散热元件、铝箔等，利用铝反射率高的特性也可制造反射镜。

在纯铝中添加硅、铜、镁、锌、锰等元素，形成的铝合金的机械性能良好，并且密度小、比强度高，因此得到了广泛的应用。常用的铝合金可分为铸造铝合金和变形铝合金两大类，铸造铝合金适于铸造成型，变形铝合金适于锻造压延和挤压成型。

1）铸造铝合金

铸造铝合金主要用来铸造形状复杂、承载较小、重量较轻且具有一定耐热、耐腐蚀要求的铸件。目前应用的铸造铝合金可分为铝硅合金、铝铜合金、铝镁合金、铝锌合金，其中，铝硅合金最为常见。

铝硅合金的铸造性能优良、流动性好、收缩率小、热裂倾向小，具有一定的强度和良好的耐腐蚀性。铝硅合金是最常用的铸造铝合金，俗称硅铝明，用于制造形状复杂、承载较小，要求质轻并有一定耐腐蚀性和耐热性要求的薄壁铸件，如仪器仪表面板、壳体、气缸体、汽缸盖、发动机箱体等。

铝铜合金具有较高的耐热强度，适于制造内燃机气缸盖、活塞等高温下工作的零件，如工作温度小于等于300℃的飞行受力铸件、内燃机气缸头等。

铝镁合金具有较高的耐蚀性，耐酸和耐海水腐蚀性优异，适于制造泵体、长期在大气和海水中工作的耐蚀零件，如轮船和内燃机配件等。

铝锌合金具有较高的强度，适于制造形状复杂、承受较高载荷的零件，如飞机、汽车零件和精密仪表零件等。

2）变形铝合金

以锻坯、型材、板材等形式供应的铝合金都属于变形铝合金。变形铝合金的塑性和延展性较好，适合冷弯、卷边、冲压、锻压、压延、挤出等压力加工方法，被广泛应用于电子产品、飞机、汽车的结构件、螺旋桨、高速列车蒙皮等。根据变形铝合金的性能和使用特点，可将其分为防锈铝合金、硬铝合金、超硬铝合金和锻铝合金。

防锈铝合金耐腐蚀性能优异，具有良好的塑性和焊接性能，但其强度不高，主要用于冲压方法制成的中、轻载荷焊接件和耐蚀件，如油箱、管道、饮料易拉罐和生活器具等。铝镁系的防锈铝合金的耐酸性和耐海水腐蚀性好，广泛应用于建筑、车辆、轮船的内外装饰、家具等。图2-10所示为全铝合金橱柜。

图2-10　全铝合金橱柜

硬铝合金的硬度高、比强度（强度与密度之比）接近高强度钢，其耐腐蚀性低于纯铝，尤其不耐海水腐蚀。硬铝合金常用于制造轻质的中等强度结构件，在航空工业上应用较多，如飞机的骨架零件、蒙皮、翼梁、铆钉、螺旋桨叶片等。目前硬铝合金面板也开始应用于手机或笔记本电脑外壳等电子消费品领域。

超硬铝合金的比强度接近超高强度钢，但其耐腐蚀性较差，可以采用压延法在其表面包覆铝，以提高耐腐蚀性。超硬铝合金多用于制造飞机上受力较大、强度要求高的部件，如飞机的大梁、桁架、翼肋、起落架等。

锻铝合金的机械性能接近硬铝合金，其耐腐蚀性较好，在加热状态下具有优良的锻造性。锻铝合金主要用于制造密度要求小、强度中等、形状比较复杂的锻件和冲压件，如内燃机活塞、离心式压气机的叶轮、叶片、飞机操纵系统中的摇臂等。

2. 铜及铜合金

铜及铜合金是人类应用最早的一种有色金属，其色泽美观、装饰性强，具有优良的导电导热性、耐腐蚀性，且有一定的机械强度和良好的加工工艺性。

1）铜

纯铜表面被氧化后会生成紫红色的氧化铜薄膜，纯铜的导电、导热性在金属中仅次于银的导电、导热性，且具有良好的塑性，可以拉成很细的铜丝，因而广泛用于制造导电材料、散热器和冷却器及装饰材料。

2）铜合金

铜合金是以铜为基体加入其他元素形成的，相比于纯铜，其不仅强度高，而且具有优良的物理、化学性能，故广泛应用于工业产品领域。常见的铜合金有黄铜、青铜和白铜。

黄铜为铜锌二元合金，具有明亮的金黄色泽、良好的机械性能、耐腐蚀性和冷热加工性能，广泛用于装饰品和建筑五金器具。黄铜可分为普通黄铜和特殊黄铜（多元合金），根据性能可进行压力加工和铸造。

其中，铸造黄铜具有良好的铸造性能和加工工艺性能，可用于形状复杂的一般结构件和耐腐蚀零件，电机、仪表中的压铸件以及船舶、内燃机零件等，如各种管道阀门、法兰、支架、卫浴龙头等。

图2-11所示为位于芬兰拉赫蒂市中心区的铁路中转与长途客运交通枢纽，设计师选用黄铜令这座建筑产生了极强的视觉冲击，被合金铜包裹的建筑也在城市灯光的照耀下熠熠闪光。

青铜是一种古老的合金，主要的合金元素是锡。青铜具有很强的抗蚀能力、耐磨性好，还有良好的铸造性能，常用作铸造金属件和装饰雕塑材料。青铜的定义在现代已被大大拓宽，目前除黄铜和白铜，含锡、铝、硅、锰、铅等元素的铜合金统称为青铜。常用的青铜材料包括锡青铜、铝青铜、铍青铜、铅青铜等，按工艺特点又可将其分为压力加工青铜和铸造青铜。压力加工青铜在造船、化工、机械、仪表等工业中广泛应用，适合于制造轴承及耐蚀、抗磁零件和弹簧等。铸造青铜适合于铸造形状复杂、致密性要求不高，但耐磨、耐蚀的零件，如泵体、轴瓦、齿轮、涡轮等，青铜也是青铜器工艺品和雕塑的常用材料。武汉琴台大剧院（见图2-12）利用多重蚀刻仿铸铜幕墙板，展示了地域文化的传承与发展，体现了楚汉时期的青铜文化。

图2-11　芬兰拉赫蒂市的交通枢纽

图2-12　武汉琴台大剧院

图2-13　白铜拉链

白铜是铜和镍的合金，呈银白色，其质地柔软、耐蚀性好。镍的含量会影响白铜的强度、硬度等性能，镍含量增加，则白铜的硬度、强度增加，耐蚀性提高。在铜合金中，白铜因耐蚀性优异，且易于塑型、加工和焊接，广泛用于造船、石油、化工、建筑、电力、精密仪表、医疗器械、乐器制作等行业，用于制作耐腐蚀的结构件。某些白铜还有特殊的电学性能，可制作电阻元件、热电偶材料和补偿导线。白铜还可以用来制作装饰工艺品，如图2-13所示为白铜拉链。

3. 钛及钛合金

钛呈银白色，其蕴藏量非常丰富，仅次于铝、铁和镁，但冶炼高纯度钛的技术要求极为苛刻，因此成本仍然居高不下。

钛是一种很特别的金属，其质地轻盈（密度为$4.54g/cm^3$），但十分坚韧，且耐腐蚀。钛具有优异的抗酸碱腐蚀性，在不锈钢中加入1%左右的钛就能大大提高其抗锈性能。钛既耐高温又耐低温，在-253～500℃范围内都能保持高强度。钛合金是制作火箭发动机壳体、人造卫星及宇宙飞船的上佳材料，使用钛合金制造的飞机可比相同重量的其他金属制造的飞机多载旅客100人左右。同时，钛与其他物质接触时不会产生化学反应，是对人类植物神经和味觉没有任何影响的金属，被称为"亲生物金属"，因此被广泛应用于制造医疗器械、各种人造关节、骨骼固定夹等。

钛具有独特的银白色调，在高抛光、丝光及亚光状态下都很出彩，是除贵金属铂、金最合适的首饰金属，也是现代首饰设计中流行的用材。

钛合金具有形状记忆性、超高的弹性和极佳的减震性能，被用于制作眼镜架、高尔夫球杆（见图2-14）、网球拍、运动装备和运动器材等。钛合金还具有极高的抗拉强度和弹性、高抗疲劳性等众多优异性能，作为功能性材料被应用于国防、机械、能源、交通、航空、控制等高新科技领域。钛合金制造的潜艇既能抗海

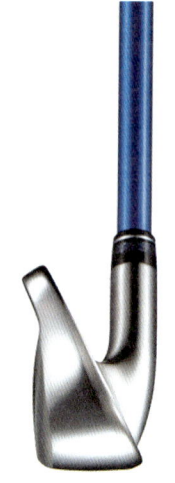

图2-14　钛合金高尔夫球杆

水腐蚀，又能抗深层压力，其下潜深度比不锈钢潜艇增加80%，而且钛无磁性，不会被磁感应水雷发现。

4. 镁及镁合金

镁是一种轻质的银白色金属，密度只有1.7g/cm³，熔点为650℃，具有良好的铸造性能和尺寸稳定性，易于加工。镁合金的比强度、比刚度高于铝合金和钢，在相同刚性条件下，镁的质量仅为钢的1/2。镁合金有良好的抗冲击性，其抗冲击性是同等条件下塑料的20倍；镁合金可分为铸造镁合金和锻造镁合金两类。目前，镁合金已广泛应用于汽车、摩托车、电子、摄影器材、家电等方面，其应用范围还在不断拓展中。

图2-15所示的镁合金旅行箱的设计灵感来源于世界花后——郁金香。可以看出，该旅行箱箱体的图案高贵优雅，营造出独特的视觉效果，再搭配不同色彩的拉杆、边框、提手，就可以打造出个性化的旅行箱。旅行箱采用高强度镁合金材料，箱子整体重量只有3kg，但十分坚固，撞击后表面不易出现变形，经久耐用。

图2-15　镁合金旅行箱

5. 锡及锡合金

锡富有光泽，无毒，不易氧化变色，具有很好的杀菌、净化、保鲜效用，常用于食品保鲜、罐头内层的防腐膜等。锡具有良好的耐腐蚀性，钢表面进行镀锡处理后俗称马口铁，广泛用于食品和药品等的包装容器。锡的质地较软，熔点较低，可塑性强。锡在常温下富有延展性，在100℃时可以延展成极薄的锡箔，可用于香烟、糖果等的包装材料，还可以防潮。锡耐高温和耐低温的能力都较差，锡器及锡焊接的金属制品在低温环境容易受损。

日常用的锡器是锡合金，纯锡含量在97%以上，不含铅。锡器具有典雅的外观造型和平和柔滑的特性，能制成酒具、烛台、茶具、工艺饰品等多种产品。

6. 铬及铬合金

铬最为常见的存在形式是作为合金元素用于不锈钢，用以增强不锈钢的硬度。镀铬工艺应用非常广泛，装饰性镀铬层具有精致细腻如镜面一般的抛光效果，且光洁度非常高，同时具有优良的防腐蚀性能、坚硬耐用、易于清洗、摩擦系数低等特点。铬是许多汽车元件的镀层材料，如车门把手及缓冲器等。此外，铬还应用于自行车零部件、浴室水龙头以及家具、厨房用具、餐具等。工业领域更多的是采用硬质镀铬，包括喷气发动机元器件、塑料模具以及减震器等。

7. 黄金

黄金属于贵金属，纯金具有明亮的光泽，且其颜色金黄、质地柔软、密度大、延展性好，是一种非常重要的金属。黄金自古以来就用于制作货币、珠宝和艺术品，它还是现代电子、通信、航天航空等行业的重要材料。

2.3 金属材料的成型加工工艺

在工业产品设计过程中，设计师除了需要学习并掌握金属材料的性能，还应掌握金属材料的成型加工工艺。金属的成型方式有铸造、塑性成型、切削加工以及一些新型的成型加工工艺。

2.3.1 铸造

2.3-1 金属成型——液态成型

铸造是历史悠久的金属液态成型工艺，中国在公元前 1700 年—公元前 1000 年间已进入青铜铸件的全盛期，工艺上已达到相当高的水平。金属铸造是将金属加热至熔融状态后注入铸型，待其冷却凝固后成为具有一定形状铸件的工艺方法，该方法在机械制造业中占据着相当重要的地位。

铸造成型的方法很多，应用最为普遍的是砂型铸造，有 90% 左右的铸件都是使用砂型铸造进行生产的。砂型铸造以外的其他铸造方法统称为特种铸造，常用的特种铸造有熔模铸造、金属型铸造、压力铸造、低压铸造、离心铸造、消失模铸造、连续铸造等。其中，金属型铸造、压力铸造、低压铸造、离心铸造与连续铸造均采用永久性模具，可重复使用。

1. 砂型铸造

砂型铸造俗称翻砂，是将熔化的金属注入砂型中，冷却凝固后得到所需的铸件。砂型铸造所需的砂型主要由砂和黏合剂制作。砂型铸造适应性强，几乎不受铸件的形状、尺寸、金属种类及质量要求的限制，而且其工艺设备简单、成本低。砂型铸造的缺点是铸件表面质量低、铸造效率低。砂型铸造的基本工艺流程如图 2-16 所示。

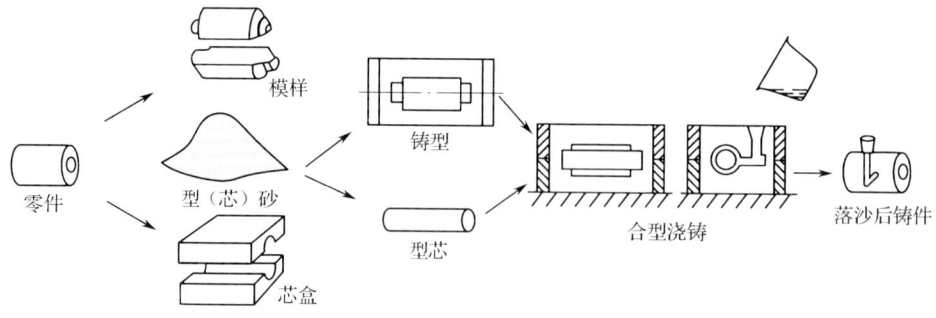

图 2-16 砂型铸造的基本工艺流程

2. 熔模铸造

熔模铸造也称失蜡铸造，因为其具有较高的尺寸精度和较好的表面质量，所以又称为精密铸造。中国在公元前已经开始用蜡和牛油制作模型，覆以黏土、熔去内部模型从而得到型壳，用以铸造各种造型精美、带有花纹和文字的钟鼎和器皿，流传至今的一些艺术珍品就是用此法制成的。

熔模铸造的工艺过程（见图2-17）如下：

（1）制造蜡模——将易熔材料（常用50%的石蜡和50%的硬脂酸配制）压入用钢或黄铜制造的母模中，冷凝后取出即为蜡模，一般常把多个蜡膜熔焊在蜡棒上成为蜡模组。

（2）制造铸型——在蜡模组表面均匀地刷一层耐火涂料并撒上细砂状耐火材料，再经干燥、硬化，如此反复多次，使蜡模组表面形成由4～10层耐火材料组成的坚硬铸型。

（3）脱蜡、焙烧铸型，获得符合要求的空铸型——把带有蜡模组的铸型放在炉中烘烤，使蜡料融化并通过浇注系统流出，从而得到中空的铸型；并把脱蜡后的铸型放入800～950℃的炉中焙烧，保温0.5～2h，烧干型壳内的残渣和水分，并提高铸型的强度。

（4）浇注金属溶液——将铸型从焙烧炉中取出后，放在干沙中保持一定温度并浇注金属溶液（金属液）。

（5）脱壳、清理，获得需要的铸件——金属液冷却凝固后用人工或机械方法除去铸型、切去浇口、清理毛刺，获得所需铸件。

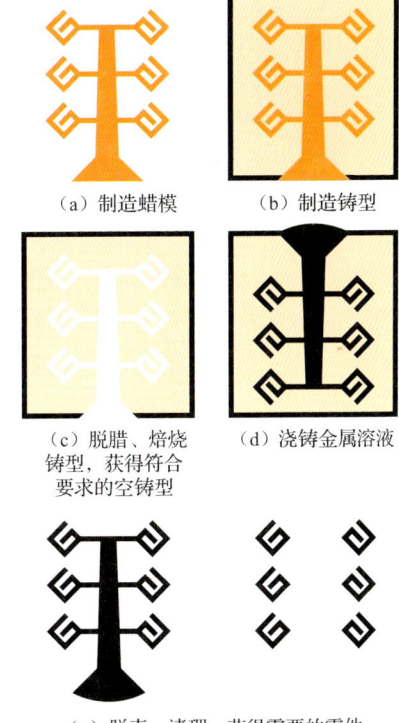

图2-17 熔模铸造的工艺过程

3. 金属型铸造

金属型铸造是将液态金属浇入金属铸型，从而获得铸件的铸造方法。由于金属铸型可以多次使用，所以金属型铸造又称为永久型铸造、硬型铸造。金属型铸造所得铸件表面的光洁度和尺寸精度均优于砂型铸件，且使用该方法得到的铸件的组织结构致密，力学性能较高。与砂型铸件相比，金属型铸造的铸件的抗拉强度平均提高了10%～20%，同时抗腐蚀性和硬度也显著提高。

金属型铸造的制造成本高，不宜生产大型、形状过于复杂或薄壁的铸件；同时，受制造金属铸型材料本身熔点的限制，高熔点合金铸件不适宜采用金属型铸造。金属型铸造主要适用于大批量生产的铜合金、铝合金等有色金属铸件，如内燃机的活塞、气缸体、缸盖、油泵壳体及铜合金轴瓦、轴套等。

4. 压力铸造

压力铸造简称压铸，是在压铸机上用压射活塞以较高的压力和速度，将压缩室内的金属液压射到模具中，并在高压作用下，使金属液迅速凝固成铸件的铸造方法。图2-18所示为卧式冷压室压力铸造的基本流程。压力铸造属于精密铸造，其铸件（压铸件）尺寸精确、表面质量高、组织致密、生产效率高。压力铸造广泛应用于锌、铝、镁、铜及其合金等铸件的生产，其中铝合金压铸件最多，其产量占总压铸件产量的30%～50%，其次为锌合金压铸件，铜合金压铸件和镁合金压铸件的产量很低。压铸件广泛应用于汽车、摩托车、仪表和电子仪器工业等领域。

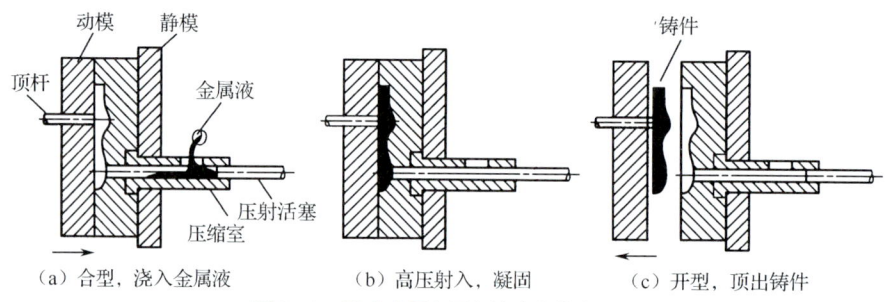

图 2-18 卧式冷压室压力铸造的基本流程

压铸也有一定的局限性,由于其充型速度快,导致型腔中的气体难以排出,在压铸件内部易产生气孔,故压铸件不能进行热处理,也不宜在高温下工作,否则气孔内的空气膨胀产生压力,会导致铸件开裂;且熔融的压铸金属液凝固速度快,厚壁处来不及补缩,易产生缩孔和缩松。压力铸造设备投资大,铸型制造周期长、造价高,因此不适合小批量生产,但在大批量生产铸件的加工工艺中,压力铸造是复杂金属零件制造成本最低的加工工艺。因此,压力铸造适合大批量生产小型薄壁的复杂铸件,它能使铸件表面获得清晰的凹凸肌理、图案及文字。

5. 低压铸造

与压力铸造相比,低压铸造采用较低的压力压射金属熔液,金属熔液在 2～7kg 的空气压力下,从加热坩埚中通过升液管被压入铸型,金属溶液填充底部时消除了典型重力填充铸造时所产生的湍流现象;铸件凝固后,减小压力,使剩余金属溶液流回到坩埚里。

6. 消失模铸造

消失模铸造是用泡沫塑料制作成与零件结构和尺寸完全一样的模样,模样表面浸涂耐火黏结涂料,烘干后,进行干砂造型,并通过振动将砂型紧实,然后浇入金属液使模样受热气化消失,从而得到与模样形状一致的金属零件的加工工艺,图 2-19 所示为消失模样品与铸件。消失模铸造是一种几近无余量、精确成型的新技术,它不需要合箱取模,使用无黏合剂的干砂造型也减少了污染。消失模铸件的尺寸精度和表面粗糙度接近熔模铸造得到的铸件,但其尺寸可大于后者的尺寸,这为铸件结构设计提供了充分的自由度。各种形状复杂的铸件模样可采用消失模黏合,成型为整体,可以减少加工装配时间,铸件成本也可下降 10%～30%。同砂型铸造及熔模铸造相比,消失模铸造的工序大大简化了。

图 2-19 消失模样品与铸件

7. 离心铸造

离心铸造是将液态金属浇入高速旋转的铸型内，在离心力的作用下充填铸型，凝固后获得铸件的方法。根据铸型旋转空间位置的不同，离心铸造有卧式离心铸造和立式离心铸造两类，其成型过程如图 2-20 所示。

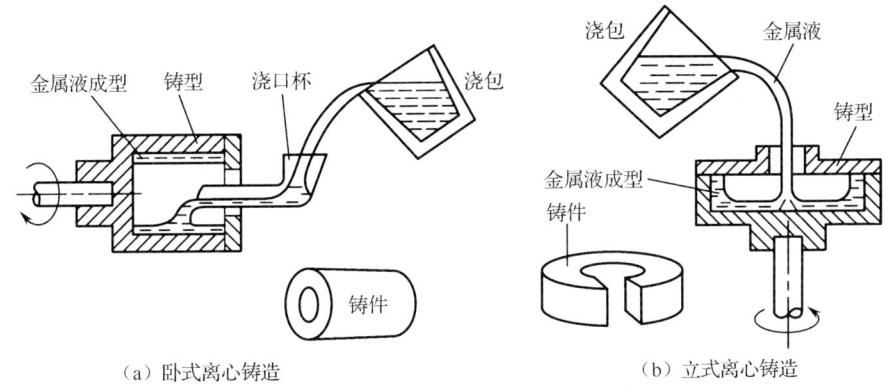

图 2-20　卧式离心铸造与立式离心铸造

离心铸造的优点是熔融的金属在离心力的作用下凝固成型，故铸件的组织致密，没有缩孔、气孔和渣眼等缺陷，且力学性能高；铸造具有圆形内腔的铸件时，不需要型芯和浇注系统，从而提高了金属材料的利用率。离心铸造的缺点是靠离心力铸出的内孔，尺寸不精确，且内壁非金属夹杂多，需要增大内孔的切削余量。离心铸造常用于铸造水管、套类空心旋转体铸件，以及双层金属（如缸套铜衬）复合材料铸件。

8. 连续铸造

连续铸造是将金属液连续地浇入通水强制冷却的金属型中，同时不断地从金属型的另一端拉出已凝固或具有一定结壳厚度的铸件，其应用范围有一定的局限性，只能生产断面不变的长铸件，如铸锭、板坯、棒坯、管子等形状均匀的长铸件。

在铸造过程中，铸件的设计将直接影响最终产物的质量，一般要遵守以下原则：

（1）铸件需要有拔模斜度，分模面应该简单，不能过于复杂，同时不能位于拐角或边缘处。

（2）应保持铸件壁厚是均匀的或是均匀变化的，厚度的突变将改变冷却速率并会导致翘曲变形、热裂和收缩，同时还应考虑提供补偿量。

（3）铸件设计应避免出现尖角和硬棱边，应采用过渡曲线和圆角以确保金属液的均匀流动；应避免有较大的平面，因为较大的平面容易产生翘曲变形并且常常导致表面缺陷。

2.3.2　塑性成型

2.3-2 金属成型——液态成型 + 塑性成型

塑性成型是在压力作用下，使金属坯料产生塑性变形，以获得具有一定形状、尺寸和力学性能的零件或毛坯的加工方法。塑性成型与其他成型方法相比具有如下特点：

（1）可改善金属组织，提高所制造的零件的力学性能。用塑性成型工艺制造的金属零件，其晶粒组织较细，没有铸件那样的内部缺陷，力学性能优于相同材料的铸件。金属材料塑性成型后，其组织性能可以得到改善和提高。因此，一些要求强度高、抗冲击、耐疲劳的重要零件多采用塑性成型工艺来制造。

（2）可提高材料的利用率。塑性成型主要是使金属在塑性变形时的形状发生改变，从而使金属的质量重新分配，因此其材料损耗小、利用率高。

（3）具有较高的生产率。塑性成型加工一般是利用压力机和模具进行成型加工，这种方法的生产率高，适用于专业化大规模生产。

塑性成型加工需要配置专业的设备和工具，不适于加工如铸铁、铸铝等脆性材料或形状复杂的制品，特别是一些具有复杂内部形态的零件。塑性成型按成型方式，可分为体积成型和板料成型。体积成型包括锻造、轧制、挤压、拉拔，板料成型包括冲压。

1. 锻造

锻造是利用手锤、锻锤或压力设备对加热的金属坯料施加压力，使金属坯料在不分离的条件下产生塑性变形，以获得形状、尺寸和性能符合要求的零件。

锻造按成型是否使用模具通常分为自由锻和模锻。自由锻是将金属坯料放在上下砧铁之间，再施以冲击压力或静压力使其产生变形的加工方法。自由锻以生产批量不大的锻件为主，且使用的都是热锻方式。模锻分为开式模锻和闭式模锻，是将金属坯料放在具有一定形状的模腔内，施以冲击压力或静压力，而使金属坯料产生变形的加工方法。模锻可分为热锻、温锻和冷锻，温锻和冷锻是模锻未来的发展方向，也代表了锻造技术水平的高低。图2-21所示的锻造轮毂是通过不断地锤打而制成的，其内部分子之间非常紧凑，因此它的强度和韧性相对铸造来说更好、更加结实。锻造轮毂的缺点是价格比较昂贵。

图2-21 锻造轮毂

2. 轧制

轧制是金属坯料在摩擦力的作用下，连续通过轧机上两个相对回转轧辊之间的空隙，进行压延变形，以获得所需截面型材的加工方法，如图2-22所示。轧制按金属温度高低可分为热轧和冷轧。热轧是将金属加热到结晶温度以上再进行轧制，其变形抗力小、变形量大、生产效率高，适合轧制截面尺寸较大、塑性较差或变形量较大的材料。冷轧则是在室温下对材料进行轧制，同热轧相比，其尺寸精确、表面光洁、机械强度高，适宜轧制塑性好、尺寸小的线材、薄板材等。

3. 挤压

挤压是将金属坯料放在封闭的挤压模内，用强大的挤压力将金属从模孔中挤出成型，从而获得与模孔截面形状相同的坯料或零件的加工方法。挤压可以获得各种复杂截面的型材或零件，适于挤压加工的材料主要有低碳钢、有色金属及其合金。按金属坯料的温度差异，挤压可分为冷挤压、温挤压和热挤压。除了上述挤压方法，还有一种静液挤压方法，如图2-23所示，静液挤压时凸模与坯料不直接接触。

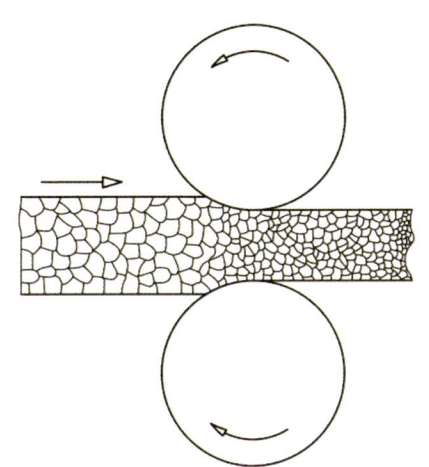

图2-22 轧制简图及设备

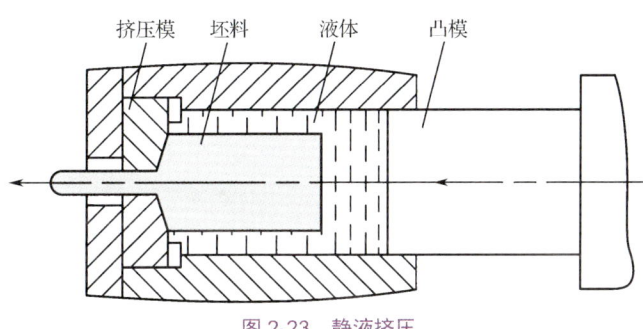

图2-23 静液挤压

4. 拉拔

拉拔是用拉力将大截面的金属坯料强行穿过一定形状的拉拔模的模孔，以获得所需截面形状和尺寸的小截面毛坯或零件的一种金属塑性加工方法。这种加工方式主要用于制造各种细线材、薄壁管及各种特殊几何形状的型材。拉拔成品尺寸精度较高、表面光洁并具有一定的机械性能，低碳钢及多数有色金属及其合金都可以拉拔成型。

5. 冲压

冲压是用压力机和模具对金属板料施加外力，使其分离或产生塑性变形，从而获得冲压件的加工方法。板料冲压通常在常温下进行，故又称为冷冲压。具有塑性的金属材料，如低碳钢、不锈钢、铜或铝及其合金，都可使用冲压加工方法。

冲压加工方法广泛应用于汽车、仪表仪器、电器、航空等工业部门和生活用品的加工制造。冲压加工方法的不足之处：只适用于加工塑性金属材料，对于脆性金属材料，如铸铁等，则无能为力；不适于加工形状太复杂的零件，对于外形和内腔复杂的零件，采用铸造方法生产更为适用。

冲压加工方法包括以下工序：

（1）分离工序。分离指下料，即将板料的一部分与其他部分分离，包括剪切、冲裁。剪切是以两个相互平行或交叉的刀片对金属材料进行切断。冲裁是落料和冲孔的总称，落料和冲孔的工艺过程完全相同。当坯料被冲下的部分为成品时，该工艺过程称为落料；当坯料的周边为成品时，该工艺过程称为冲孔。

2.3-4 金属成型——
固态成型 2

（2）成型工序。该工序使冲压板料在不被破坏的条件下发生塑性变形，以获得所要求的工件形状和精度，包括弯曲、拉深、旋压、翻边和起伏。

弯曲：将板料、型材或管材在弯矩作用下弯成具有一定曲率和角度的制件的成型方法。

拉深：变形区在一拉一压的应力状态作用下，使板料（浅的空心坯）成型为空心件（深的空心件）而厚度基本不变的加工方法。拉深是一个重要的成型工序，其应用很广，如汽车、农机及工程机械的覆盖件、仪器仪表的壳体、日用品中的金属容器等都要使用拉深工艺制作。

旋压：将金属板材固定在旋压机上，由主轴带动坯料与模芯共同旋转，然后用旋轮对旋转的坯料施加压力。金属旋压成型是对称旋转成型工艺，既可手工操作，又可在电脑数控下进行，常常被应用在家具、灯具、餐具、航天等行业。理想的旋压成型材料包括铝、铜、黄铜、青铜、银及软钢等温性金属。

翻边：在毛坯的平面或曲面部分的边缘，沿一定曲线翻起竖立直边的成型方法。

起伏：使工件表面通过局部变薄获得各种形状的凸起与凹陷的成型方法。

2.3.3 切削加工

2.3-5 金属成型——
金属切削

1. 传统金属的切削加工

切削加工属于冷加工，是利用切削刀具将金属工件的多余加工量切除，以获得规定的形状、尺寸精度和表面质量的工艺过程。切削加工是通过手持工具或机床来进行的，因此，切削加工可分为钳工和机械加工两部分。

1）钳工

钳工是工人利用各种手持工具对金属进行切削加工，因常在钳工台上使用台虎钳夹持工件操作而得名，基本的加工方法有划线、锯割、锉削、钻孔、攻丝、套丝和刮研等。钳工是机械制造中最古老的金属切削加工技术。19 世纪以来各种机床得到了快速的发展和普及，使大部分机械工作实现了机械化和自动化，但在机械制造过程中钳工仍是广泛使用的基本技术，原因在于钳工的灵活性和精密性。直至目前，某些最精密的样板、模具、量具和配合表面仍需要依靠手工进行精细加工。同时，单件小批量生产、修理装配工作或在缺乏设备的条件下，钳工的灵活性、经济性仍然能发挥极大的作用。

2）机械切削

机械切削是通过人操纵机床对工件进行切削加工。随着精密铸造和精密锻造的发展，铸件、锻件的精度和表面质量大为提高，但为了得到更高的精度和更光洁的表面，机械切削仍是不可缺少的方法，在金属加工中仍占有相当重要的地位。机械切削加工包括车削、铣削、钻削、磨削等。

2. 特种加工

特种加工泛指用电能、热能、光能、电化学能、化学能、声能及特殊机械能等能量实现材料被去除（或增加）、变形、改变性能或被镀覆等。特种加工并不能取代传统加工，而是传统加工的补充。以去除材料为目的的特种加工方式主要有以下几种：

1）化学铣切

化学铣切工艺过程如下：将金属零件清洗除油，在其表面上涂覆能够抵抗腐蚀溶液侵蚀的可剥性保护涂料，经室温或高温固化后进行刻型，将涂覆于需要铣切加工部位的保护涂料剥去，之后把零件浸入腐蚀溶液中，对裸露的表面进行腐蚀加工，如图2-24、图2-25所示。

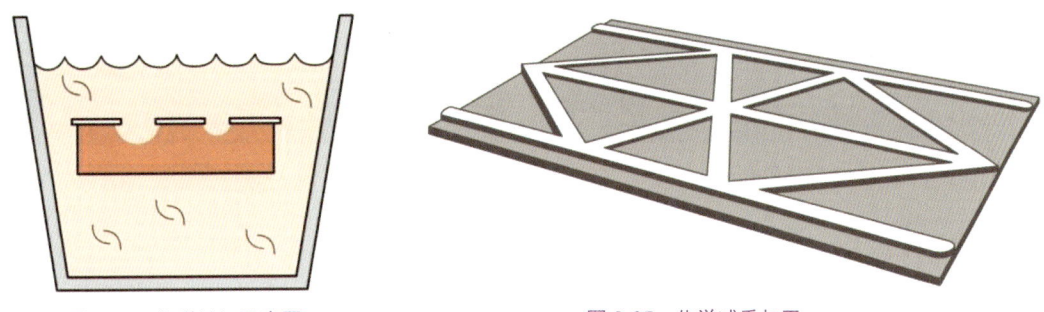

图2-24　化学铣切示意图　　　　　　　　图2-25　化学减重加工

2）喷砂磨损加工

喷砂磨损加工指在清洁、干燥的高压空气（或者其他气体）中混合砂粒或者研磨用的粉末，使它们通过用硬质合金或者蓝宝石制作的喷口喷射到工件上，喷射速度可达305m/s，如图2-26所示。喷砂磨损加工可以切削任何材料，过程中伴有微热，但不会影响操作员的安全。由于喷砂磨损加工产生的冲击力很小，因此可以喷削非常薄而且脆的材料，并且不会使其破裂，但加工过程很缓慢，同时需要进行粉尘收集。

图2-26　石英砂喷砂切割

3．高压水加工

高压水加工是将纯水（含有研磨剂）形成一股细小的水流并高速射向工件，以实现对工件的加工，水流的速度可达1036m/s。这是一种清洁加工方法，且加工速度很快。高压水加工可沿任何方向切削任何材料，没有放热和碎屑产生，几乎没有什么废料，而且通常不需要再进行精加工，如图2-27所示。

4．氧炔焰切割

使用氧炔焰切割时，先将乙炔气体和氧气在焊枪头上的切割附加室中混合，并由一个专门的尖端点火，燃烧生成的火焰温度可达到3000℃，可以用来切割或焊接金属，如图2-28所示。使用氧炔焰切割，可以轻易地切割15cm厚的钢板，其缺点是需要笨重的气罐，优点是可以移动携带，且不需要其他能源。

图 2-27　高压水加工

图 2-28　氧炔焰切割

5．激光束加工

激光束加工是使用高聚焦和高密度的光束能量熔化和蒸发部分工件。激光束加工可用于加工金属和非金属材料，可用于钻 0.05mm 的微孔，深度和直径比可达 50∶1，但激光束加工设备昂贵，能量消耗巨大，如图 2-29 所示。

6．电子束加工

电子束加工的能量源是高速电子，它的应用方法和激光束加工的方法相似，但需要真空装置。电子束加工机使用高压将电子加速到光速的 80%，这一过程会产生危险的 X 射线，而且设备很昂贵。

7．线切割

线切割是数控电火花线切割加工的简称，是在电火花穿孔、成型加工的基础上发展起来的。线切割的基本工作原理是利用移动的金属丝作为工具电极，并在金属丝和工件间通以脉冲电流，利用脉冲放电的腐蚀作用对工件进行切割加工，如图 2-30 所示。

图 2-29　激光束加工

图 2-30　线切割精密加工件

传统加工技术需要使用机械力和机械能来切除材料，而电火花线切割加工技术主要利用电能来实现对材料的加工。因此，电火花线切割加工技术不受材料性能的限制，可以加工任何硬度、强度、脆性的材料，在现阶段的机械加工中占有很重要的地位。

2.3.4 粉末冶金成型

粉末冶金是用金属或金属化合物粉末作为原料，经过混合、成型和烧结，获得所需形状和性能制品的工艺方法。粉末冶金工艺的基本工序如下：

（1）原料粉末的制备——现有的粉末制备方法主要有机械粉碎法、雾化法、还原法、化合法、还原—化合法、气相沉积法、液相沉积法以及电解法。其中，应用最为广泛的是雾化法、还原法和电解法。

（2）坯料制作——此工序的目的是将粉末加工为所需形状和尺寸的坯料，并使其具有一定的密度和强度。坯料的成型方法可分为加压成型和无压成型，加压成型中应用最多的是模压成型。

（3）坯料烧结——将坯料在低于主要组成成分熔点的温度下进行烧结，使之获得所要求的机械性能。烧结是粉末冶金工艺中的关键性工序。

（4）产品后续处理——一般情况下，烧结好的工件可直接使用，但某些对尺寸精度、硬度以及耐磨性要求较高的工件，还要进行后续处理。后续处理有多种方式，如精整、浸油、机械加工、热处理及电镀等。

粉末冶金与陶瓷生产有相似的地方，能生产传统铸造和机械加工所不能或难以加工的制品，特别适合生产特殊性能或高性能的特种材料，如高熔点金属、高纯度金属、硬质合金等，其是一种节能高效的新技术。目前粉末冶金技术已被广泛应用于交通、机械、电子、生物、新能源和信息技术等领域。

金属粉末注射成型技术是将塑料注射成型技术引入粉末冶金领域而形成的一门新型粉末冶金近净成型技术。其基本工艺过程如下：首先，将固体粉末与有机黏合剂均匀混炼，经制粒后在加热塑化状态下用注射成型机注入模腔内固化成型；其次，用化学或热分解的方法将成型坯内部的黏合剂脱除；最后，经烧结致密化得到最终产品。图2-31所示为金属粉末注射成型制品。

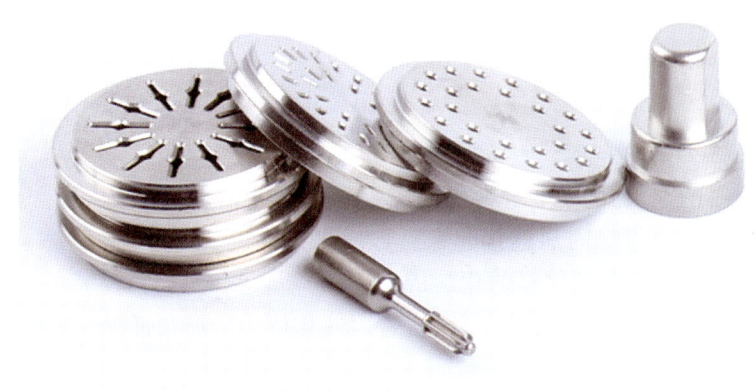

图2-31　金属粉末注射成型制品

2.4 金属材料的连接工艺

2.4.1 连接工艺的概念与分类

连接工艺是采用物理和化学手段,使金属元件形成可拆卸或不可拆卸的整体的工艺方法。

金属材料的连接工艺分为两大类,即可拆连接和不可拆连接,包括螺栓连接、铆接、粘接和焊接四种。其中,螺栓连接为可拆连接,其余三种均为不可拆连接(见图2-32)。

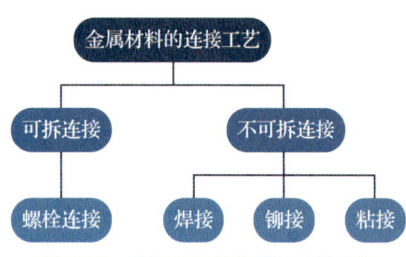

图 2-32 金属材料的连接工艺的分类

螺栓连接:优点是结构简单、形式多样、连接可靠、装拆方便、成本低;缺点是在交变荷载下,易松动,同时制孔精度要求较高。

焊接:优点是设备简单、生产效率高、焊缝强度高、密封性能好;缺点是不可拆卸。

铆接:优点是连接强度高、密封性能好;缺点是不可拆卸,且制孔精度要求高。

粘接:该操作不必在高温高压下进行,因而粘接件不易产生变形,接头应力分布均匀;缺点是不够牢固,且无法拆卸。

2.4.2 螺栓连接

螺栓连接一般用于连接两个较薄的零件。用螺栓连接时,需要在被连接件上开孔,在孔中插入螺栓后,在螺栓的另一端拧上螺母(见图2-33)。螺栓连接结构简单、装拆方便,因而其应用广泛。

图 2-33 螺栓与螺母

2.4.3 焊接

焊接是将分离的金属用局部加热或加压等手段,并借助金属内部原子的结合与扩散作用牢固地连接起来,形成永久性接头的过程。影响材料焊接最基本的因素是材料的化学成分。

2.4 金属连接——焊接

焊接方式很多,常用的焊接方式可分为三大类:熔焊、压焊和钎焊,具体分类如图2-34所示。

同一种金属材料,采用不同的焊接方式,其焊接性能也不同。下面具体介绍上述三大类焊接方式。

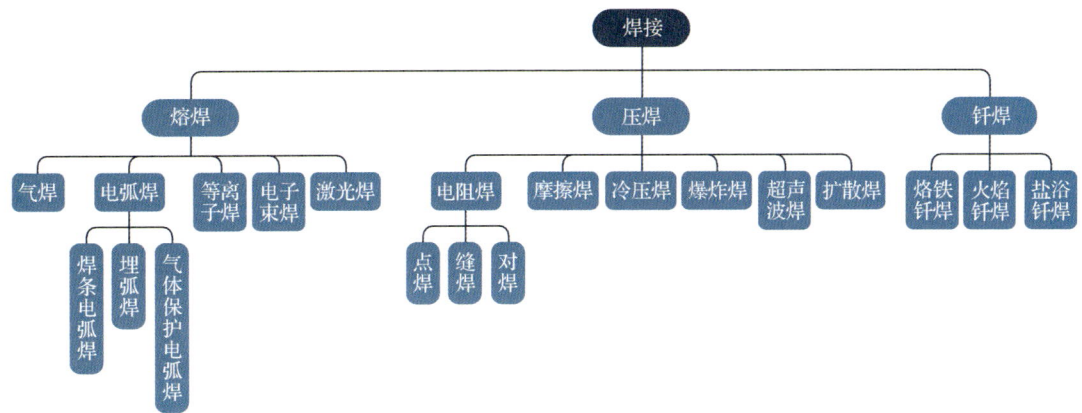

图 2-34　常用的焊接方式

1. 熔焊

熔焊（见图 2-35）是将工件接头部位加热到熔化温度以上，使它们在液态下相互熔合，冷却后凝固在一起的焊接方法。熔焊类似于小型铸造过程，其实质是金属的熔化与结晶。熔焊是目前应用最广泛的焊接方法，虽然绝大部分熔焊是以电极与工件之间燃烧的电弧作热源，但不同的焊接方法及其工艺特性有很大的差异。

1）气焊

气焊是将可燃气体与助燃气体混合燃烧生成的火焰作为热源，熔化焊件和焊接材料使之达到原子间结合的一种焊接方法。气焊设备简单，不需要用电；缺点是焊接后工件变形和热影响区较大，且难以实现自动化，生产效率较低。

2）焊条电弧焊

焊条电弧焊（见图 2-36）是用手工操纵焊条进行焊接的一种电弧焊，其利用焊条和工件之间产生的电弧将焊条和工件局部加热到熔化状态，焊条端部熔化后的熔滴和熔化的母材融合在一起形成熔池，并随着电弧向前移动，熔池中的液态金属逐步冷却结晶，形成焊缝。

图 2-35　熔焊

图 2-36　焊条电弧焊

3）埋弧焊

埋弧焊（见图 2-37）是将焊丝通过送丝机构由导电嘴连续送入焊接区，在电弧的热作用下，焊丝、焊剂及焊件被熔化并形成气泡，电弧在气泡中燃烧（这也是埋弧焊的一大特点）。气泡下部为熔池，上部为熔渣膜，这层液态膜及覆盖在上面的未熔化焊剂，共同将焊接区与空气隔离，起到绝热和屏蔽光辐射的作用。

图 2-37　埋弧焊

埋弧焊的生产率高、焊缝质量好，无弧光辐射和飞溅，不受环境风力影响，在室内外都可焊接各种钢结构。埋弧焊最适合用于焊接低碳钢、低合金钢及不锈钢等金属，焊接镍合金和铜合金也较理想；铸铁因不能承受高热量输入引起的热应力，一般不能使用埋弧焊；铝合金及镁合金，由于目前尚无适用的焊剂，也不能采用埋弧焊；钛合金目前只有苏联使用无氧焊剂焊接成功过，其他国家还没有这方面的报道。

按电弧相对于工件的移动方式，埋弧焊分半自动埋弧焊和自动埋弧焊两类。前者由焊工操作焊枪，使电弧相对工件移动并保持一定的电弧长度，焊枪上装有焊剂漏斗，焊丝和焊剂同时向焊接区输送。目前，半自动埋弧焊已很少使用。自动埋弧焊的焊丝送给和电弧移动都由专门的机头自动完成。

埋弧焊熔深大、生产率高、机械化操作的程度高，因而适于焊接中厚板结构的长焊缝，其在造船、锅炉与压力容器、桥梁、起重机械、铁路车辆、工程机械、重型机械、冶金机械、管道、核电站结构、海洋结构、武器等制造部门有着广泛的应用，是当今焊接生产中最普遍使用的焊接方法之一。

4）气体保护电弧焊

气体保护电弧焊指在焊接过程中用惰性气体保护焊接部位，以防止发生氧化反应。例如，氩弧焊是使用氩气作为保护气体的一种焊接技术，焊接时，在电弧焊区的周围充满氩气，将空气隔离在焊区之外，防止焊区被氧化。图 2-38 所示为某品牌气体保护焊机。

5）等离子焊

等离子焊是将等离子电弧作为热源的焊接方法，是一种较新的工艺。等离子电弧是一种压缩电弧，由于弧柱断面被压缩得较小，因而能量集中、温度高、焰流速度大。这些特性使得等离子电弧不仅被广泛用于焊接、喷涂、堆焊，还可用于金属和非金属的切割。等离子焊提供了更高的焊接速度、更好的焊接质量，且对工艺变量的敏感性小。

图 2-38　某品牌气体保护焊机

6）电子束焊

电子轰击工件时，动能会转变为热能，电子束焊就是利用汇聚的高速电子流轰击工件接缝处所产生的热能，使金属熔合的一种焊接方法。电子束作为焊接热源，有两个明显的特点：功率密度高，并具有精确、快速的可控性。电子束在电场、磁场的作用下能被快速而精确地控制，这一特点明显优于激光束，后者只能用透镜和反射镜控制，响应速度慢。

7）激光焊

激光焊是把高能连续激光束聚焦定向、定形，并精确聚焦在工件上，它适合用于焊接一种窄而深的焊缝。激光焊可用于厚度达 2.5cm 的各种不同材料的焊接，并且能够在其他焊接工艺不能进入的位置使用。

2. 压焊

压焊又称固态焊接，是指在压力（加热或不加热）的作用下，两块金属的结合面处产生塑性变形，并通过再结晶和扩散等作用，使两个分离表面的原子之间的距离接近到晶格距离（0.3～0.5nm），形成金属键，从而得到不可拆卸接头的焊接方法。压焊的实质是通过金属待焊部位的塑性变形，移除或挤掉结合面之间的杂质，使纯净的金属面紧密接触，界面间原子间距因达到正常引力数值而牢固结合。压焊中加热的目的是增加原子的动能，提高金属待焊部位的塑性。由于加热温度比熔焊所需温度低，加热时间短，因而可以得到与母材同等强度的优质接头。下面介绍几种常见的压焊方式。

1）电阻焊

电阻焊是利用电流通过焊件接头的接触面及邻近区域产生的电阻热，将被焊金属加热到局部熔化或达到高温塑性状态，并在外力的作用下形成牢固的焊接接头的工艺过程（见图2-39）。

图2-39 电阻焊

电阻焊的物理本质是利用焊接区金属本身的电阻热和大量的塑性变形能量，使两个分离表面的金属原子之间接近到晶格距离，形成金属键，并在结合面上产生足够的共同晶粒而得到焊点、焊缝或对接接头。

与其他焊接方法相比，电阻焊具有接头质量高、辅助工序少，且无须添加焊接材料等优点，尤其易于机械化、自动化，因此生产效率高、经济效益显著。但电阻焊也存在一些缺点，例如，电阻焊接头质量的无损检验较为困难，电阻焊设备复杂、维修困难以及一次性投资较高。

2）摩擦焊

摩擦焊是一种压焊方法，它是在外力的作用下，利用焊件接触面之间的相对摩擦运动和塑性流动所产生的热量，使接触面及其临近区金属达到黏塑性状态并产生适当的宏观塑性变形，并通过两侧材料间的相互扩散和动态再结晶而完成焊接。

3）超声波焊

超声波焊是利用超声波的高频振动产生的能量，对焊件接头进行局部加热和表面清理，同时施加压力实现焊接的一种压焊方法。图2-40所示为超声波焊机。

3. 钎焊

钎焊是将熔点比被焊金属件低的钎料放置在被焊金属结合面的空隙处，钎料受热熔化后填充到被焊金属结合面的空隙之中，冷却凝固后将两部分金属连接成整体的焊接工艺。钎焊过程中被焊金属不熔化，依靠熔化的钎料对被焊金属的润湿性和毛细作用，与被焊金属相互扩散形成金属结合，从而将分离金属连接起来。钎焊适用于连接精密、复杂、多缝和不同类材料。钎焊用的钎料按组成成分可分为软钎料和硬钎料，软钎料有锡基、铅基、锌基等，硬钎料有铝基、银基、铜基、镍基等。

在使用焊接工艺时，必须考虑焊接的结构工艺性。焊接的结构工艺性指设计的焊接结构在满足使用性能要求的前提下，力求做到制造方便、生产率高、成本低、焊接质量好。焊接的结构工艺性必须考虑以下几点：

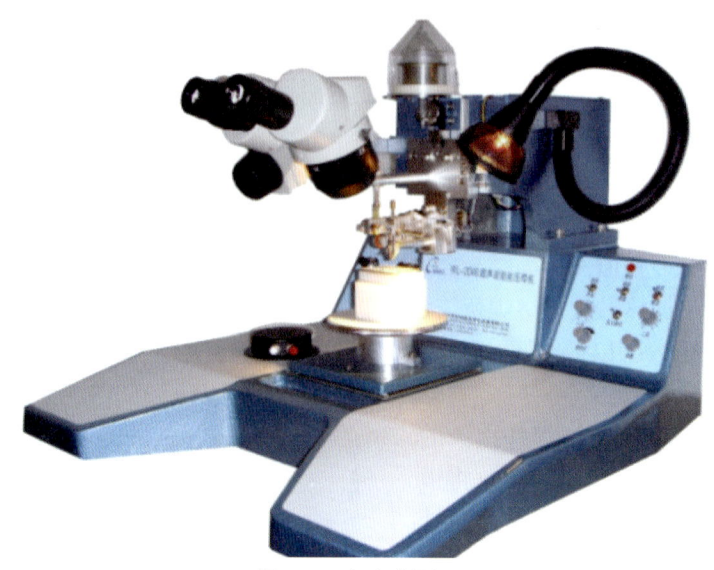

图 2-40　超声波焊机

（1）焊缝的可焊到性：所设计的焊缝要便于施焊，即要有足够的施焊空间，便于焊条和焊把的伸入，如图 2-41 所示。

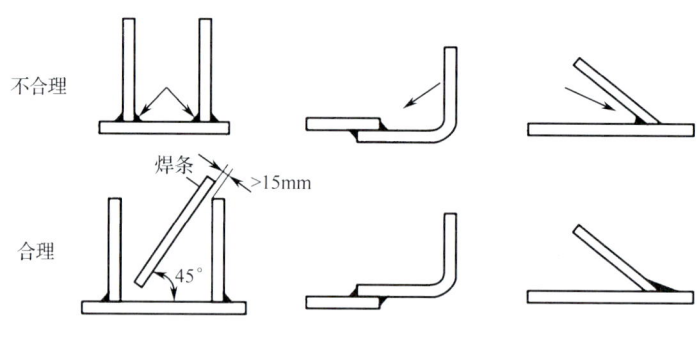

图 2-41　可焊到性比较

（2）焊缝布置：焊缝位置应有利于减少焊接应力与变形，应尽可能地避开承受大应力或应力集中的位置；焊接还应避开加工表面，以防止破坏加工表面的精度和表面质量，如图 2-42 所示。

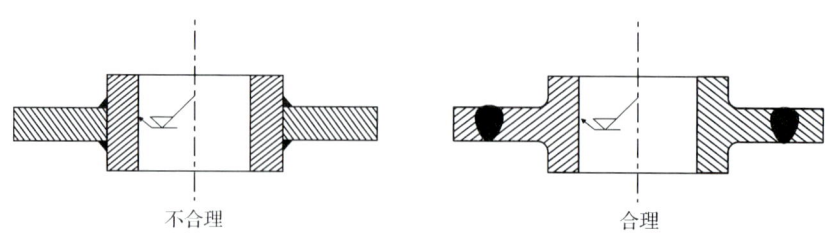

图 2-42　焊缝避开加工表面

（3）改善焊接工作条件：在狭小的空间位置施焊，尤其在封闭空间内操作，不仅不方便，而且对工人健康不利，应尽量避免。例如，容器应尽可能开单面 V 形或 U 形坡口，使大量的焊接工作在容器以外进行,把在容器内焊接的工作量降到最小。

(4)注意节省材料:如用工字钢做成锯齿合成梁,在重量不变的情况下,其结构刚度可提高几倍,可适用于跨度大而承受载荷不高的梁,如图 2-43 所示。

(5)尽量避免仰焊焊缝的设计,或者使设计的焊缝适合自动埋弧焊,以利于提高焊接生产率。

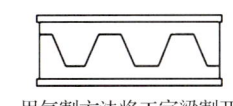
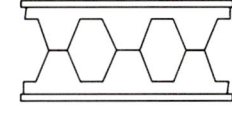

图 2-43 锯齿合成梁

2.4.4 铆接

铆接是使铆钉在力的作用下产生变形,以实现零件间连接的一种机械连接方法。与螺栓连接相比,铆钉及铆接工艺过程成本低。但铆钉的疲劳强度比螺钉及螺栓的小,较大的拉伸载荷能将铆钉头拉脱,剧烈的震动会使接头松弛,而且接头对水和气体都不密封,维修不便,精度只能达到 0.03mm。

铆接工艺过程主要包括铆接头钻孔准备、铆钉装钉及压钉成型,如图 2-44 所示。

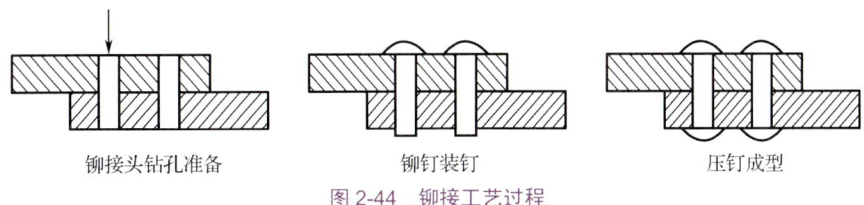

图 2-44 铆接工艺过程

2.4.5 粘接

粘接是一种将金属部件黏合在一起的技术,与焊接、螺栓连接相比,粘接具有减少组件数量、减轻重量、分散应力以及避免热变形等优势。常用的金属黏合剂有环氧树脂胶、聚氨酯胶、硅酸盐胶、磷酸盐胶等,这些黏合剂能够提供足够的强度以承受金属间的剪切力、拉力和剥离力。粘接前,必须清洗金属表面,使其保持清洁、干燥且无油脂,以增加黏合剂与金属表面的接触面积,提高粘接力。粘接时,要在黏合剂固化前将两个金属部件黏合在一起,并保持一定的压力直至黏合剂完全固化。

2.4.6 连接新工艺

1. 电场辅助阳极连接

电场辅助阳极连接(见图 2-45)是利用电和热的联合作用实现材料固态连接的一种非传统的特殊连接方法。电场辅助阳极连接技术最初是用于金属或半导体对玻璃的封接,后来被推广到金属与陶瓷的封接上。传统的连接方法一般都有连接温度高(如电弧焊等)、工件变形和残余应力大等缺点。例如，用传统的热连接或胶接方法对玻璃与金属进行封接时，前者温度高，接头应力大，有损于玻璃的光学性质，而后者连接强度低、不耐腐蚀、易老化。

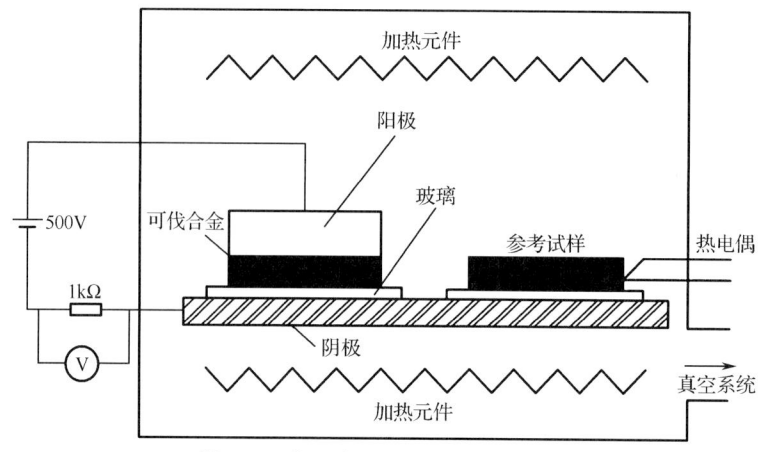

图 2-45 电场辅助阳极连接装置示意图

电场辅助阳极连接的特点是连接温度低，不需要添加中间层材料就可实现固态直接连接，工件变形小、结合强度高、工艺简单，连接可在真空或保护气氛甚至可直接在空气中进行。因此，近年来，电场辅助阳极连接技术日益受到重视。当然，电场辅助阳极连接易受连接材料表面结构和表面粗糙度的限制和影响，一般只适用于平面结构的封接。

近年来，美国、日本和德国等相继对玻璃与金属、半导体与半导体、半导体与金属等的电场辅助阳极连接技术进行研发，取得了一些突破性的进展和理论研究成果，对信息产业、微传感器和各种功能材料的应用起到了积极的推动作用。例如，利用这种方法可使硅片密封，可制造出具有标准密封空腔的压力传感器和加速度传感器等。此外，电场辅助阳极连接技术作为一项精密连接技术已经在微型机械、微型传感器的制造以及电真空、航空航天领域中得到了较多的应用。

2. 扩散连接

扩散连接是把两个或两个以上的固体材料（包括中间层材料）紧压在一起，置于真空或保护气氛中加热至母材熔点以下温度，并对其施加压力使连接面微观凸凹不平处产生微观塑性变形以达到紧密接触，再经保温、原子相互扩散而形成牢固的冶金结合的一种连接方法。

扩散连接是一种精密连接方法，但它本身并不是一种非常新的连接方法。用锻焊方法连接纯铁和低碳钢已有很长的历史，中世纪著名的"大马士革剑"就是用锻焊制造的。自 20 世纪 20～30 年代以来，随着航空航天、电子和原子能等工业技术的发展，扩散连接技术获得了快速的发展。扩散连接在尖端科学技术部门起着日益重要的作用，是异种金属材料、耐热合金和新材料（如陶瓷基复合材料、金属间化合物材料）连接的主要方法之一。我国在 20 世纪 50 年代末期才开始对扩散连接方法进行研究，20 世纪 70 年代又开始了专用扩散焊机的开发。目前，大型超高真空扩散焊机、钛-陶瓷静电加速管和钛合金飞机构件等产品的试制成功标志着我国扩散连接技术已发展到一个较高的水平，但在研究的深度和应用的广度上与发达国家相比仍有较大的差距。

扩散连接主要有以下特点：

（1）扩散连接可成功地连接熔焊和其他连接方法难以连接的材料，如弥散强化型合金、活性金属、耐热合金、陶瓷基复合材料等，特别适合不同种类的金属、非金属及异种材料之间的连接。在扩散连接技术的研究与实际应用中，有70%涉及异种材料的连接。

（2）扩散连接可以进行内部及多点、大面积构件的连接，以及电弧可达性不好，或用熔焊方法根本不能实现的连接。

（3）扩散连接是一种高精密的连接方法，用这种方法连接后，工件不变形，且可以实现机械加工后的精密装配连接。

2.5 金属表面处理与装饰技术

2.5 金属表面处理与装饰技术

2.5.1 材料表面处理的功效

工业产品造型材料种类很多，其表面处理和装饰技术更是千差万别。材料的表面处理与装饰技术一般而言都具有双重的作用和功效，一方面表面处理起着功能性保护作用，可以保护材料基体不受介质腐蚀，保护产品表面的光泽、色彩、肌理等外观质量不受损伤，可以提高产品的耐用性，同时还可以赋予材料表面导电、防水、润滑等特殊功效；另一方面，表面处理起着装饰性的美化作用，能赋予产品表面丰富的色彩、光泽和肌理变化，可以产生同质异感、异质同感的设计效果，能极大地拓展产品造型设计的选材空间和表现形式。

2.5.2 表面处理与装饰技术的分类

表面处理与装饰技术按照工艺特点、功能目的和作用机制，可以分为表面精整加工、表面改质处理和表面被覆处理三种类型。其具体分类如表2-1所示。

表2-1 表面处理与装饰技术的具体分类

分　　类	主要目的	表面处理方法和技术
表面精整加工	使表面平滑，可以产生光泽和凹凸纹理	机械方法：切削、研削、研磨； 化学方法：研磨、表面清洗、蚀刻； 电化学方法：研磨
表面改质处理	提高耐腐蚀性、耐磨损性，使金属表面着色	化学方法：化成处理、表面硬化； 电化学方法：阳极氧化
表面被覆处理	提高耐腐蚀性，增加表面机能、色彩化	金属被覆：电镀、镀覆、热浸； 有机物被覆：涂装、塑料衬里、塑料压层； 陶瓷被覆：搪瓷、景泰蓝

2.5.3 金属材料常用表面处理和装饰技术

1. 金属材料的表面精整加工

金属材料表面精整加工的主要目的是提高金属产品的表面质量和光洁度，产生高光效果，或者形成金属制件表面的凹凸文字、标志和纹理等，该方法常用于产品实施电镀、涂装工艺前的预处理。

常用的金属材料的表面精整加工方法有研磨和蚀刻等。

图 2-46 经电解研磨抛光工艺处理而成的金属制件

研磨是使金属表面产生金属光泽、镜面或亚光效果的加工方法，又分为使用研磨材料进行的机械研磨、通过电解使金属表面溶解的电解研磨、用溶剂对金属进行化学性溶解的化学研磨三种。研磨处理能够得到具有独特色调和光泽的装饰表面，可以用于日用品、照明器具和机械零件的表面加工处理。如图 2-46 所示的金属制件，其表面光泽是通过电解研磨抛光工艺处理而成的。

蚀刻是利用化学药品侵蚀、溶解金属表面的特定部分，从而形成凹凸纹理的表面处理方法。其工艺是首先用耐药性膜涂覆整个金属制品表面；其次，用机械或化学方法去掉待加工部位的保护膜；再次，将金属制件浸入蚀剂中，使金属裸露部分溶解形成凹部；最后，去除其他部位的涂膜，形成凸部，得到所需的凹凸纹理。蚀刻技术常用于金属商标、标牌等的制作（见图 2-47）。

2. 金属材料的表面改质处理

金属材料表面改质处理的主要目的是改善金属的表面性质，提高其耐腐蚀性、耐磨性等性能，或者用于对金属进行着色处理，也可用于产品电镀、涂装前的预处理。

一般常用的金属材料的表面改质处理技术包括化成处理、阳极氧化和表面硬化等。

化成处理是利用各种酸碱溶液使金属表面形成氧化物或无机盐覆盖膜的处理工艺。通过化成处理形成的稳定而致密的覆盖膜对基体金属具有良好的附着能力，并能够保护基体金属免受介质腐蚀。产品造型中常用的化成处理包括钢铁材料的发蓝氧化和磷化处理、铝及铝合金的化学氧化处理等。钢铁材料的发蓝氧化处理可以形成蓝黑色的 Fe_3O_4 保护膜，其表面光泽十分美观，该方法广泛应用于精密机械、光学仪器等产品的保护和装饰。钢铁材料进行磷化处理后生成的磷酸铁覆盖膜，其外观光泽不及发蓝氧化处理后的，但其抗腐蚀能力优于发蓝氧化处理的，是黑色金属最常见的保护层。钢铁材料的磷化处理广泛应用于高强度合金钢零件的表面处理。铝及铝合金制品通过化学氧化形成的 Al_2O_3 保护膜具有极好的吸附能力，可以作为油漆涂装的底层。图 2-48 所示的手枪滑套的表面采用亮光发蓝（蓝黑色）氧化处理，而枪身采用的是稍显灰色的哑光发蓝氧化处理。

阳极氧化是使金属制件在阳极的电解作用下，在其表面形成氧化膜而使金属钝化的工艺。阳极氧化广泛应用于铝制品的表面处理，形成的耐酸铝氧化膜具有良好的抗腐蚀性和装饰效果，并可在此基础上进行铝制品的着色处理，以获得色彩变化丰富的防护装饰表面（见图 2-49）。图 2-50 所示为表面采用阳极氧化处理工艺的手机。

图 2-47　蚀刻标牌

图 2-48　金属的发蓝氧化处理

图 2-49　铝阳极氧化的色彩

图 2-50　表面采用阳极氧化处理工艺的手机

表面硬化是一种通过改变金属表层的物理和化学性质，以提高其硬度、耐磨性、耐腐蚀性等综合性能的技术手段。在现代工业制造中，金属表面硬化处理技术已经在模具制造、机械零件加工、刀具制造领域得到了广泛应用。金属表面硬化处理技术包括多种方法，如渗碳、氮化等。这些技术根据具体的应用场景和金属材质进行选择。例如，对于需要高硬度和高耐磨性的金属零件，可以采用渗碳处理；对于要求表面光滑且耐腐蚀的金属制品，则可以选择氮化等处理方式。

3．金属材料的表面被覆处理

金属材料表面被覆处理的主要目的是改善金属表面的性质，使金属表面获得其基体金属所不具备的特殊机能。

根据被覆材料和被覆处理方式的不同，金属材料的表面被覆处理技术主要分为镀层被覆、涂层被覆、搪瓷被覆、层压塑料薄膜、热浸涂层、暂时性防护涂层等。

1）镀层被覆

镀层被覆是在制品表面形成具有金属特性的镀层，它是最为典型的表面被覆处理工艺。镀层被覆可以提高制品的耐腐蚀性和耐磨性，调整制品表面的色彩感、平滑感、光泽感和肌理感。镀层的表面状态可以分为镜面镀层和粗面镀层（亚光、喷砂、梨皮面、不整粗面等）。常用于镀层被覆的金属有铜、镍、铬、铁、锌、铝、钛、金、银、铂等。

其中，镀铬（见图 2-51）用于提高产品表面的耐磨性、光反射性、装饰效果和修复尺寸等。黑镍镀层（见图 2-52）的色彩装饰效果自然大方，不反光，又能表现金属的质感，且色质柔和、美观雅致，比黑色涂料的效果好得多，是一种很好的装饰手段，多用于光学仪器等精密机械装置。镀银主要用于装饰性和反光面镀层，如餐具、首饰、灯罩、反光镜和仪器仪表等。镀金处理（见图 2-53）具有非常精美华丽的外观，所以普遍用于高级装饰性镀层，如首饰、钟表、贵重礼品、精密仪器等。铜不宜用作防护性电镀，也很少用于单层电镀，通常用于装饰性电镀的打底。镀锌被广泛用于要求不高的钢铁制品。

 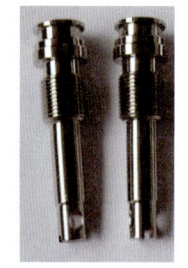 

图 2-51　镀铬产品　　　图 2-52　镀镍产品（黑色）　　　图 2-53　镀金钢笔

2）涂层被覆

涂层被覆是在制品表面形成以有机物为主体的涂层，它能够丰富制品表面的色彩、光泽和肌理，保护制品表面，还可以赋予制品表面隔音、隔热、绝缘、耐水、耐辐射、导电、杀菌、吸收雷达波等特殊功能。

3）搪瓷被覆

搪瓷被覆是用玻璃质釉涂覆金属表面，之后在 800℃左右的环境中烧制，使金属表面形成被覆层的装饰工艺。经过搪瓷被覆工艺处理的金属制品更坚固、更耐腐蚀，其表面更加光洁、美观。搪瓷被覆工艺被广泛用于厨房用品、医疗器械、实验器皿以及化工、食品加工用具的表面处理。图 2-54 所示的搪瓷盆为典型的采用搪瓷被覆表面处理工艺的产品。

图 2-54　搪瓷盆

4）层压塑料薄膜

利用层压法可以把塑料薄膜黏结在钢板上，从而制成塑料薄膜层压钢板。目前的黏合剂能把钢材基件和塑料薄膜牢固地黏结在一起，且不影响塑料薄膜的性能。在塑料薄膜上可以压制出各种图案，如木纹、布纹或皮革纹等。这种工艺广泛用于建筑、车辆和电器的装饰技术，目前各种装饰性的薄膜钢板与日俱增（见图 2-55）。

下面介绍几种薄膜材料：

（1）丙烯酸树脂薄膜。丙烯酸树脂薄膜主要层压于镀锌钢板上，薄膜厚度为 75μm，可使用长达 20 年不退色、不脱落、不产生裂纹，主要用于建筑装饰。

（2）氯乙烯薄膜。氯乙烯薄膜有优良的韧性、耐候性和抗化学药品腐蚀性，薄膜的色彩鲜艳、

图 2-55　塑料薄膜层压钢板

品种繁多，单层厚度为 200μm，广泛用于钢板和钢带的层压，各工业部门都有应用。

（3）聚乙烯薄膜。聚乙烯薄膜可以压制出各种花纹，也可以进行印刷。该薄膜的厚度一般在 100～300μm 之间，广范用于层压钢板，具有良好的绝缘性和抗刮伤性。在建筑业上用于隔墙材料，在仪表工业上用于外罩。

④ 聚氟乙烯薄膜。聚氟乙烯薄膜具有良好的耐候性、耐热性和耐化学药品性能，其厚度为 12～100μm，可在镀锌钢板和铝板上进行层压。这种薄膜的抗老化性能很强，可用于建筑装饰面板和其他室外器材。

5）热浸涂层

热浸涂层是将金属制件浸入熔融的金属涂料中获得金属涂层的一种方法。热浸作为一种涂覆方法通常只适用于低熔点的金属。热浸涂层中的熔融金属主要有铝、锌、锡和铅，这些涂层金属的基体材料主要是钢铁材料，其次是铸铁和铜，而铜表面浸锡主要用于铜导体的锡焊预处理。

与其他涂覆过程一样，为了保证涂层与基体结合牢固，必须进行涂前表面准备，其目的是清除基体金属表面的各种油污及腐蚀产物。

6）暂时性防护涂层

为了使工业制品的表面和外观在封存、运输以及加工过程的工序间得到保护，往往采取暂时性防护措施，广泛使用的是暂时性防护涂层。

所谓暂时性防护，是指当需要使用金属材料或金属制件时，可以很容易地将防护层除掉，恢复原有金属材料的表面色彩、光泽和肌理，且不会使原有金属材料受任何损伤或在其上留下任何痕迹。此外，有些金属制件如量具、刀具、轴承等，其表面精度较高，不易采用其他的防护措施。根据涂层种类和涂覆方法的不同，暂时性防护涂层的防锈能力可以是数日、数月，甚至可长达几年或十几年。因此，所谓"暂时性"是指金属材料表面涂层本身的暂时性，并非指防护涂层的防护效果。

暂时性防护涂层的主要材料是防锈油、防锈纸、可剥性塑料等一些非金属材料。可剥性塑料是以塑料为基本材料，加入矿物油、缓蚀剂、增塑剂等其他添加剂制成，并采用浸、喷、涂等方法将其涂覆于金属制品上，待冷却后就形成了一层塑料薄膜，该塑料薄膜能起到防止金属腐蚀和保护金属表面的作用。可剥性塑料启封方便、防锈效果好，防锈作用可长达 5～10 年。

2.6 "学以致用"——金属产品设计案例分析

1. Alessi 削皮器

Alessi 削皮器（见图 2-56）整体采用不锈钢镜面抛光工艺，具有更强的抗腐蚀性与抗氧化性。设计师创造性地采用了连续曲面形态，将削皮器的把手设计成一条果皮或蔬菜皮弯折扭曲的形态，将柔美的形态属性赋予金属材料，不仅十分别致，还有效地避免了尖锐边缘划伤使用者皮肤，并拉近了人与工具间的关系。Alessi 削皮器还配有可旋转式刀头，可适应多种蔬果的削皮角度，是一款有趣的现代设计。

2. 徕卡 T 无反相机

徕卡 T 无反相机（见图 2-57）采用了一体化铝金属机身，由一整块铝加工而成，铝制的机身让其更加轻便，也方便携带。由于采用一体式成型，徕卡 T 无反相机的机身顶部不存在安装接缝，机身线条由直线及

2.6-1 金属座椅设计案例赏析　　2.6-2 企业导师——金属产品拆解分析

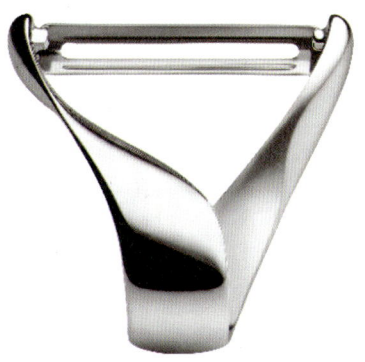

图 2-56　Alessi 削皮器

简单曲线组成,整体造型简洁大方;机身表面由人工打磨而成,具备较强的磨砂质感和握持手感。

3. 阿尔法洗衣机

松下携手保时捷设计(Porsche Design)推出的新一代阿尔法洗衣机(见图2-58)走上了简约路线,其机身流畅利落,玻璃门窗、洗涤剂舱、排水舱都采用了隐藏式设计,去除了大量不必要的设计切割线,使整机浑然一体,简洁大气。在制造工艺与选材上,这款洗衣机也达到了全新洗衣机的高度,顶板采用超薄塑金一体化顶板;箱体选用高档不锈钢材料,通过激光焊接工艺而成;玻璃门框选用特制高级铝材,通过压铸、车削、抛光、打磨、喷砂、阳极氧化层层处理而制成,门框表面略带拉丝质感又不失光泽。

图2-57　徕卡T无反相机

图2-58　阿尔法洗衣机

4. 美标3D打印水龙头

美标3D打印水龙头(见图2-59)采用3D打印中的激光烧结(SLS)技术打造而成。通过计算机引导激光束,将金属粉末融成具有抗高热、抗高压功能以及特定形状的固体金属。激光烧结(SLS)技术让设计师能够充分展现其想象力,细小的水道以非常精细的结构隐藏在高强度的金属内部,完全颠覆了原有的水路设计方式。设计师将水流本身作为装饰元素,水流在水龙头顶端分成19道错落有致的水道,像小瀑布一样喷涌而出,形成独特的美感。

5. 菲利普·斯塔克设计的榨汁机

图2-60所示的榨汁机是20世纪90年代著名设计大师菲利普·斯塔克为阿莱西设计的经典之作。这个榨汁机的上端像柠檬,下端像蜘蛛的脚(起到支撑作用),总体更像是外太空来物,具有很强烈的神秘感。该榨汁机的整体采用不锈钢材质,造型简洁流畅,又具备鲜明的时尚感和机械感。榨汁机是一种功能占主导地位的实用生活用品,但经过菲利普·斯塔克的设计后,情感化的设计理念让这件产品被赋予了艺术化的气息,菲利普·斯塔克曾经说过:"我不是在设计一个榨汁机,我是在设计一种给你和朋友打开话茬子的方式。"

图2-59　美标3D打印水龙头

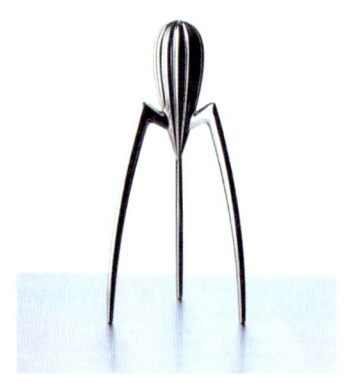
图2-60　菲利普·斯塔克设计的榨汁机

6. Chair One

如图 2-61 所示，康士坦丁设计的 Chair One（一号椅）的椅身选用铝合金材料，并以聚酯粉末涂料涂覆，使其能够适应各种气候及温差的变化。Chair One 的基座以表面洁净光滑的混凝土成型，整体造型简洁抽象，椅身的格状结构匀称优美，这种设计方式巧妙地柔化了铝合金与混凝土材质，尽管这两种材料传统上给人以冷硬的工业印象。Chair One 的功能非常多元化，室内室外都适合使用。

7. PENXO 铝制自动铅笔

PENXO 铝制自动铅笔（见图 2-62）体现了一种极简的设计理念，虽是自动铅笔，但 PENXO 全身上下没有任何弹簧、按钮等传统自动铅笔需要用到的机械零件。该笔笔身采用航空级的铝材做成镂空外壳，一体成型，只要一根 2mm 的铅芯就可以使用。PENXO 装上铅芯后重为 19g，轻巧耐用。其更便捷之处在于，只要用手指轻轻握住笔杆，就可以固定住铅芯，手指在凹槽上扣动就可以快速出铅。相较于很多绘图铅笔，PENXO 独特的设计让使用者不需要卸下笔芯就可以看到铅芯用量、型号和颜色，同时这个设计也为手心容易出汗的人带来了更舒适的书写体验。

图 2-61　Chair One

图 2-62　PENXO 铝制自动铅笔

8. IRONY 系列铸铁壶

IRONY 系列铸铁壶（见图 2-63）是黑川雅之最为著名的设计之一。在茶道里，铸铁壶占据着重要的位置，随着时代的变更，现代人对于传统茶道所用的铸铁壶的需求量已经大大减少，设计师希望将这种传统技术应用到现代人的生活用具上，从而将传统工艺优势与现代设计相结合。IRONY 系列铸铁壶造型简洁，壶身的自然铸铁颗粒质感与壶盖的金属高光质感对比鲜明，视觉冲击力强，使铸铁壶兼具功能与艺术审美特性。

图 2-63　IRONY 系列铸铁壶

本章习题

1. 工业产品设计过程中主要考虑金属哪方面的性能,请具体描述。
2. 金属材料的造型特征主要表现在哪些方面?
3. 黑色金属主要应用于哪些产品设计领域,请结合具体产品阐述。
4. 黑色金属产品具备怎样的材质特点,请结合具体产品阐述。
5. 镁合金有哪些性能特点,这些特点对产品设计有何影响?
6. 请结合具体案例,说明变形铝合金的成型工艺。
7. 常用的铸造工艺有几种,各自有何特点?
8. 请描述熔模铸造的工艺流程。
9. 金属型铸造有哪些优缺点?金属型铸造主要用于铸造哪些类别的产品?
10. 压力铸造的局限有哪些?适合铸造哪些类别的产品?
11. 采用连续铸造生产的铸件需要具备哪些要求?
12. 金属塑性成型的特点是什么?
13. 金属塑性成型主要有哪几种?
14. 冲压工艺包括哪些工序?
15. 金属特种加工主要有哪几种?
16. 请描述化学铣切的工艺过程。
17. 喷砂磨损加工的优点是什么?
18. 请描述粉末冶金工艺的基本工序。
19. 请描述金属粉末注射成型的基本工艺过程。
20. 金属的连接方法主要有哪几种?
21. 请描述金属焊接的主要种类。
22. 焊接结构工艺性主要体现在哪几个方面?
23. 请描述金属铆接工艺的优缺点。
24. 请描述金属粘接工艺的特点。
25. 电场辅助阳极连接目前主要应用于哪些领域?
26. 扩散连接具备哪些特点?
27. 金属材料表面处理有哪些功效?
28. 金属材料的表面精整加工主要有哪些方法?
29. 请简要介绍蚀刻工艺。
30. 请介绍常见的金属表面化成处理方法。
31. 金属材料的表面被覆处理技术主要包括哪几种?
32. 可用于层压塑料薄膜工艺的材料有哪几种?
33. 暂时性防护涂层的作用是什么?
34. 若在学习本章知识之前你已设计过金属类产品,请结合本章的理论知识对设计方案进行分析、反思,查看是否有需要改进的地方。

第 3 章
塑料及其加工工艺

材料是产品设计中非常重要的一个环节，对材料及其加工工艺的认识和掌握是实现产品设计的前提和保证。由于品种多样，且成型方法丰富，塑料在现代工业设计中占据着非常重要的地位，其被设计师广泛采用，从而进入人类生活中。经过百年的发展，从人们的日常生活到国家的国防建设，到处都能看到塑料的身影。这种人工合成的材料在人类发展史上扮演了重要的角色，极大地丰富了人们的物质需求。毫不夸张地说，当今世界就是一个塑料的世界。本章主要内容包括塑料的发展历史、组成、分类、性能及产品设计中常用的塑料，重点介绍塑料成型加工工艺、塑料的二次加工以及塑料产品制备技术处理原则。对设计师而言，对塑料的性能与工艺、塑料制品设计原则的了解和掌握，将帮助设计师进行更为完善的产品设计及创新。

3.1 塑料概述

3.1-1 塑料概述

3.1.1 塑料的发展历史

塑料在我们日常生活中随处可见，也是工业设计师最常用的设计材料。塑料的种类繁多，成型工艺多种多样，功能与造型也丰富多彩，这都离不开其较长的发展历史。

漆是一种天然塑料，而生漆是从漆树上割取的天然液汁，主要由漆酚、漆酶、树胶质及水分构成。用它制成的涂料，有耐潮、耐高温、耐腐蚀等特殊功能，还可以配制出不同颜色的漆。

同时，漆也是中国古代的伟大发明，在我国长期的日用品发展历史中，将漆涂覆在各种器物的表面上所制成的日常器具及工艺品、美术品等，一般被称为"漆器"（见图3-1）。19世纪以前，人们就已经在使用漆、沥青、松香、琥珀、虫胶等天然树脂。

1846年，瑞士巴塞尔大学的C. F. 舍恩拜因发现了赛璐珞（又称云石膜），当时只是将其作为虫胶的代用品。1868年，美国的J. W. 海厄特等将天然纤维素硝化，用樟脑作增塑剂制成了世界上第一个塑料品种，并正式称为赛璐珞（celluloid）。之后，用赛璐珞制出的廉价台球（见图3-2）替代了象牙制成的昂贵台球，赛璐珞便开始被用来制造各种物品。

图3-1　漆器

图3-2　台球

1872年，世界上第一种人工合成的塑料——酚醛塑料问世，俗称电木，但是真正投入工业生产是贝克兰在1909年实现的；1920年，又一种人工合成塑料——氨基塑料（苯胺甲醛塑料）诞生了。这两种塑料绝缘、稳定、耐热，推动了当时电气工业和仪器制造工业的发展。

20世纪20～30年代陆续出现了聚氯乙烯、丙烯酸酯、聚苯乙烯、聚酰胺（尼龙）等塑料。从20世纪40年代起至今，随着科学技术和工业的发展，特别是石油资源的广泛开发利用，塑料工业获得了迅速的发展，20世纪60年代曾被称为"塑料的时代"。由于塑料具备的优良性能，使其成为工业设计最热门的材料。各种塑料，如聚乙烯、聚氯乙烯、聚丙烯等逐渐被广泛地用于各种产品上（见图3-3、图3-4）。

图3-3　塑料玩具

图3-4　塑料瓶

3.1.2　塑料的组成

塑料是以天然或者合成树脂为主要成分，适当加入填料、增塑剂、稳定剂、润滑剂、色料等添加剂，在一定温度、压力下塑制成型的高分子有机材料。

1）合成树脂

合成树脂指人工合成的高分子化合物，是塑料中最基本的成分，一般占塑料的30%～100%。合成树脂起黏合作用，能将其他成分胶结成一个整体，它能影响塑料的主要性质，即能决定塑料的加热性质是热固性的还是热塑性的。合成树脂的种类、性质以及在塑料中所占的比例，对塑料的性能起着决定性的作用。

2）添加剂

添加剂的加入，可改善塑料的某些性能，以获得满足使用要求的塑料产品。常用的添加剂包括填料、增塑剂、稳定剂、润滑剂、着色剂、固化剂和其他添加剂。

填料：可提高塑料的机械性能、耐热性能和导电性能，还可降低成本（见图3-5）。通常填料的加入量为塑料的40%～70%，其主要是一些相对呈惰性的粉状材料或纤维材料。最常用的填料由黏土、硅酸盐、滑石、碳酸盐等组成。

增塑剂（见图3-6）：可提高塑料的可塑性、柔软性，降低塑料的刚性和脆性，并使塑料易于加工成型。

图3-5　填料

图3-6　增塑剂

稳定剂（见图3-7）：可防止塑料在加工和使用过程中，因受热、氧化和光线作用而变质分解，进而可以延长塑料的使用寿命。稳定剂应具有耐水、耐油、耐化学药品的特性，能与树脂相溶，且成型时不分解。常用的稳定剂有抗氧剂、光稳定剂等。

润滑剂（见图3-8）：可提高塑料在加工成型中的流动性和脱模性，还可以使塑料产品的表面光亮、美丽。常用的润滑剂有硬脂酸及其盐类，如硬脂酸钙等。

着色剂（见图3-9）：可使塑料具有一定的色彩，能起到美化、装饰及便于识别塑料的作用，还能提高塑料的耐候性、力学性能，并能改进其光学性能。着色剂通常分为有机颜料和无机颜料，常用的着色剂有钛白粉、锌粉、镉红、三氧化二铁等。

图3-7　稳定剂

图3-8　润滑剂

固化剂（见图 3-10）：与树脂起化学反应，形成不溶的三维交联网状结构，得到坚硬的塑料制品。固化剂的品种很多，一般根据塑料的品种和加工条件选择合适的固化剂并确定用量。当需要得到热固性塑料时，需要加入固化剂。

图 3-9　着色剂

图 3-10　固化剂

其他添加剂：同样会经常使用的添加剂有抗静电剂、发泡剂（见图 3-11）、阻燃剂（见图 3-12）、荧光剂等，品种及用量需要根据塑料产品的需求来添加。如有些塑料产品在使用中会因为摩擦产生静电，静电的积蓄既影响产品使用，又容易吸尘，影响外观，对于这样的产品则需要加入抗静电剂。

图 3-11　发泡剂

图 3-12　阻燃剂

3.1.3　塑料的分类

塑料的分类方法有很多，通常按受热行为和使用特点这两种方法进行分类，如图 3-13 所示（图中缩写的具体含义可参见 3.2.4 节）。

（1）按受热行为分类，塑料可以分为热塑性塑料和热固性塑料。

热塑性塑料指在特定温度范围内能反复加热软化和冷却硬化的塑料。受热软化、冷却变硬的过程是物理变化，可逆且可反复进行。日常生活中使用的大部分塑料都属于这个范畴（见图 3-14），典型的有聚丙烯、聚乙烯、ABS、聚酰胺、聚酸酯等。

热固性塑料指因受热或其他条件能固化成不溶性物料的塑料。第一次加热时可以软化流动，加热到一定温度，产生化学反应——交链固化而变硬，这种变化是不可逆的。热固性塑料固化后既不溶于任何溶剂中，也不会再熔融，不能再成型，主要用于需要隔热、耐磨、绝缘、耐高压电等恶劣环境，常见应用如炒锅锅把手（见图 3-15）、高低压电器（见图 3-16）。

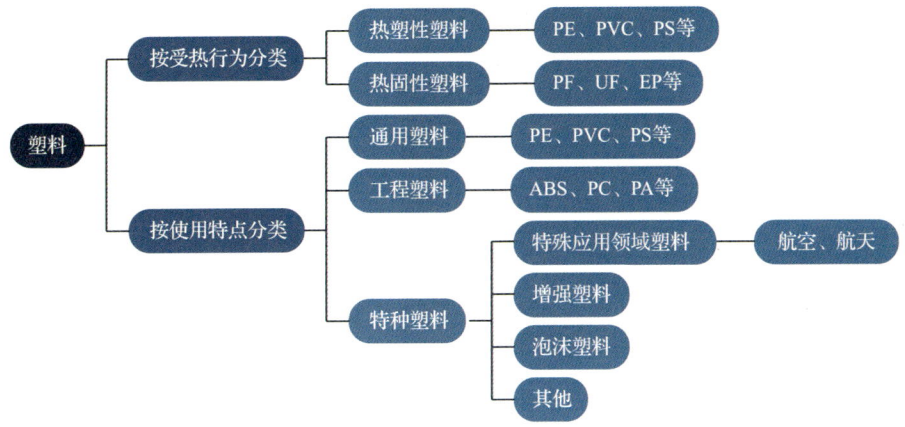

图 3-13 塑料的分类

图 3-14 热塑性塑料

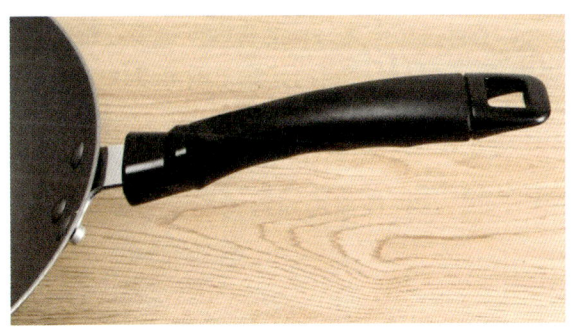

图 3-15 炒锅锅把手

图 3-16 高低压电器（插头）

（2）按使用特点分类，塑料可分为通用塑料、工程塑料、特种塑料。其中，特种塑料又包含增强塑料、泡沫塑料等。

① 通用塑料一般指产量大、用途广、成型性好、价廉的塑料，常见的有聚丙烯、聚乙烯（见图 3-17）、聚苯乙烯、聚醛塑料等。

② 工程塑料一般指能承受一定的外力作用并具有良好的机械性能和尺寸稳定性，在高、低温下仍能保持其优良性能，可以作为工程结构件的塑料。常见的工程塑料有 ABS（见图 3-18）、聚碳酸酯、聚酰胺聚甲醛等。

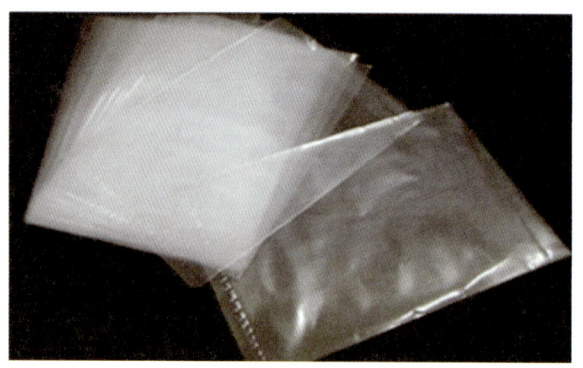
图 3-17 聚乙烯

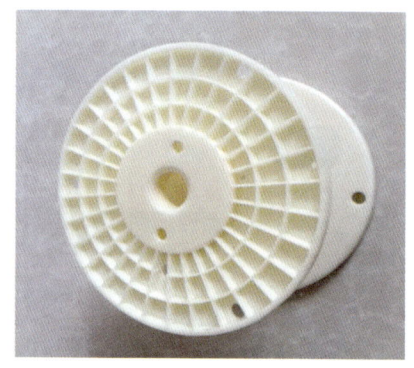
图 3-18 ABS

③ 特种塑料一般指具有特种功能，可用于航空、航天等特殊领域的塑料，如氟塑料和有机硅具有突出的耐高温、自润滑等特殊功能。增强塑料和泡沫塑料具有高强度、高缓冲性等特殊性能，也属于特种塑料的范畴。增强塑料是树脂与增强材料（如玻璃纤维）相结合，能够提高塑料机械强度的复合型材料，常见的增强塑料有 FRP、FRTP。泡沫塑料是由大量气体微孔分散于固体塑料中而形成的一类高分子材料，具有质轻、隔热、吸音、减震等特性，且其介电性能优于基体树脂的介电性能，用途很广。

3.1.4 塑料的性能

3.1-2 塑料的基本特性

工业设计中所选用的材料，应能自由地成型与加工，且应符合成型产品所要求的特性。塑料正是因为有各种优秀的特性，才会被设计师广泛应用在产品设计制造中。

1）质轻、比强度高

塑料质轻，其密度一般在 $0.9 \sim 2.3 \text{g/cm}^3$ 之间，比金属材料的密度低很多。质轻对于减轻机械设备的重量是非常有利的。若按比强度来衡量材料性能的好坏，则可以认为塑料是现代工业中比强度最高的工业造型材料之一。

2）优异的电绝缘性能

几乎所有的塑料都具有优异的电绝缘性能，这种性能可与陶瓷媲美。如电线的外表皮（见图 3-19）大多数是 PVC，能够很好地绝缘。

3）优良的化学稳定性能

一般塑料对酸碱等化学药品均有良好的耐腐蚀能力，特别是聚四氟乙烯的耐化学腐蚀性能比黄金的还要好，甚至能耐"王水"等强腐蚀性电解质的腐蚀，被称为"塑料王"。人们利用塑料的不粘性及极低的摩擦系数等特点，制造出了各种不粘锅（见图 3-20）。此外，塑料也可用于制造各种防腐蚀零部件。

4）优良的减摩、耐磨和自润滑特性

许多由工程塑料制造的耐磨零件，就是在耐磨性好的塑料中加入某些固体润滑剂和填料，以降低其摩擦系数或进一步提高其耐磨性能。聚甲醛（POM）的减摩、耐磨和自润滑特性特别优异，可应用在很多场景中，如塑料轴承（见图 3-21）、塑料齿轮等。

5）透光性能好

多数塑料具有透明或半透明性质，且富有光泽，可任意着色，从而呈现出漂亮的色彩（见图 3-22）。塑料良好的透光性能被大量应用于光学产品中，透明效果与多种色彩结合，视觉效果更加丰富。

图 3-19　电线

图 3-20　不粘锅

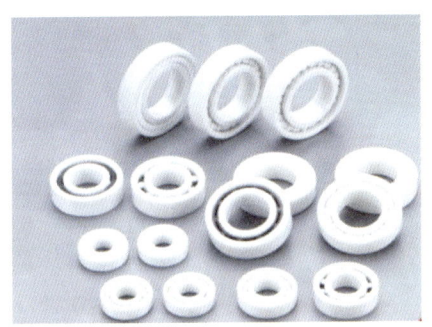

图 3-21　塑料轴承

图 3-22　颜色各异的塑料瓶

6）减震、消音性能优良

某些塑料柔韧且富有弹性，当它受到外界频繁的机械冲击和振动时，内部产生黏性内耗，机械能转变成热能，即使跌落也不易破裂。因此，工程上将其用作减震消音材料，如用工程塑料制作的轴承和齿轮可减小噪音。

7）独特的造型工艺性

塑料的可塑性大，能任意成型，其产品的造型设计在很大程度上不受形态和线型的制约，可以比较自由地表达设计师的构思。图 3-23 所示的游戏手柄通过复杂的曲面造型，使其与人手操作很好地结合，人机交互性更加优良。

8）良好的质感和光泽度

塑料硬而有舒适感，具有适当的弹性和柔度，给人以柔和、亲切、安全的触觉质感。工程塑料表面美观、光滑、纯净，可以注塑出各种形式的纹理，且容易整体着色；其色彩艳丽，外观保持性好，还可以模拟出其他材质材料的天然质地美，达到以假乱真的效果（见图 3-24）。

塑料虽然具有上述优良性能，但也存在着许多不足：

（1）其耐热性比金属等材料要差，一般在 100℃ 以下使用，少数在 200℃ 左右使用。

（2）塑料的热膨胀系数比金属的大 3～10 倍，且其容易受温度变化影响而造成尺寸的不稳定性。因此，制作注塑模具时，应留有一定的收缩量。

（3）在载荷的作用下，塑料会缓慢地产生黏性流动或变形，即蠕变现象。

图 3-23 游戏手柄

图 3-24 汽车内饰

（4）有些塑料易燃，分解后会产生有毒气体（见图 3-25）。
（5）塑料在紫外线的作用下易发生劣化或老化（见图 3-26）。

图 3-25 燃烧的塑料

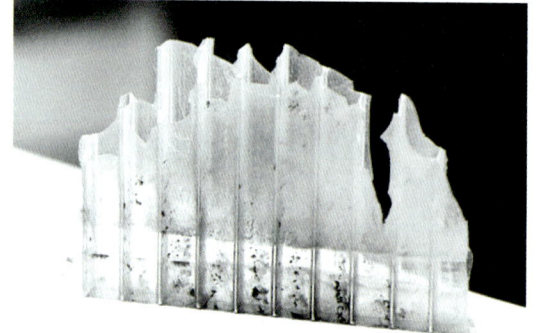

图 3-26 塑料老化

综上，塑料具备优良的特性，也有其无法避免的缺点。设计师应了解并掌握各种材料及其加工特性，才能做到扬长避短，创新应用。

3.2 常用塑料的特性与应用

3.2 产品设计中的常用塑料

虽然塑料材料经过这么多年的发展及应用，但很多人也只是大概知道，这是塑料制品，至于具体是什么塑料材料就不清楚了。塑料的种类繁多，性能千差万别。进行产品设计时，必须要清楚各种常用塑料的性能，才能根据具体的应用场所选择合适的材料来设计制作所需的零部件。所以，了解塑料的性能，选择最合适的材料与工艺，是产品设计的重要环节。

3.2.1 通用塑料

1. 聚乙烯（PE）

1）聚乙烯的特性

聚乙烯（Polyethylene，PE）指由乙烯单体经自由基聚合而成的聚合物，俗称软胶。聚乙烯是树脂中分子结构最简单的一种，也是最常用的热塑性塑料。其外观呈乳白色，有似蜡的手感，纯净的聚乙烯树脂是乳白色的蜡状固体粉末。聚乙烯塑料无毒、无味、密度小，具有良好的化学稳定性、耐寒性和电绝缘性；其原料来源丰富，价格较低，易加工成型并且品种较多，可满足不同的性能要求，因此用途极为广泛；但其耐热性、耐老化性较差，且表面不易粘接和印刷。

由于聚乙烯在适当的温度下具有较大的拉伸倍数，因此可制得高度取向的制品；聚乙烯有一定的透气性，因此不适宜长时间包装需保持香味的物品。这种塑料本身毒性极低，被认为是卫生性最好的塑料，但不适宜装油脂类的物品，因其中低分子量的组分会溶于其中。

2）聚乙烯的应用

聚乙烯常用注塑、挤出、吹塑、压制、压延、辊塑、涂覆等方法成型，常用来制造薄膜类制品、注塑制品、中空制品、管材类制品、丝类制品以及电缆制品等。该品种塑料在日常生活中的应用非常广泛，如轻质包装膜（食品、日用、蔬菜、收缩、自黏、垃圾袋等）、重包装膜、撕裂膜、背心袋、日用品（盆、筒、篓、盒等）、暖瓶壳、杯子、台灯、玩具、液体的包装（食品油、酒类、汽油及化学试剂等）等，如图3-27和图3-28所示。

图3-27　厨房保鲜膜

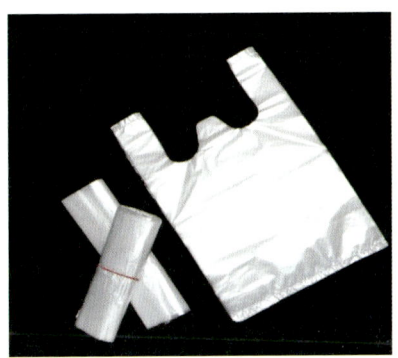
图3-28　食品塑料袋

2．聚丙烯（PP）

1）聚丙烯的特性

聚丙烯（Polypropylene，PP）是由丙烯单体经自由基聚合而成的聚合物，因其疲劳强度极好而俗称百折胶。聚丙烯根据结构可分为等规聚丙烯、间规聚丙烯及无规聚丙烯三类，目前应用的主要为等规聚丙烯。

聚丙烯外观呈乳白色，半透明，无毒无味，质轻（是非泡沫塑料中密度最小的）。聚丙烯具有优良的电绝缘性和耐化学腐蚀性，其力学性能和耐热性在通用热塑性塑料中是最高的，且其耐疲劳性好；经过玻璃纤维增强的聚丙烯具有很高的力学性能，且接近工程塑料，因而常用作工程塑料。但聚丙烯低温时脆性大，容易老化。

2）聚丙烯的应用

聚丙烯常用注塑、挤出及吹塑等方法成型加工，常用来制造注塑制品、薄膜制品、纤维制品、挤出制品、中空制品等。由于聚丙烯透明性好、强度高、耐热性能好、电绝缘性能好，所以多用于包装材料、冷冻和保鲜食品的外包装、绝缘材料等薄膜制品。聚丙烯在注塑产品中可占一半左右，广泛应用于汽车、日用品、电器这几大类中，已逐渐成为汽车配件的主导材料，也已成为第一大塑料品种，日常生活中见到的衣架、椅子、盆类、桶类、文具、玩具、办公用品、洗衣机桶、电视机壳、电扇叶等都基本由聚丙烯制成。图 3-29 所示的 Zyliss 蔬菜脱水器、图 3-30 所示的大西洋椅都是由聚丙烯材料制造的。

图 3-29　Zyliss 蔬菜脱水器

图 3-30　大西洋椅

聚丙烯的纤维制品分为单丝、扁丝和纤维三类，常用于生产绳索、渔网、编织袋、地毯、毛毯、蚊帐、人造草坪等。

3．聚苯乙烯（PS）

1）聚苯乙烯的特性

通用聚苯乙烯（Polystyrene，PS）简称聚苯乙烯，指由苯乙烯单体经自由基聚合反应合成的聚合物。聚苯乙烯质轻、表面硬度高、呈刚性，具有高透明性；其透光率可达 90% 以上，有光泽、易着色，具有优良的电绝缘性、耐化学腐蚀性、抗反射线性和低吸湿性，且易于成型，可制出各类色彩鲜艳、表面光泽度高的制品。但聚苯乙烯性质脆，抗冲击强度低，易出现应力开裂、耐热性差及不耐沸水等现象，并且受阳光、灰尘作用后，会出现混浊和发黄等现象，因而要加入一些助剂，以制得高透明度的制品。

2）聚苯乙烯的应用

聚苯乙烯常用注塑、挤出、发泡等方法成型。聚苯乙烯常用于制作电器制品、透明制品、日用品等产品。因为聚苯乙烯具有良好的透明性、绝缘性、着色性和光泽性，常用于制造电视机、录音机、各种电器的配件、壳体及高频电容器，还用于制造一般光学仪器、透明模型、灯罩、儿童玩具、家具把手、梳子、牙刷把、笔杆、衣架等（见图 3-31、图 3-32）。

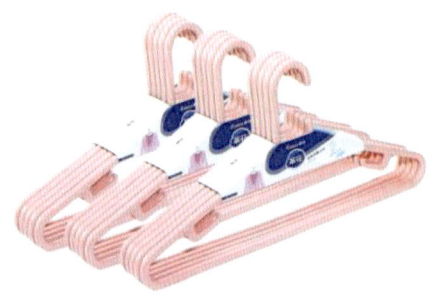
图 3-31　塑料衣架

图 3-32　灯罩

4．聚氯乙烯（PVC）

1）聚氯乙烯的特性

聚氯乙烯（Polyvinyl Chloride，PVC）为由氯乙烯单体经自由基聚合而得的聚合物。聚氯乙烯为白色粉末状，具有良好的化学稳定性、电气绝缘性以及较好的力学性能。聚氯乙烯的生产量仅次于聚乙烯，它在各领域中得到了广泛的应用；其价格低廉，可根据不同需要改变配方做成软质或硬质制品，且所做成的制品具有难燃自熄等优点。聚氯乙烯无毒性，但其残存的单体与所添加的助剂对人体有害。聚氯乙烯热稳定性差，不耐高温，使用温度不高，分解时放出氯化氢，因此成型时需要加入稳定剂；其硬质制品脆性较大，在光和热的作用下易老化。

聚氯乙烯是最早实现工业化的树脂品种之一，是在20世纪60年代以前产量最大的树脂品种之一。按分子量的大小，可将聚氯乙烯分为通用型和高聚合度型两类。通用型PVC的平均聚合度为500～1800，高聚合度型的平均聚合度大于1800，其中，通用型PVC在生活中比较常用。根据所加增塑剂的多少，聚氯乙烯还可分为硬质和软质两大类，硬质聚氯乙烯机械强度高，经久耐用，而软质聚氯乙烯质地柔软，两者用于生产不同的制品。

2）聚氯乙烯的应用

聚氯乙烯可用挤出、注塑、延压、吹塑、搪塑和滚塑等方法成型。硬质聚氯乙烯常用于管材、型材、板材、片材、丝类、瓶类、注塑制品等产品的生产，如水管、输气管、门、窗、装饰板、楼梯扶手、天花板、百叶窗、纱窗、蚊帐、食品药品的包装材料、管件、阀门、办公用品等，如图3-33和图3-34所示；软质聚氯乙烯可用于制造薄膜、电缆、鞋类、革类等制品，如农用大棚膜、包装膜、保鲜膜、雨衣膜、中低电压绝缘和护套电缆料、雨靴、凉鞋、人造皮革、地板革、软透明管、唱片等，如图3-35和图3-36所示。

图3-33 花瓶

图3-34 塑料管道

图3-35 人造皮革

图3-36 橡胶电话线

5. 聚甲基丙烯酸甲酯（PMMA）

1）聚甲基丙烯酸甲酯（PMMA）的特性

聚甲基丙烯酸甲酯（Polymethyl Methacrylate，PMMA）为大分子链上含有甲基丙烯酸甲酯的一类聚合物，俗称"有机玻璃"、"亚克力"或"亚加力"。有机玻璃最大的特点是透明性好，透光率达 90%～92%，有良好的视觉清晰度，可和无机玻璃媲美，可加工制成透明、半透明和不透明的表面效果。此外，它的耐候性好、表面硬度高及综合性能优良，具有优秀的抗化学物质性和抗风化性，有高度的印刷附着性，可完全回收利用，主要用于光学透明制品中。PMMA 的一半用于浇铸和挤出板材，其余用于注塑制品。

2) 聚甲基丙烯酸甲酯（PMMA）的应用

有机玻璃可用聚合成型和塑化成型两种方法制造。有机玻璃的应用主要有照明及采光、光学仪器、医学材料、日用品这几大类。

照明及采光：常用于制造灯罩和玻璃，如各种交通工具（汽车、轮船、飞机）上的窗玻璃及挡风玻璃、仪表窗、广告橱窗等，如图 3-37 所示。

光学仪器：各种光学镜片，如眼镜、放大镜、透镜等。

医学材料：用于牙科材料，如牙托、假牙、假肢材料等。

日用品：绘图仪器、纽扣、发卡、儿童玩具、笔杆、灯具、家居制品等，如图 3-38 所示。

图 3-37　灯具

图 3-38　水波桌子

6. 酚醛塑料（PF）

1) 酚醛塑料的特性

酚醛塑料（Phenol-Formaldehyde Resin，PF）是在酚醛树脂中加入填料、固化剂、润滑剂等添加剂，并分散混合成压塑粉，经热压加工而得的，俗称"电木"。酚醛塑料是塑料中最古老的品种，也是合成树脂中发现最早、最先实现工业化生产的树脂品种，至今仍被广泛使用。酚醛树脂于 1909 年由比利时裔美国科学家贝克莱特（Backland）首先实现工业化生产，因此人们又习惯称 PF 为"贝克莱特"。

由于酚醛塑料的原料易得、合成方便、价格低廉，其制品具有良好的电性能、力学性能、耐热性能和化学稳定性，因而在塑料生产中占有重要的地位。酚醛塑料强度高、刚性大、坚硬耐磨，产品尺寸稳定；易成型，成型时收缩小，不易出现裂纹；电绝缘性、耐热性及耐化学药品性好，而且成本低廉。

2) 酚醛塑料的应用

酚醛塑料的应用主要分为模压制品和层压制品两大类，常用于电气方面的绝缘件、电机及电器设备、高力学强度和耐热性的机器零件等，如图 3-39 所示。

图 3-39　迈纳改性酚醛多晶纤维单面彩钢复合风管

3.2.2 工程塑料

1. 丙稀晴 - 丁二烯 - 苯乙烯共聚物（ABS 工程塑料或 ABS 树脂）

1）ABS 工程塑料的特性

丙烯腈 - 丁二烯 - 苯乙烯共聚物（ABS）是一种热塑性合成聚合物树脂。它是丙烯腈（A）、丁二烯（B）和苯乙烯（S）或其衍生物的三元共聚物，是一种性能良好的热塑性工程塑料。其中，丁二烯提供很好的抗压强度，而丙烯腈则增加了 ABS 的牢固度、硬度与抗腐蚀性。有效控制这三种物质的成分，可以使设计师能根据最终产品的需要设计其弹性程度，也正因为这一点，ABS 能广泛地应用于家用产品与白色产品之中。ABS 具有较高的抗冲击强度，其力学性能并不高，但它没有明显的力学缺陷，且具有较好的综合力学性能及良好的成型加工性能。

2）ABS 工程塑料的应用

ABS 工程塑料可用注塑、挤塑、压延、吸塑、吹塑等方法加工成型，注塑法的应用最广泛，挤塑法次之。

ABS 工程塑料主要应用于壳体材料、机械配件、汽车配件等，如电话机、电视机、洗衣机、录音机、收音机、复印机、传真机等的壳体，及齿轮、轴承、把手、汽车方向盘、仪表盘、风扇叶片、手柄、扶手等，如图 3-40 和图 3-41 所示。

图 3-40　Cord 281 固定电话

图 3-41　Lenovo L100W 激光打印机

2. 聚碳酸酯（PC）

1）聚碳酸酯的特性

聚碳酸酯（Polycarbonate，PC）指大分子链由碳酸酯型重复结构单元组成的一类聚合物。自 2000 年后，PC 超过 PA 成为第一大通用工程塑料品种。根据组成的不同，PC 可分成脂肪族、脂环族、芳香族、脂肪芳香族四类。

聚碳酸酯具有优异的抗冲击性和透明性，可以提供全透明、半透明与不透明的外观效果，及优良的力学性能和电绝缘性。其使用温度范围广、尺寸稳定性高、耐蠕变性高，是塑料材料中集刚、硬、韧于一体的典型代表品种，并且防火、防辐射、经久耐用、可回收、无毒性。但聚碳酸酯类塑料吸湿性大，加工易产生气泡及银丝，制品易产生残余内应力，对缺口敏感性大，耐疲劳性低，摩擦性及耐磨性不好。

2）聚碳酸酯的应用

聚碳酸酯可用注塑、挤出及吹塑等方法加工成型。聚碳酸酯类塑料主要用于光学材料、电子/电器、机械零件、包装材料、医疗器材的制造，如建筑采光板、汽车窗玻璃、光学仪器、大型灯罩、防护玻璃、汽车灯罩、电容器、录像带、录音带、齿轮、齿条、奶瓶等，如图3-42、图3-43所示。

图3-42　遥控器

图3-43　透明盖子

3. 聚对苯二甲酸乙二醇酯（PET）

1）聚对苯二甲酸乙二醇酯的特性

聚对苯二甲酸乙二醇酯（Polyethylene Terephthalate，PET或PETP）为聚对苯二甲酸和乙二醇直接酯化法或聚对苯二甲酸二甲酯与乙二醇酯交换法制成的聚合物，俗称涤纶。聚对苯二甲酸乙二醇酯类塑料可回收利用，是可回收利用性最强的塑料之一；有弹性、容易上色，可以印刷；有多种硬度可供选择，能用玻璃纤素强化，可在低温下保持其特性；具有良好的抗撕拉和磨损性、抗晒和防海水性、抗油和化学物质性。

2）聚对苯二甲酸乙二醇酯的应用

瓶类：由于聚对苯二甲酸乙二醇酯类塑料透明性高、阻隔性好，可用于保鲜包装材料，如啤酒、白酒、碳酸饮料、饮用水、食用油等，如图3-44所示。

薄膜和片材：主要用于包装材料，如食品、药品的卫生包装，纺织品、精密仪器、电子元件的高档包装，及录音、录像、照相、电影、磁盘等基材，如图3-45所示。

聚对苯二甲酸乙二醇酯可用注射、挤出、吹塑等方法加工成型。聚对苯二甲酸乙二醇酯类塑料主要用于薄膜和片材、瓶类及工程设备三方面，但纤维除外。

工程设备：主要用于电子电器、汽车配件、机械零件、拉链材料等方面。

图3-44　饮料瓶

图3-45　塑料装订封面

4. 乙酸纤维素（CA）

乙酸纤维素（Cellulose Acetate，CA）为将纤维素用醋酸或含催化剂的醋酸进行活化处理，再用醋酸和醋酐混合物以硫酸或过氯酸等为催化剂进行乙酰基化反应而成，主要为三醋酸纤维素和二醋酸纤维素两种。它属于天然高分子材料的改性产品，具有合成高分子材料的热塑性。

乙酸酯纤维素产品有温暖的触感、抗汗，并能自体发光，表面轻微的划伤可以被磨掉，是拥有明亮色彩和糖浆般透明感的一种传统聚合物。把它作为手工用具的材料，就可将其优秀的抗压性和良好的手感结合起来。乙酸纤维素常用于工具手柄、发夹、玩具、护目镜及头盔、眼镜框、牙刷、梳子、照片底片、门把手等产品的制造，如图3-46所示。

图3-46 门把手

5. 聚氨酯（PU）

聚氨酯（Polyurethane，PU或PUR）为大分子链中含有氨酯型重复结构单元的一类聚合物，全称为聚氨基甲酸酯。

聚氨酯具有良好的散压性，它透气（吸收和释放性好）、恢复能力强，吸震性、吸压性强，可调整硬度，具有高弹性，易与装饰性材料混合，并且不褪色、可粘贴、不刺激皮肤，常用于自行车座、整形外科座垫子、鞋垫、办公室用椅、网球拍把手等产品的制造，如图3-47和图3-48所示。

图3-47 沙发坐垫

图3-48 网球拍把手

6. 聚甲醛（POM）

1）聚甲醛的特性

聚甲醛（Polyformaldehyed或Polyoxymethylene，POM）指大分子链中含有氧化亚甲基重复结构单元的一类聚合物，学名为聚氧化亚甲基，俗称赛钢或夺钢。POM为第三大通用工程塑料。根据结构的不同，POM可分为均聚POM和共聚POM两种。

聚甲醛具有良好的力学性能和刚性，且其力学性能和刚性接近金属材料，是代替铜、钢、铝等金属材料的理想材料；具有优良的耐疲劳性、耐蠕变性、耐磨损、自润性、摩擦性，其热稳定性和化学稳定性高。但聚甲醛密度大，耐酸、耐燃性不好，后收缩大且不稳定，尺寸稳定性差。

2）聚甲醛的应用

聚甲醛可用注塑、挤出、吹塑及二次加工等方法加工成型，并且以注塑为主。

聚甲醛类塑料主要应用于机械工业、汽车工业、电子/电器等方面，如利用其强度大、耐磨、耐疲劳、冲击高、自润滑性优良的特点，制造齿轮（见图3-49）、轴承、滑轮、凸轮、导轨等；利用其比强度高的优点，在交通工具中替代金属锌、铜及铝等，来制作水箱阀门、风扇、开关、控制杆等;利用其介电强度高、介电损耗小、耐电弧高等优点,制作电扳手外壳、电动工具外壳、开关手柄等。

图 3-49 齿轮

3.2.3 特种塑料

特种塑料又称功能塑料,是具有特种功能、能满足特殊使用要求的一种塑料,如增强塑料、泡沫塑料、导电塑料等。

图 3-50 潘顿椅

1. 增强塑料

增强塑料是以合成树脂为基料,加入增强材料及辅助剂经成型加工而得的塑料,是重要的高分子复合材料。增强材料以纤维状物质或织物为主,常用的有玻璃纤维、碳纤维、石棉纤维、聚酰胺纤维等。增强材料的加入增强了树脂的力学性能和其他性能,使增强塑料具有优良的综合性能,如图 3-50 所示的潘顿椅就是用增强塑料制作的。

2. 泡沫塑料

泡沫塑料又称微孔塑料,是以树脂为基料,加入发泡剂等辅助剂制成的内部具有无数微小气孔的塑料。其采用机械法、物理法、化学法进行发泡,可用注射、挤出、模压、浇铸等方法成型,具有质轻(密度一般在 $0.01 \sim 0.5 g/cm^3$ 之间)、隔热、隔音、防震、耐潮等特点。相关产品如图 3-51 和图 3-52 所示。

3. 导电塑料

导电塑料是一种结合了树脂与导电物质的功能型高分子材料,其加工方式采用与塑料相似的工艺。它在现代科技领域有广泛的应用,特别是在电子、集成电路包装和电磁波屏蔽等方面。作为导电高分子材料的重要一员,导电塑料独特的性能使其在特定领域不可或缺。由于传统塑料在电气领域主要扮演绝缘材料的角色,而导电塑料打破了这一常规,赋予了塑料新的功能。因此,导电塑料常常被归类为特种功能塑料,其独特性和重要性不言而喻。导电塑料的出现,不仅拓宽了塑料的应用领域,也为电子、电磁屏蔽等领域提供了更为优质的材料选择。

图 3-51　雕塑椅子

图 3-52　泡沫塑料无人机

3.2.4　常用的塑料代号、代码汇总

1. 塑料缩写代号

要了解各种塑料的性能以及它们的用途,应熟记常见塑料的英文及其缩写,这有利于在产品设计工程中进行沟通,如表 3-1 所示。

表 3-1　常见塑料的全称及其缩写

缩　写	全　称	
	中　文　名	英　文　名
ABS	丙烯腈 - 丁二烯 - 苯乙烯共聚物	Acrylonitrile-Butadiene-Styrene Copolymer
A/S	丙烯腈 - 苯乙烯共聚物	Acrylonitrile-Styrene Copolymer
CN	硝基纤维素	Cellulose Nitrate
EP	环氧树脂	Epoxy Resin
GPS	通用聚苯乙烯	General Polystyrene
GFRP	玻璃纤维增强塑料	Glass Fiber Reinforced Plastics
HDPE	高密度聚乙烯	High Density Polyethylene
HIPS	高抗冲聚苯乙烯	High Impact Polystyrene
LDPE	低密度聚乙烯	Low Density Polyethylene
MDPE	中密度聚乙烯	Middle Density Polyethylene
MF	三聚氰胺甲醛树脂	Melamine-Formaldehyde Resin

续表

缩　写	全　称	
	中 文 名	英 文 名
PA	聚酰胺	Polyamide
PAN	聚丙烯腈	Polyacrylonitrile
PBT	聚对苯二甲酸丁二（醇）酯	Poly butylene terephthalate
PC	聚碳酸酯	Polycarbonate
PE	聚乙烯	Polyethylene
PET	聚对苯二甲酸乙二醇酯	Polyethylene Terephthalate
PF	酚醛树脂	Phenol-Formaldehyde Resin
PI	聚酰亚胺	Polyimide
PMMA	聚甲基丙烯酸甲酯	Polymethyl Methacrylate
POM	聚甲醛	Polyformaldehyde
PP	聚丙烯	Polypropylene
PPO	聚苯醚	Polyphenylene Oxide
PS	聚苯乙烯	Polystyrene
PSF	聚砜	Polysulfone
PTFE	聚四氟乙烯	Polytetrafluoroethylene
PU	聚氨酯	Polyurethane
PVC	聚氯乙烯	Polyvinyl Chloride
RP	增强塑料	Reinforced Plastics
SI	聚硅氧烷	Silicone
UF	脲甲醛树脂	Urea-Formaldehyde Resin
UP	不饱和聚酯	Unsaturated Polyester

2．塑料标志代码

常用的塑料共7种。在生活中，如果我们仔细观察（例如，装食品、洗衣粉的塑料瓶），会注意到一个由三个箭头组成的三角形回收符号以及其中1~7的数字，这就是各种塑料的标志代码。

这套代码是由美国塑料工业协会（Society of Plastics Industry，SPI）制定的塑料制品使用种类的代码，数字1~7代表了塑料所使用的树脂种类。这些数字使垃圾回收处理厂的塑料品种的识别变得简单，回收成本也得到了大幅度的削减。目前，世界上的许多国家都采用了这套SPI的标识方案。

在这些数字中，"1"表示塑料是由聚对苯二甲酸乙二醇酯（PET）制成；一些不透明的塑料瓶（如装牛奶的塑料瓶），其三角形回收符号中的数字是"2"，表示其由高密度聚乙烯（HDPE）制成，具体可参见表3-2。

表 3-2 各种塑料种类的标志代码

图 标	材 料	常 见 应 用	使 用 禁 忌
♳ 1	聚对苯二甲酸乙二醇酯	矿泉水瓶、碳酸饮料瓶等	加热至70℃时易变形，对人体有害
♴ 2	高密度聚乙烯	塑料托盘、垃圾桶等	不宜用来做储存容器，清洁不彻底时不宜循环使用
♵ 3	聚氯乙烯	雨衣、建材等	毒性强、难清理，不宜装饮品或者食品
♶ 4	低密度聚乙烯	保鲜膜、保鲜袋等	耐热性不强，不能用微波炉加热
♷ 5	聚丙烯	微波炉餐盒、保鲜盒等	熔点高，可放进微波炉加热
♸ 6	聚苯乙烯	快餐盒、碗装泡面盒等	不能用微波炉加热
♹ 7	PC及其他	水杯、奶瓶等	高温下会释放有毒物质

3.3 塑料的成型方法

3.3 塑料成型加工工艺

3.3.1 成型方法概述

塑料成型是将各种形态（粉料、粒料、溶液和分散体）的塑料制成所需形状的制品或坯件的过程，是产品塑料件的重要制造过程，主要的成型工艺有注塑成型、挤出成型、压制成型、吹塑成型、热成型、滚塑成型、延压成型、发泡成型等。

3.3.2 注塑成型

注塑成型又称注射模塑成型，是使热塑性或热固性塑料先在加热料筒中均匀塑化，而后由柱塞或螺杆推挤到闭合模具的模腔中成型的一种方法。注塑成型是众多成型方法中重要的成型方法之一，几乎适用于所有的热塑性塑料。图 3-53 为注塑成型示意图。

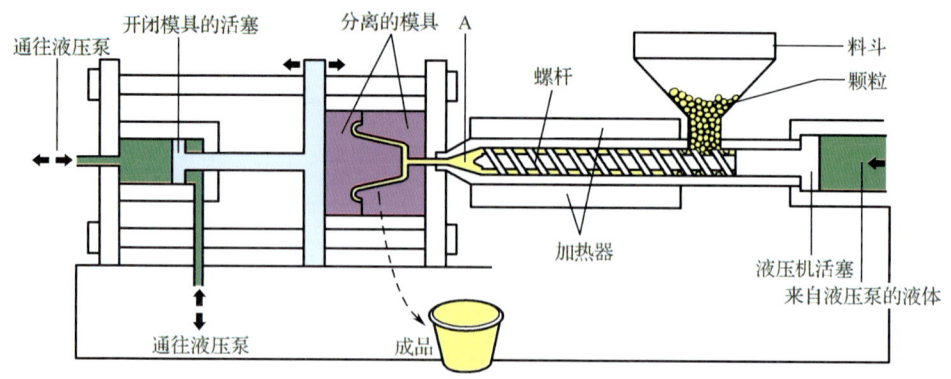

图 3-53 注塑成型示意图

注塑成型的过程大致可分为六个步骤：合模、注射、保压、冷却塑化、开模、取出产品。上述工艺反复进行，就可批量周期性生产出产品。热固性塑料和橡胶的成型也包括同样的过程，但其注塑机料筒的温度会比热塑性塑料的低，注射压力却较高，模具是加热的，物料注射完毕在模具中需经固化或硫化过程，然后趁热脱膜。

注塑成型的成型周期短，成型产品的质量为几克到几十千克不等，它是所有成型方法中生产效率最高的成型方法，且其产品尺寸精度高、质量稳定。此外，它还具有原材料损耗小、操作方便、成型的同时产品可取得如图 3-54 所示的着色鲜艳的外表等优点。

注塑成型虽然大规模应用于生产中，但用于注塑成型的模具的价格是所有成型方法中最高的，因此小批量生产时，该工艺的经济性差；同时，注塑成型虽能生产出其他方法无法生产的形状复杂的产品，但生产这些产品的模具往往难以制造。

图 3-55 是典型的使用注塑成型工艺生产制造的产品，每个注塑零件都是片状且有厚度的。片状注塑零件以及内部的零部件，又通过螺栓、卡扣等连接方式装配起来，从而得到完整的产品。

图 3-54 爱国者移动电源的双色注塑

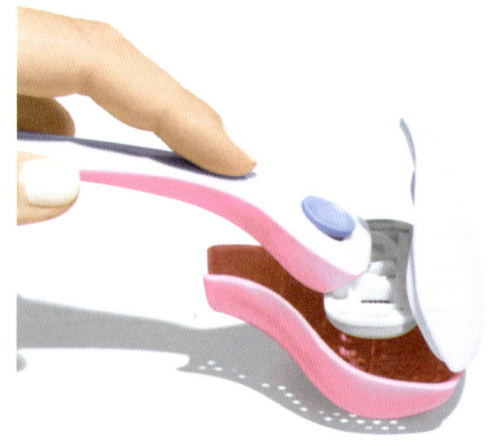

图 3-55 Billie Razor 便携女性剃须刀

注塑成型在绝大多数场合使用的是热塑料，使用量最多的是聚乙烯、聚丙烯、聚氯乙烯、聚苯乙烯及 ABS 等热塑性塑料和部分流动性较好的热固性塑料。现今加工工艺也正朝着高新技术的方向发展，这些技术包括微型注塑、高填充复合注塑、水辅注塑、混合注塑、泡沫注塑等。

图 3-56 所示为微型注塑机,是进行微型注塑时使用的设备。

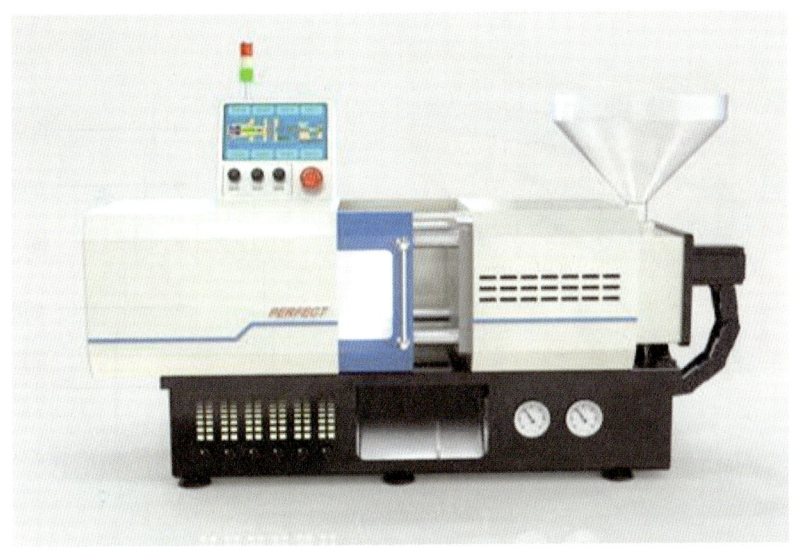

图 3-56　微型注塑机

3.3.3　挤出成型

挤出成型也称挤压模塑或挤塑,它是在挤出机中通过加热、加压而使物料以流动状态连续通过挤出模成型的方法,其产出物最重要的特点就是中空、连续。图 3-57 为挤出成型示意图。

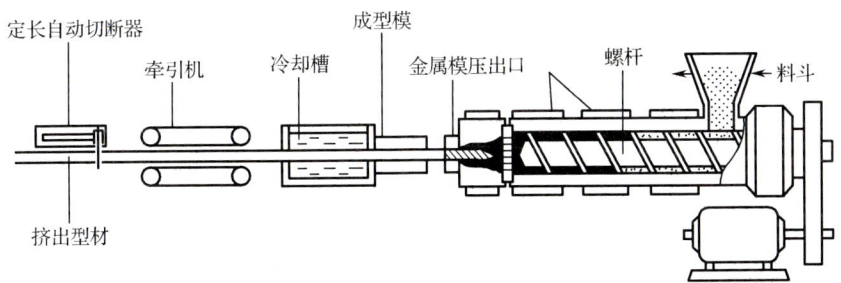

图 3-57　挤出成型示意图

挤出成型的过程包括:利用旋转的螺杆,将被加热熔融的热塑性塑料,从具有所需截面形状的金属模压出口挤出,然后由成型模定型,再通过冷却槽冷却使其冷硬固化,成为所需截面的产品。

挤出成型的特点是能生产同一截面的长条产品,挤出的产品都是连续的型材,如管、棒、丝、板、薄膜、电线电缆包覆层等。图 3-58 所示的吸管就是由挤出成型的方式生产出来的。

可用于挤出成型的树脂,除了用量最大的聚氯乙烯,还有 ABS、聚乙烯、聚碳酸酯、发泡聚苯乙烯等。树脂可与金属、木材或不同的树脂进行复合挤出成型。图 3-59 所示的钢丝网骨架塑料(聚乙烯)复合管克服了管材端口封口不好或管材开口封口不好时会引起层间窜水导致管材内压破坏的问题，同时大大提高了管材与电热熔管件的焊接性能。

图 3-58 吸管

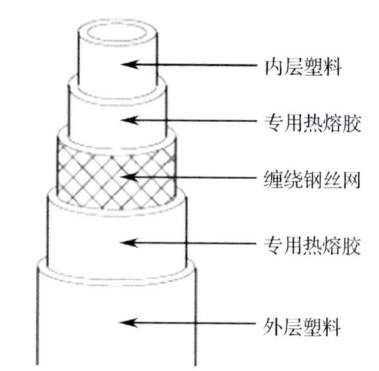

图 3-59 钢丝网骨架塑料（聚乙烯）复合管

3.3.4 压制成型

压制成型是热固性塑料成型法的一种。先将热固性塑料预热后，于开放的模穴内，闭模后施以热及压力，直至材料硬化。图 3-60 简单示意了热固性塑料在膜内加热受压成型的情况。压制成型的过程：首先，将经过计量的成型材料投入经加热的凹模内；其次依靠液压装置将凸、凹模闭合并加压，成型材料经加热、加压后呈流动状态并充满型腔；再次继续加热达到一定的温度后产生化学反应而固化；最后，从模具中取出固化的产品，对其进行整修取得所需的成品。

这种成型方法的生产效率较低，生产的大多是形状比较简单的产品，如图 3-61 所示的安全头盔的成型可采用普通液压机，压制模结构简单，不需要浇注系统。压制成型方法的另外一个缺点是要反复加热冷却，故成型周期长、生产效率低。当材料无法注塑成型时，可考虑使用此种方式。

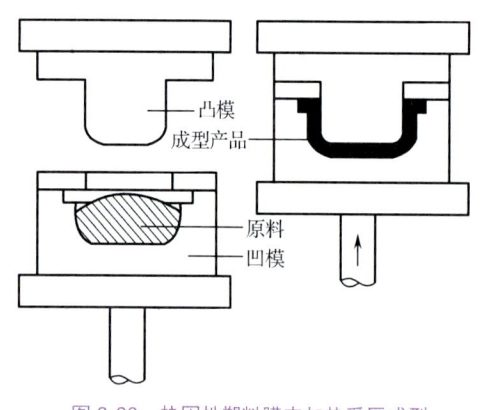

图 3-60 热固性塑料膜内加热受压成型

图 3-61 安全头盔

可用该方法压制成型的主要有蜜胺树脂、尿素树脂、环氧树脂、苯酚树脂及不饱和聚酯等热固性塑料，也可用于一些热塑性塑料。

3.3.5 吹塑成型

吹塑成型是将从挤出机挤出的熔融的热塑性塑料坯料，夹入模具，然后向坯料内吹入空气，熔融的坯料在空气压力的作用下膨胀并向模具型腔壁面贴合，最后冷却固化成为所需形状产品的方法。图 3-62 形象地展示了吹塑成型的过程：被空气膨胀起来的塑料被贴合到模具型腔壁上面，形成中空瓶体。

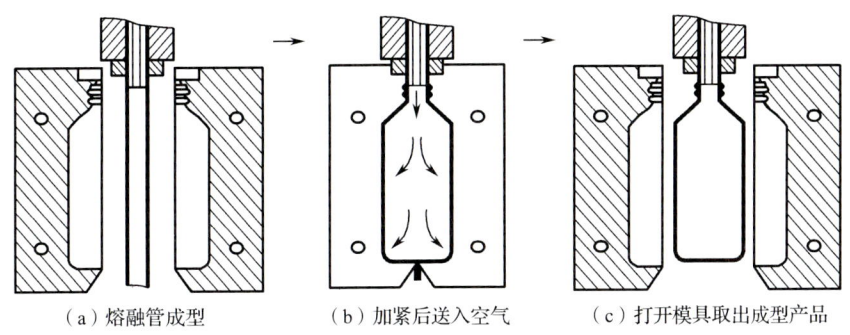

图 3-62 吹塑成型流程示意图

由于吹塑成型能够生产薄壁的中空产品，所以产品的材料成本较低，因而大量用于饮料、调味品、洗涤剂等包装用品的生产。用于吹塑成型的树脂中，聚乙烯的占比最大，此外还有聚氯乙烯、聚碳酸酯、聚丙烯、尼龙等材料。吹塑成型所生产的产品，除包装领域所用的产品，还可生产水桶、喷壶、玩具、垃圾桶、饮料瓶、罐等产品，如图 3-63 所示。体积最大的产品容量在 1000L 左右，如农药罐等。

图 3-63 饮料瓶

3.3.6 热成型

热成型是一种将热塑性塑料的片材加热软化进行成型的方法。根据所使用的模具，可分为无模成型、阳模成型、阴模成型和对模成型。根据使其成为所需形状的产品的方法，热成型方法包括真空成型法、压空成型法、塞头成型法及冲压成型法等不同的成型方法。在这些方法中，最普遍采用的是真空成型法。

真空成型又称吸塑成型，是将加热的热塑性塑料薄片或薄板置于带有小孔的模具上，四周固定密封后抽取真空，片材被吸附在模具的模壁上而成型，脱模后即得制品。真空成型的方法较多，主要分为两大类：贴合在阳模上的阳模真空成型和贴合在阴模上的阴模真空成型。真空成型的成型速度快、模具简单、操作容易，但制品后加工较多，多用来生产电器外壳、装饰材料、艺术品和日用品等。图3-64所示为真空成型法的流程示意图。图3-65所示的旅行箱，其造型简洁、圆润、优美，符合热成型工艺生产的要求。

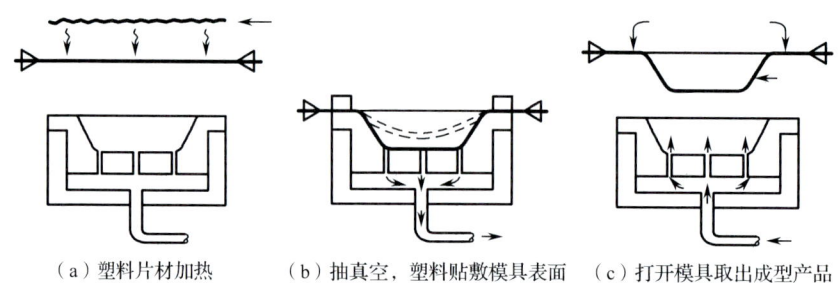

（a）塑料片材加热　　（b）抽真空，塑料贴敷模具表面　　（c）打开模具取出成型产品

图3-64　真空成型法的流程示意图

图3-65　旅行箱

热成型法的优点是既适用于大批量生产，也适用于少量生产。热成型法能生产从小到大的薄壁产品，其设备费用、生产成本比其他成型方法的低。其缺点是不适宜成型形状复杂的产品以及尺寸精度要求高的产品。同时，因这种成型方法是拉伸片材而成型，所以产品的壁厚难以控制。

可用于热成型的材料有聚氯乙烯、聚苯乙烯、聚碳酸酯、发泡聚苯乙烯等片材。很多旅行箱、冰箱内胆、机器外壳、照明灯罩、广告牌等产品也可采用热成型法生产。

3.3.7 滚塑成型

滚塑成型又称旋转成型、旋塑、旋转模塑、旋转铸塑、回转成型等。该成型方法是先将计量的塑料（液态或粉料）加入模具中，在模具闭合后，使之沿两垂直旋转轴旋转，同时使模具加热，模具内的塑料原料在重力和热能的作用下，逐渐均匀地涂布、熔融而黏附于模腔的整个表面，并成型为与模腔相同的形状，再经冷却定型、脱模制得所需形状的制品。

很多中空闭合的塑料部件，可以采用这种加工方法。图3-66所示手推式洗地机的上下两个水箱可用滚塑成型法制造，通过该种方法成型，才能确保水箱的容积以及封闭效果。

图3-66　手推式洗地机

3.3.8 延压成型

延压成型是将热塑性塑料通过一系列加热的压辊，使其在挤压和展延作用下连接成为薄膜或片材的一种成型方法。延压产品有薄膜（见图3-67）、片材、人造革和其他涂层产品等。延压成型所采用的原材料主要是聚氯乙烯、纤维素、改性聚苯乙烯等。

图3-67　薄膜

3.3.9 发泡成型

发泡成型是制作泡沫塑料成型方法的总称。在发泡成型过程或发泡聚合物材料中，通过物理发泡剂或化学发泡剂的添加与反应，形成了蜂窝状或多孔状结构。

这种成型方法是先将塑料颗粒预发泡，经过一定的时间熟成后，把它填入铝合金做的模具中用蒸汽加热而成型。经过预发泡的颗粒在 100～110℃蒸汽的作用下，颗粒中的空气发生膨胀的同时，使发泡颗粒的表面溶解，颗粒间相互溶接。发泡成型过程的关键点是加入物理发泡剂或化学发泡剂。

发泡成型法可以成型最小厚度为 1.5mm、最大厚度为 450mm 的发泡产品。发泡倍率可以在几倍到 70 倍左右的范围内选择。发泡成型可以制作许多符合隔热、缓冲、漂浮等要求的产品及材料。大部分品种的塑料都可以采用发泡成型法，常见的有 PE、PP、PS、PVC、CPE、ABS 及 PC 等。图 3-68 所示的相机包内衬，能够很好地保护贵重镜头。

图 3-68　相机包内衬

3.4 塑料的二次加工

塑料的二次成型又称塑料的二次加工，采用机械加工、连接、表面处理等工艺将一次成型后的塑料板材、管材、棒材、片材及模制件等塑料制品进行二次成型制成所需的制品。

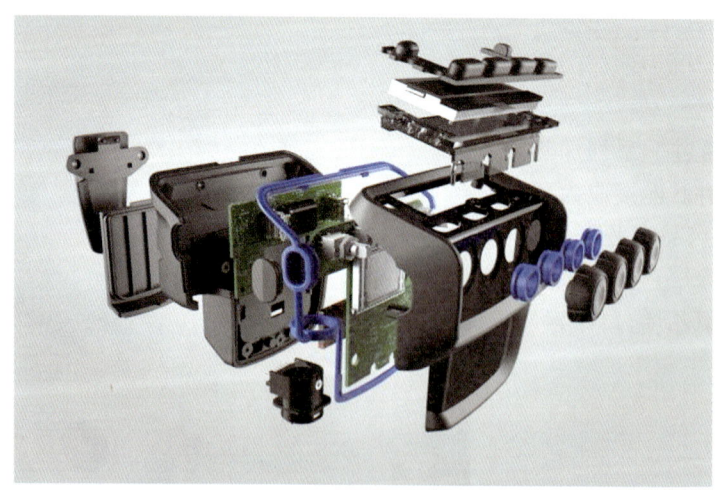

二次成型对产品设计和工程化生产有非常大的影响。图 3-69 所示为电子产品爆炸图。可见，一个完整的产品由很多零件组成，根据造型和结构设计，需要对零件与零件完成装配连接的设计，还需要对其表面进行工艺处理，使其达到预期的设计要求，最后才能对接塑料制品生产及塑料制品的装配生产。

图 3-69　电子产品爆炸图

3.4.1 塑料的机械加工

塑料的机械加工即利用切削金属、木材等材料的机械加工方法对塑料进行加工,包括锯、切、车、铣、磨、刨、钻、喷砂、抛光、螺纹加工等。

塑料的机械加工与金属材料的切削加工大致相同,可沿用金属材料加工的一套切削工具和设备。与金属材料的切削加工不同的是,塑料的导热性很差,加工中散热不良,一旦温度过高易造成软化发黏,以至分解烧焦;塑料制品的回弹性大,易变形,加工表面较粗糙,尺寸误差大;加工有方向性的层状塑料制品时易开裂、分层、起毛或崩落。因此,在进行塑料的机械加工时,应该充分考虑塑料的特性,选择正确的方法。

图 3-70 所示是劳尔·巴别利设计的"生态"垃圾桶,该桶分为三个部分:废料桶(大桶)、生态桶(小桶,可以放在大桶里面)以及外沿。该垃圾桶使用了不透明的 ABS,内壁经过了抛光处理,光滑的表面更加易于清理。

图 3-70 "生态"垃圾桶

3.4-1 塑料的二次加工 - 连接

3.4.2 连接

塑料的连接方式大体上可以分为粘接连接、机械连接、熔合连接三种方式。使用胶黏剂的是粘接连接,螺钉连接是机械连接,超声波熔融等方式属于熔合连接。

1. 粘接连接

1)胶粘连接

同质或异质物体表面用胶黏剂连接在一起的技术。其中胶黏剂是指通过界面的黏附和内聚等作用,能使两种或两种以上的制件或材料连接在一起的天然的或合成的、有机的或无机的一类物质,又称黏合剂,习惯上称之为胶。图 3-71 所示的 Kickflip 笔记本散热支架采用德国高科技胶黏剂技术,粘于笔记本上,将胶黏贴撕下后,只要保持干净,就可以反复使用。

图 3-71　Kickflip 笔记本散热支架

2）溶剂连接

用溶剂连接所使用的溶剂溶解塑料表面，使塑料表面间材料混合，当溶剂挥发后，就形成了接头。ABS、丙烯酸系塑料、纤维素塑料、聚碳酸酯、聚苯乙烯以及乙烯树脂都可以用此方法粘接。

2．机械连接

机械连接主要分为紧固件连接、铰链连接、弹性连接。

1）紧固件连接

紧固件（见图 3-72）连接是机械连接中最普通的方法，主要有压入紧固件、自攻螺钉连接、螺栓连接等方法。图 3-72（a）所示为紧固螺钉，其中，压入紧固件是通过其杆上的某种凸起与塑料孔形成干涉配合而连接塑料件的。图 3-72（b）所示的自攻螺钉是利用自攻的螺纹连接而不用再攻制螺纹孔，这种方法不可用于容易开裂的塑料，如聚苯乙烯。图 3-72(c)所示为螺栓，其中，由头部和螺杆两部分组成的一类紧固件应与螺母配合，用于紧固连接两个带有通孔的零件。紧固件品种、规格繁多，性能及用途各异，而且有极高的标准化、系列化、通用化。

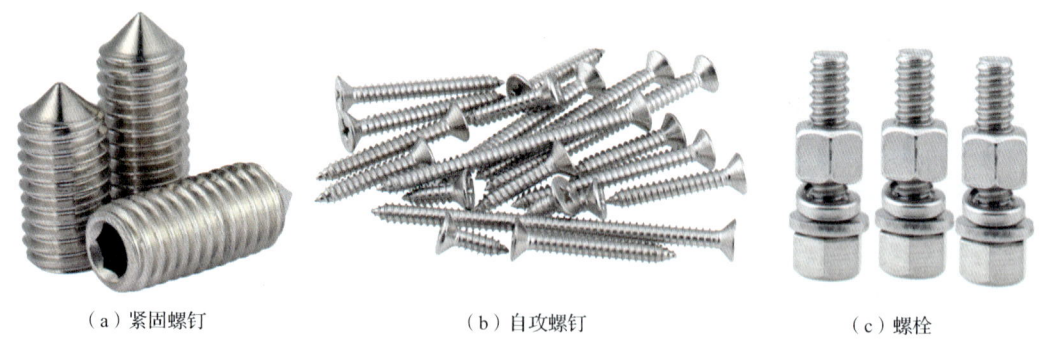

（a）紧固螺钉　　　　　　　（b）自攻螺钉　　　　　　　（c）螺栓

图 3-72　紧固件

2）铰链连接

塑料件之间的铰链连接可分为单件集成铰链、两件集成铰链和多件组合铰链三种类型。其中单件集成铰链是两个部件作为一个整体通过模塑成型得以实现的，而不需要其他的附加部件。两件集成铰链先通过模塑成型的方式分别加工两个单独的塑料件，之后通过组装连接。多件组合铰链除加工两个单独的塑料件，还需要使用附加的零件，如金属杆或金属铰链等，如图 3-73 所示。

3）弹性连接

弹性连接是利用塑料的弹性来实现的，但其没有规定的形式，而是根据应用的要求来进行设计的。弹性连接的结构方式有固定式、半固定式、可拆卸式等。弹性连接中往往都有卡扣，卡扣的大小、厚度，应考虑所用材料的弹性。图 3-74 所示的汽车坐垫用子母插扣作为驾驶辅助小件，拆装方便、结实耐用。图 3-75 所示的饭盒采用卡扣连接，密封性好，可防渗漏。

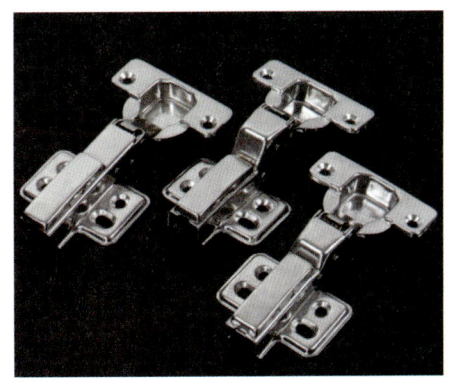

图 3-73　金属铰链

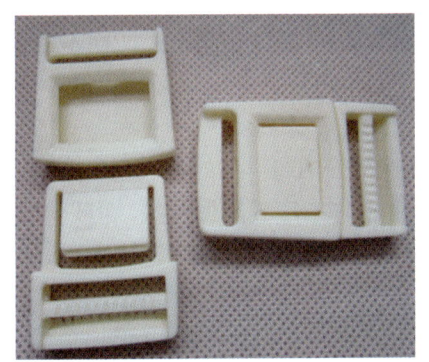

图 3-74　汽车坐垫用子母插扣

图 3-75　卡扣连接

3．熔合连接

1）热风焊

与金属的焊接相同，热风焊即使用热风焊枪把需要连接的塑料板与相同材料的焊条同时加热熔融，再把它们连接起来。这种方式有很大的缺点，其连接表面相当粗糙。如图 3-76 所示，可以看到，用熔融的塑料焊条将塑料 A 与塑料 B 连接起来了。

图 3-77 所示的分体式热风焊枪可广泛用于 PVC 塑胶地板施工、防水膜工程施工、汽车保险杠修复、水暖管道维修、水箱 / 水槽制作等。

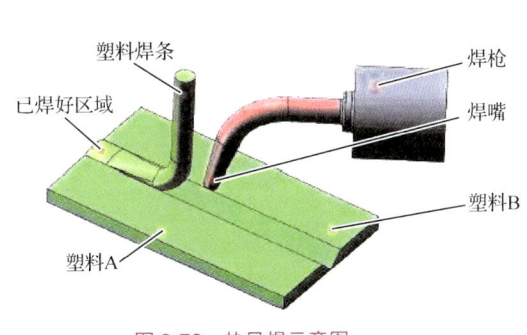

图 3-76　热风焊示意图

图 3-77　分体式热风焊枪

2）热板熔接

热板熔接是把具有同一截面的塑料制品抵住热板使它们相对连接起来，这种方式因为容易产生飞边，所以有必要进行后续加工。如图 3-78 所示，将零件 A 和零件 B 通过热板加热，然后施加压力，使两个加热过的端面结合起来。

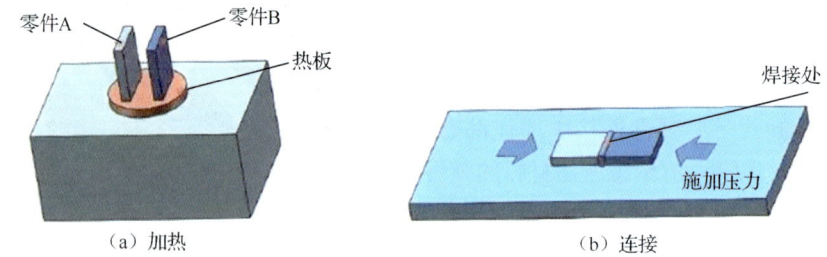

图 3-78　热板熔接

3）旋转熔接

如图 3-79 所示，旋转熔接是把要连接的零件 B 固定，而使零件 A 旋转，利用二者连接部因摩擦生热熔化而连接。但此法只限于连接部的形状为圆形的热可塑性塑料产品，而不适用于大型产品。同时，应注意不要出现飞边现象。

4）超声波熔融

如图 3-80 所示，超声波熔融是在零件 A 与零件 B 的连接部分用超声波的力引起摩擦，利用摩擦所生的热来进行熔融连接的方法。这种方法能使零件 A 与零件 B 牢固连接，但只对热塑性塑料产品有效，可进行高速加工，形状也可以任意。注意，不要在产品表面产生飞边。这种方法的焊接强度很好，能接近于原材料的强度。

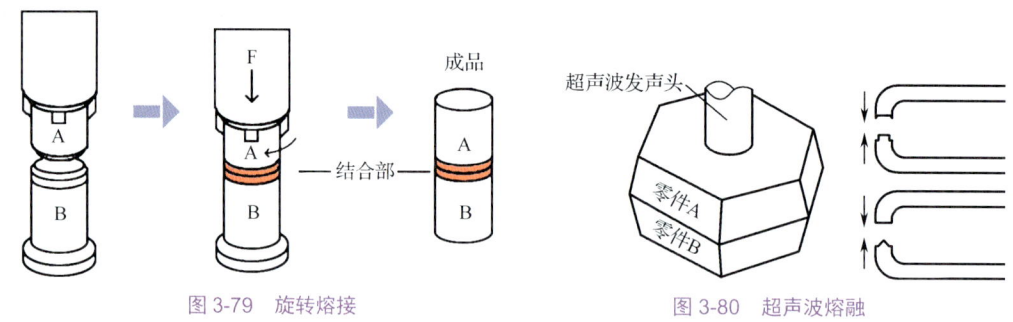

图 3-79　旋转熔接　　　　　图 3-80　超声波熔融

5）塑料铆焊

塑料铆焊工艺尤其用于连接不同材料制成的零件（如塑料与金属）。如图 3-81 所示，一个零件上有实心铆柱，伸入另一个零件的孔中。之后通过塑料的熔化，使实心铆柱变形，形成铆钉头，将两个零件机械性地锁紧在一起。通过改变模头的设计，可以获得多种不同的铆钉头设计。

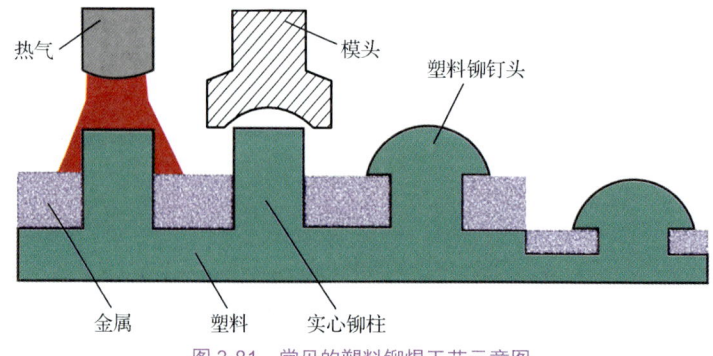

图 3-81　常见的塑料铆焊工艺示意图

3.4.3 表面装饰处理

3.4-2 塑料的二次加工-表面装饰处理

表面装饰处理大致可分为两类，一类是着色（包括木纹、荧光、珍珠、金属化等特种着色）及在成型同时实现的表面皮纹、橘纹等一次装饰；另一类是涂饰、印刷、模内印刷、热烫印及镀覆等在成型后进行的二次装饰。

1. 着色

塑料产品有一个明显的特征，具是其他材料所无法比拟的——多色彩着色性能。塑料原料有透明的、半透明的、不透明的，而且各自具有固有色。固有色会影响着色效果，但除了本色深浓的苯酚树脂，大多数塑料都可以着色成人们所希望的颜色。透明的塑料比半透明的、不透明的塑料的着色性能好，着色范围广。

（1）木纹着色。可以将发泡聚苯乙烯或 ABS 树脂着成木材颜色（见图 3-82），通过注塑发泡成型得到木纹。挤出成型产品的木纹是将高浓度的着色母料断续加入纯色的树脂颗粒中，在挤出产品时产生的效果。但这种效果会因产品的形状不同而有所差异。

图 3-82　塑料木纹点心盘

（2）荧光着色。儿童玩具、儿童文具及二次加工用的丙烯树脂板经常采用荧光着色（见图 3-83）。荧光着色的色泽限于红、橙黄、黄、黄绿这几种，与其他颜色混合会损害光的吸收性，所以不能混用。宜用荧光着色的树脂为丙烯树脂或聚苯乙烯这种透明树脂。当然 ABS 树脂也可进行荧光着色，但效果不如前者。荧光着色材料的价格不高，但其耐热性、耐气候性差。

（3）珍珠着色。化妆品容器、梳子、纽扣及浴室用具常进行珍珠着色。珍珠色是在透明的塑料中混入适量的珍珠颜料而得到的。图 3-84 所示为进行了珍珠着色的塑料纽扣，散发着珍珠般的光泽，具有非凡的魅力。

图 3-83　色彩鲜艳的儿童玩具车

图 3-84　进行了珍珠着色的塑料纽扣

（4）金属化着色。对于需要有金属质感的产品，可进行金属化着色。金属着色剂采用铝粉或铜粉制成，把金属粉末掺入透明的树脂中，能取得反射性的金属化效果。金属粉末与透明着色剂配合使用，能产生新的效果，如铝粉与黄色着色剂配合使用，产品能产生金属的光泽；

与蓝色着色剂配合使用，能产生钢的光泽质感。

如图3-85所示的DM Type-C U盘，其材质选用铝合金与塑料（ABS+PC），使产品有了十足的金属质感，而塑料件上光亚面的运用给产品增添了些许设计感。

2. 模内印刷

IMD即In-Mold Decoration（模内装饰技术），也称模内印刷，按其生产加工方式可分为IMR（模内墨转印）和IML（置入贴标）、IMF（模内贴片材）等。简单地说，这种方法是将预先印有图案的塑料膜紧贴在模具上，在成型产品的同时依靠树脂的热量将塑料膜熔合在产品上。吹塑成型、注塑成型、压缩成型都可采用这种方法，该方法在注塑产品上使用广泛。

儿童脸盆（见图3-86）、圆珠笔等产品上印有的漂亮花卉或动物图案大多是采用膜内印刷取得的。模内印刷是一种与成型同时进行的一次装饰方法。

图3-85　DM Type-C U盘

图3-86　儿童脸盆

图3-87　化妆瓶上的商标名

3. 热烫印

电视机外壳上的银色标志、化妆瓶上的商标名（见图3-87）、透明丙烯树脂上的金色的厂名及商标等标志，都是采用热烫印的方法取得的。相比于电镀、真空镀膜、阴极真空喷涂，热烫印的方法操作简便且成本低。热烫印是利用压力与热量熔融在压膜上涂覆的黏合剂，同时将蒸镀在压膜上的金属膜转印到产品上。

4. 镀覆

与金属产品一样，在塑料产品上也可以进行镀覆。镀覆的方法主要有真空镀与化学湿法镀两种。

（1）真空镀有真空蒸镀、阴极真空喷镀、离子镀等各种方法。真空蒸镀简称蒸镀，是在真空条件下，采用一定的加热蒸发方式蒸发镀膜材料并使之气化，粒子飞至基片表面，凝聚成膜的工艺方法。蒸镀是使用较早、用途较广的气相沉积技术。

（2）化学湿法镀是目前使用最广泛的一种塑料金属化加工方法，是依据氧化还原反应原理，利用强还原剂在含有金属离子的溶液中，将金属离子还原成金属而沉积在各种材料表面形成致密镀层的方法。由于化学镀、电镀以及化学还原等方法都要在溶液中进行，所以被称为湿法镀膜。如图3-88所示的爱国者V1000数码相机，其机身采用工程塑料，经过磨砂处理以减少塑料的感觉。整个机身只有镜头周围的一圈是金属材质，其余都是电镀了金属层的塑料部件。

5. 涂饰与印刷

涂饰及印刷同样可以用于塑料产品的装饰。在涂饰中，有掩模喷涂（局部进行涂饰）、滚涂（在雕刻的图案或文字上用附有涂料的滚轮进行部分着色）、帘式喷涂（全面喷涂）、浸渍（把产品放入涂料罐中着色）、静电喷涂（全面喷涂）。

图 3-88　爱国者 V1000 数码相机

印刷方法有丝网印刷、胶版印刷、移转印（通过加热、加压使涂料层从薄膜上分离并转移到产品上）、水转印等。

（1）丝网印刷。将丝织物、合成纤维织物或金属丝网绷在网框上，采用手工刻漆膜或光化学制版的方法制作丝网印版。现代丝网印刷技术是利用感光材料，通过照相制版的方法制作丝网印版（使丝网印版上图文部分的丝网孔为通孔，而非图文部分的丝网孔被堵住）。印刷时，通过刮板的挤压，使油墨通过图文部分的网孔转移到承印物上，形成与原稿一样的图文。丝网印刷设备简单、操作方便，印刷、制版简易且成本低廉，适应性强。丝网印刷应用范围广，常见的印刷品有彩色油画、招贴画、名片、装帧封面、商品标牌以及印染纺织品等。如图 3-89 所示，透过丝网印版上镂空的图案，用刮板把染料刮到要加工的物体表面上。

（2）胶版印刷，又称平版印刷。这种印刷方法是通过滚筒式胶质印模把沾在胶面上的油墨转印到纸面上。由于胶面是平的，没有凹下的花纹，所以印出的纸面上的图案和花纹也是平的，没有立体感，防伪性较差。胶版印刷所需的油墨较少，模具的制造成本也比凹版的低。

平版印刷由于其上的图文部分与非图文部分处于同一个平面上，在印刷时，为了能使油墨区分印版的图文部分和非图文部分，利用油水分离的原理，首先由印版部件的供水装置向印版的非图文部分供水，从而保护了印版的非图文部分不被油墨浸湿。其次，由印刷部件的供墨装置向印版供墨，由于印版的非图文部分受到水的保护，因此，油墨只能供到印版的图文部分。再次，将印版上的油墨转移到乳皮上，利用橡皮滚筒与压印滚筒之间的压力，将乳皮上的油墨转移到承印物上，完成一次印刷。因此，平版印刷是一种间接的印刷方式，如图 3-90 所示。

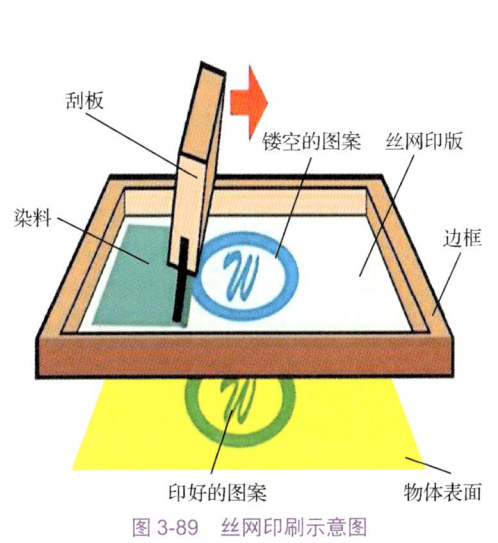

图 3-89　丝网印刷示意图

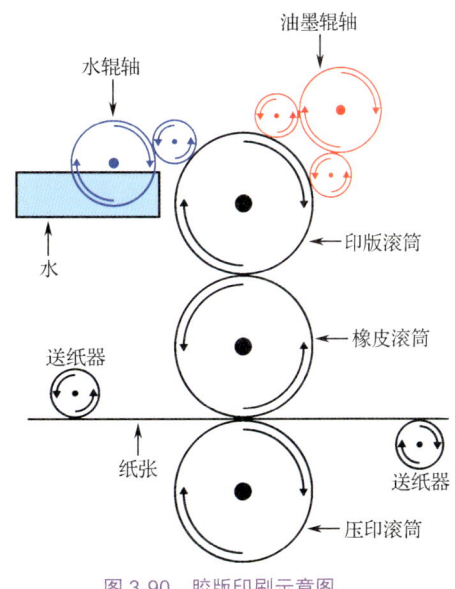

图 3-90　胶版印刷示意图

（3）移转印。移转印的工艺十分简单，其采用钢（或者铜、热塑型塑料）凹版，利用硅橡胶材料制成曲面移印头，并将凹版上的油墨沾到移印头的表面，再在需要印刷的对象表面按压就能印出文字、图案等。移转印需根据材质的不同，调制专用的油墨，以使品质得到保证。移转印的墨层较薄，可以在任何表面印刷套色，有非常好的色彩表现力及印刷适应性，俗称万能印刷。移转印从单件到大批量生产都可以，批量大，单件费用就低，人力成本也低，因为大多工序是由机器加工完成的；其应用范围很广，可以用于3C电子产品、交通工具、体育器材等的表面印刷；其印刷清晰、质量高，能达到清晰的印刷细节，即使在起伏不平的表面上也能印刷清晰。如图3-91所示，利用移转印可在数字按钮上面印刷精美的图案。

（4）水转印。是利用水压将带彩色图案的转印纸/塑料膜进行高分子水解的一种印刷方式。其工艺流程包括水转印花纸的制作、花纸浸泡、图案转贴、干燥、成品。具体来讲，就是给经过特殊化学处理的薄膜，印上所需的色彩纹路，之后将其平送于水的表面，利用水压的作用和活化剂使水转印载体薄膜上的剥离层溶解转移，从而将色彩纹路图案均匀地转印于产品表面，此时披覆薄膜会自动溶解于水，经清洗及烘干后，再喷上一层透明的保护涂层。通过此种方式，可以得到很多绚丽多彩、丰富多变的效果（见图3-92）。

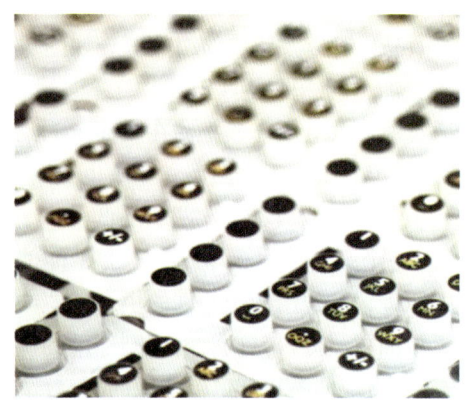
图 3-91　数字按钮移转印效果

图 3-92　水转印碳纤维效果

3.5　塑料制备技术处理原则

3.5 塑料制备技术处理原则

随着塑料工业的发展，塑料制品（简称制品）越来越多，有的制备工艺非常复杂，但也有一些基本的原理及方法可以遵循。每个塑料制品的设计，应按照相应的制备技术处理原则，才能生产出合格的塑料制品，同时满足产品的性能要求。因此，对于产品设计师而言，在设计过程中，遵照这些原则进行设计，是合格设计师的必备要求。塑料制品的壁厚、脱模斜度、圆角的布置、加强筋、支撑面、嵌件、分模线、侧向凹凸、孔的设计、模具痕迹等制备技术处理原则，都关系着塑料制品是否合格。

3.5.1 壁厚

壁厚是塑料制品非常重要的结构要素，塑料制品应有合理的壁厚，这样产品才能满足强度、刚度、质量、电气性能、尺寸稳定性以及装配性能等使用要求，并且塑料在成型时，能具有良好的流动状态（如壁不能太薄）、填充和冷却效果（如壁不能太厚）。确定产品的壁厚时，不仅要考虑强度，还要充分考虑刚性、产品质量、尺寸稳定性、绝缘、隔热、产品的大小、推出方式、装配所需强度、成型方法、成型材料、产品成本等有关因素。在设计时，应尽量使壁厚均匀；在满足制品结构和使用要求的条件下，应使用较小的壁厚；壁厚应能保证足够的强度和刚度。图 3-93 所示为零件壁厚的处理修改方式，图左侧三零件处理应该改为右侧的处理方式。

另外，塑料制品相邻两壁厚应尽量相等，若需要有差别时，相邻的壁厚比应满足以下要求：$t : t_1 \leqslant 1.5 \sim 2$，如图 3-94 所示。

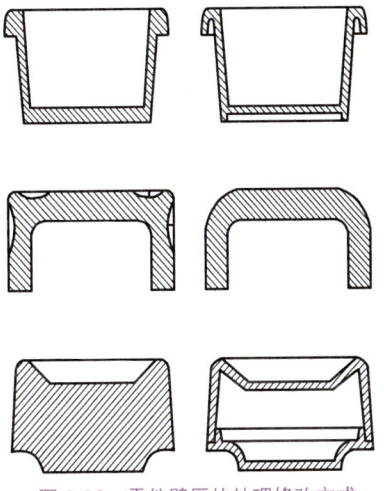

图 3-93 零件壁厚的处理修改方式

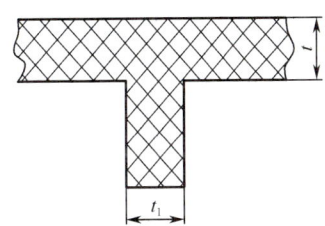

图 3-94 相邻两壁厚的关系
（$t : t_1 \leqslant 1.5 \sim 2$）

3.5.2 脱模斜度

由于塑料制品的成型大多是通过模具实现的，制品冷却后产生收缩，会紧紧包住模具型芯或型腔中凸出的部分。为了使制品易于从模具内脱出，在设计时应考虑制品脱模的问题，即在平行于脱模方向的制品内、外壁上设计一定的斜度，称为脱模斜度。足够的脱模斜度，可以方便制品脱模，否则会出现脱模阻力过大，或顶出时制品破裂、变形和擦伤的现象，使制品废品率增加，还会影响制品质量。

脱模斜度与塑料品种、制品性质及模具结构等有关。一般情况下，脱模斜度（见图 3-95）可取 0.5°～1.5°，最小为 15′～20′。只有塑料制品高度不大时才允许不设脱模斜度。

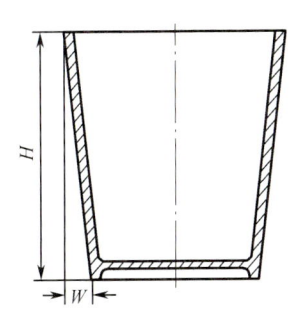

图 3-95 脱模斜度示意图

3.5.3 圆角的布置

一般圆角的布置是指在产品的棱边、棱角、加强筋、支撑座、底面、平面等处进行圆角的设计。圆角的设计，同产品的成型性、产品零件的强度等有很大的关系。

1. 圆角与成型性

在产品的拐角部位设计圆角，可提高产品的成型性。如图 3-96 所示，圆角有利于塑料的流动，可防止塑料乱流，还可减少成型时的压力损失。一般来说，圆角越大越好。零件结构无特殊要求时，在两面折弯处应有圆角过渡，一般半径不小于 0.5mm，且 $R \geq t$。在零件内外表面的拐角处设计圆角时，应保证零件壁厚均匀一致（图 3-96 中，r 为内圆角半径，R 为外圆角半径，t 为零件的壁厚）。

（a）没有 R 圆角时产生乱流

（b）有 R 圆角的顺畅流动

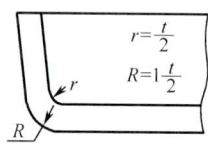
（c）理想的圆角

图 3-96 圆角与成型性

2. 圆角与强度

在塑料产品的各个部位，设计各种尺寸的圆角也可以增强产品的强度。尤其是将产品内侧棱边处做成圆角过渡，产品的耐抗冲击力可提高约 3 倍。塑料容器的底面设计成圆弧面后，可明显地缓和冲击力。

3. 圆角与防止产品变形

在产品的内、外侧拐角处设计圆角，可以缓和产品的内部应力，防止产品向内外弯曲变形，但无法完全防止由平面组成的箱形产品的变形，尤其是聚乙烯或聚丙烯成型的箱形产品的变形，如图 3-97 所示。因此有必要在设计模具时，估测产品的变形状况，从而在加工模具时做出相应的消除变形的形状。对于大型的平面产品，为了取得平整的表面，可在加工模具时，将平面做成稍有凸起的球面形状。

4. 三边相交处的圆角设计

为便于模具制造及产品外观光顺，三条棱边（见图 3-98 中的 A、B、C）相交处的圆角设计应遵循下列原则。

（1）将每三条棱边相交的角做成同一尺寸的圆角，即做成球体。

（2）将一条棱边做成较大的圆角，另两条棱边做成同一尺寸的较小的圆角。

（3）三条棱边相交之处，除以上两种圆角设计，其余组合均不利于模具制造。

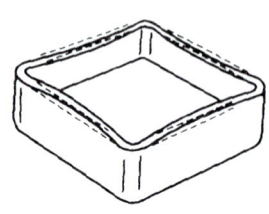

图 3-97 成型品的内缩现象

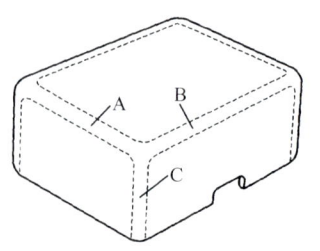

图 3-98 三条棱边相交处圆角的处理

3.5.4 加强筋

加强筋又称加强肋、肋骨，模具行业上俗称骨位，是产品（特别是塑料制品）用来提高制品整体或局部刚度（强度）的一种功能结构。适当地利用加强筋不仅能够节省材料、减轻质量及缩短成型周期，更能消除厚横切面所带来的成型缺陷，如易产生缩孔或凹痕，如图3-99所示。

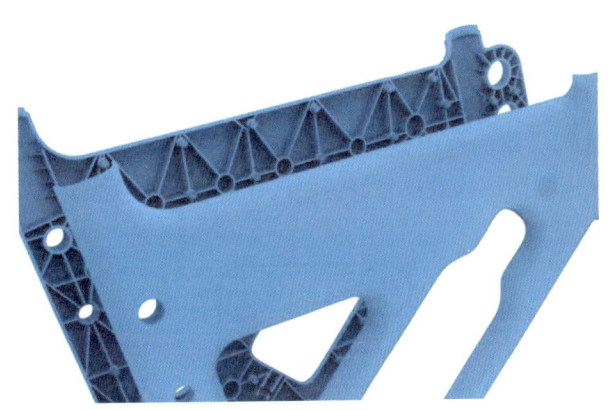

图 3-99　加强筋设计

加强筋主要有以下作用：

（1）加强作用。这是加强筋的核心作用，主要是增加塑料制品的刚度，减少塑料制品变形的程度；同时，也可以增加某些结构的强度，如螺丝柱。

（2）导流作用。加强筋可充当内部流道，有助于模腔充填，对帮助塑料流入制品的枝节部分起到很大的作用。

（3）辅助作用。在与其他零件装配时，提供导向、定位、支撑等作用。

加强筋在设计时应遵循以下原则：

（1）提高制品的刚度，应该通过添加加强筋的方式而不是单纯地增加壁厚。

（2）加强筋的厚度不应大于壁厚，其形状采用圆弧过渡，避免外力作用产生应力集中而破坏结构，但圆角半径不应太大。

（3）加强筋不应设置在大面积制品的中央部位。当设置较多加强筋时，应分布排列且相互错开，应避免或减少局部集中，避免因收缩不均而破裂。

（4）加强筋的布置方向除与受力方向一致，最好还与熔料充填方向一致，还应与模压方向或模具成型零件的运动方向一致，以便成型后脱模容易。

3.5.5 支撑面

支撑面是承受产品重量的底面，对于稍大尺寸的产品，如果用整个面做支撑面，则不利于底部的平整，因此需要设计一些凸边或者凸台、凸点来支撑。因为平板状在成型收缩后很容易翘曲变形，会使底面不平，稍许不平都会影响良好的支承作用，因此常以凸出的底脚（三

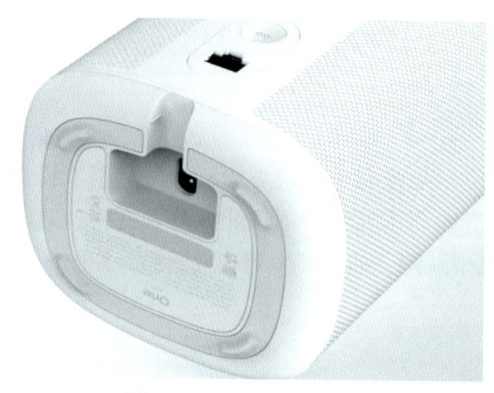

图 3-100　产品底部支撑点

点或四点）或凸边来做支撑，如图 3-100 所示。

支撑面设计要点：

（1）当制品底部有加强筋时，应使加强筋的高度低于支撑面至少 0.5mm，以保证支撑面平齐。

（2）固用的凸耳或台阶应有足够的强度，以承受紧固时的作用力。应避免台阶突然过渡和支撑面过小，凸耳应用加强筋加强。

（3）支撑面采用凸台结构，凸台以 3 个为适，高度应高出平面 0.5mm 以上，位置应均匀设置在制品的边角，且应有足够的强度、适宜的脱模斜度和过渡连接（见图 3-101）。

（4）塑料制品的底部支撑面选用整平面结构是不合适的，因为要使整平面达到绝对平直是十分困难的，所以采用内凹结构效果较好，凹入深度应大于 0.5mm。

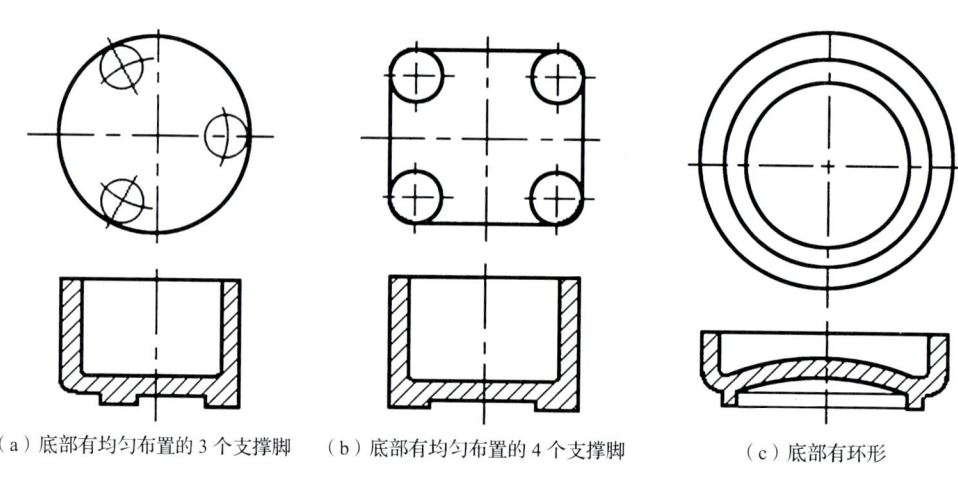

（a）底部有均匀布置的 3 个支撑脚　　（b）底部有均匀布置的 4 个支撑脚　　（c）底部有环形

图 3-101　支撑脚的设计

3.5.6　嵌件

为了增加塑料制品局部的强度、硬度、耐磨性、导磁导电性，或者为了降低塑料消耗以及满足其他多种要求，塑料制品采用各种形状、各种材料的嵌件。但是采用嵌件一般会增加成本，使模具结构复杂，且在模具中安装嵌件会降低塑料制品的生产效率，难以实现自动化。

制作嵌件的材料很多，金属材料和非金属材料均可制作嵌件，但多数以金属材料为主。常用的金属材料有钢、铜、铝等。其中，铜合金机械强度高、不生锈、易加工，是制作嵌件的常用材料，但铜与塑料的热胀系数相差较大，结合牢固性较弱；而铝的热胀系数最大，与塑料的结合最牢固，也是常用材料，但强度较低。

在嵌件的设计过程中应注意以下几点：

（1）嵌件周围塑料层的厚度不宜太薄，否则会因收缩而破裂。

（2）嵌件各尖角部位应倒圆角，这样可减少内应力。
（3）嵌件在塑件中应固定牢固，可采用开槽、加凸台或滚花结构。
（4）在设计中应考虑嵌件在模具中便于安装、正确和牢固定位、成型时有利于塑料流动及模具制造方便等。

注塑成型时，塑料制品会收缩，金属件不会收缩，所以嵌件周围会产生内应力，过大则塑料制品开裂。解决办法是：首先，塑料制品包围嵌件的尺寸不要太薄；其次，选择弹性较好、收缩率较小的材料，如 ABS、PC 等，而像 PS 等脆性材料则不适合增加嵌件。

3.5.7　分模线

凹模与凸模的接合线称为分模线（PL）。分模线是模具痕迹的一种，常见于注塑、吹塑制品等。分模线在设计时应满足以下原则：
（1）在产品的外表面上会呈现分模线的痕迹，因此分模线应尽可能设计在不显眼处。
（2）在分模线处易产生飞边，因此分模线应设计在容易清除飞边的部位。
（3）为了提高模具闭合时的配合精度，分模线的形状应尽量简单。
（4）分模线的位置应尽量开设在棱边部位。

总的来讲，分模线的设计往往会在零件边缘倒角的地方或者是零件的最高点，以便能够脱模和美观，而分模线的位置也常常是两个零件交界的地方。

3.5.8　侧向凹凸

产品上凹凸部位的高度大于模具开模方向的脱模允许范围时，此凹凸部位称为侧向凹凸，如图 3-102 所示的①②③④⑤处。

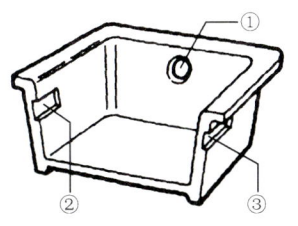
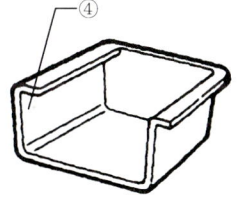
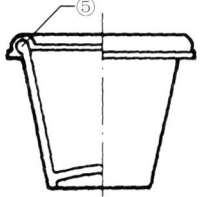

图 3-102　侧向凹凸

当制品上有与开模方向不同的侧孔、侧凹或凸起时，成型后凹凸部分的成型零件将阻碍制品脱模，除了极少数情况可以强制脱模，一般都必须将成型该部分的零件做成可侧向移动的活动型芯，在制品脱模前先将其抽出，然后从型腔或型芯上脱出，合模时再将其复位。这种完成侧向活动型芯抽出和复位的机构就是侧向抽芯机构（见图 3-103）。

鉴于产品的功能设计要求，有些侧向凹凸是不可避免的，但其往往会增加模具生产制造的成本。设计师在进行产品设计时，应尽量避免侧向凹凸的形成。

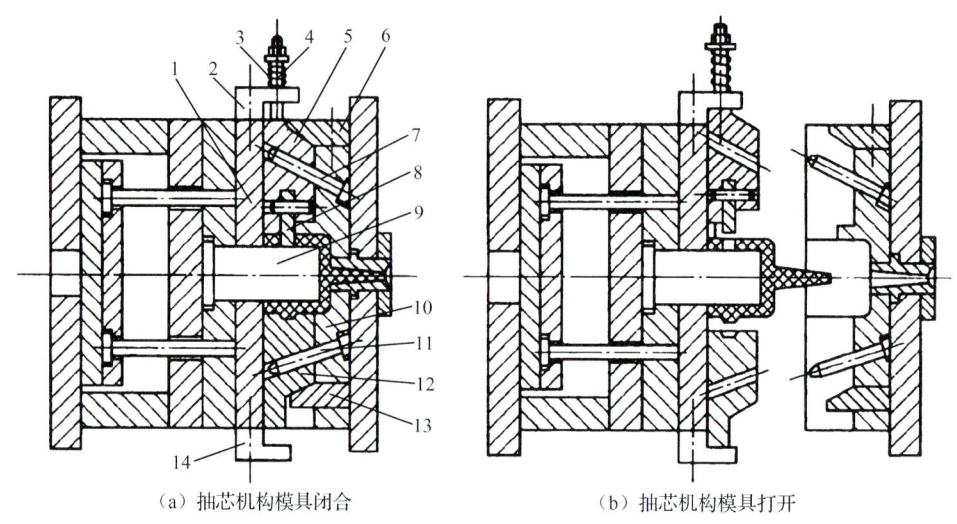

(a) 抽芯机构模具闭合　　　　　　　　(b) 抽芯机构模具打开

图 3-103　斜导柱侧向分型与抽芯机构

1—推件板；2, 14—挡块；3—弹簧；4—拉杆；5—侧滑块；6, 13—楔紧块；
7, 11—斜导柱；8—侧型芯；9—凸模；10—定模板；12—侧向成型块

3.5.9　孔的设计

出于外观或者功能的要求，塑料制品上经常要设计不同的孔。孔在设计时，除了要满足使用要求，还要考虑成型问题，因此孔应尽可能设置在制品强度较大、不易削弱制品强度的地方，避免把孔设置在制品的薄弱部位；为保证制品的使用强度，孔之间和孔与边壁之间均应留有足够的距离，孔与边缘之间的距离大于孔径；应使孔间、孔与边壁间、孔的端部至制品表面有足够的厚度，必要时可在孔的四周采用凸台，以提高孔的使用强度。

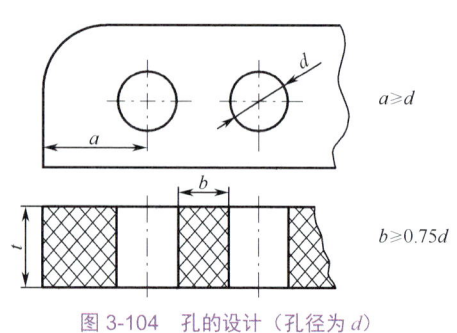

图 3-104　孔的设计（孔径为 d）

孔的周壁厚会影响孔壁的强度。孔口与制品边缘间的距离 a 不应小于孔径 d，并不小于制品壁厚 t 的 0.25 倍。孔口间的距离 b 不宜小于孔径 d 的 0.75 倍，并不小于 3mm，如图 3-104 所示。

3.5.10　模具痕迹

模具上各种机构的拼合线，将在成型时在制品上留下痕迹，这种痕迹被称为模具痕迹，如图 3-105 所示。分模线痕迹、推出机构痕迹、瓣合模痕迹、浇口痕迹、预埋镶件痕迹、活动型芯痕迹等都属于模具痕迹。注塑制品上容易留下模具痕迹，要消除所有的模具痕迹是不可能的，所以要尽量使模具痕迹位于制品上不显眼的部位，或进行技术处理，加以掩饰。对于热成型产品，其与模具贴实的一面会留有模具痕迹，所以对于要求内面整洁的产品宜采用凹模成型，而外面整洁的产品宜采用凸模成型。

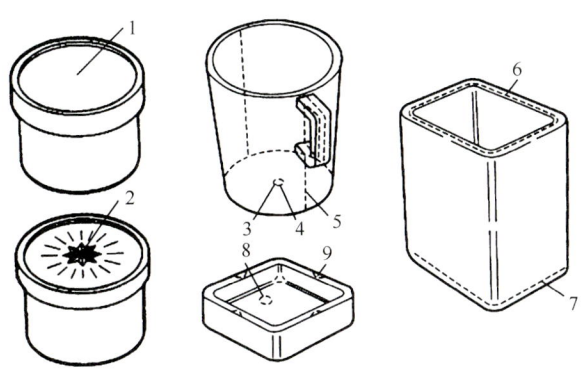

图 3-105　注塑模具痕迹

1，2，3—浇口痕迹；4，8—推出机构痕迹；5—瓣合模痕迹；6，7—分模线痕迹；9—活动型芯痕迹

3.6 塑料材质的鉴别及选用

3.6.1 塑料的鉴别方法

1. 直观鉴别法

不同的塑料高分子材质，其形状、透明度、颜色、光泽、硬度、弹性等方面都有很大的不同，可在寻常状态下，直接通过感官观察的方式进行鉴别。表 3-3 介绍了几种主要塑料的直观鉴别法。

表 3-3　几种主要塑料的直观鉴别法

塑料名称	触　感	视　觉	气　味	摔打声音
聚乙烯（PE）	有蜡样光滑感，柔软，有延伸性，划后有痕迹；可弯曲，不易折断；MDPE、HDPE 较坚硬；刚性及韧性好	LDPE 的原材料为白色蜡状物，透明；HDPE 为白色粉末状或半透明颗粒状树脂，在水中漂浮	无臭无味	音低沉
聚丙烯（PP）	光滑，划后无痕迹；可弯曲，但易折断；拉伸强度与刚性较好	白色蜡状，半透明，在水中漂浮	无臭无味	响亮
聚苯乙烯（PS）	光滑，性脆，易折断	玻璃般透明，耐冲击，无光泽，在水中下沉	无臭无味	用指甲弹打时，有金属声
聚氯乙烯（PVC）	硬制品加热到 50℃时会变软，可弯曲	透明，制品视增塑剂和填料而异，有的不透明	刺激气味	无特殊声响
ABS	材料坚韧，质硬，刚性好，不易折断	乳白色或米黄色，非晶态，不透明，无光泽，在水中下沉	无臭无味	清脆

2. 热鉴别法

根据塑料受热时的特点进行鉴别是塑料材质初步定性分析最主要的一种方式。塑料的热鉴别方法可以分为两种：燃烧鉴别法和热裂解鉴别法，前者的试样直接与火焰接触，后者的试样不直接与火焰接触。

1）燃烧鉴别法

大多数塑料都能够燃烧，因此采用燃烧的方法可以简便有效地鉴别塑料的种类。但由于塑料的结构不同，所以其燃烧时产生的特征也不同。燃烧鉴别法主要根据塑料在燃烧时的变化过程、气味、火焰外观等现象来鉴别。表3-4介绍了几种主要塑料品种的燃烧鉴别法。

表3-4 几种主要塑料品种的燃烧鉴别法

塑料种类	可燃性	变化过程	火焰外观	气味
聚乙烯（PE）	在火焰中燃烧，离火后继续燃烧，从难到容易点着	熔融下滴，滴落物继续燃烧	清亮的黄色，带蓝底	熄灭的蜡烛味
聚丙烯（PP）	在火焰中燃烧，离火后继续燃烧，从难到容易点着	熔融下滴，滴落物继续燃烧	清亮的黄色，带蓝色调	热润滑油味
聚氯乙烯（PVC）	在火焰上燃烧，离火熄灭，难以点着	先软化，后分解成棕黑色	黄-橙色带绿底，伴有白烟	强辛辣味（燃烧会产生HCl）
聚碳酸酯（PC）	在火焰上燃烧，离火熄灭，难以点着	先熔融，后炭化	黄色，有烟炱	类似于苯酚气味
尼龙（PA）	在火焰中燃烧，离火熄灭，中等燃烧性	熔融下滴，后分解。样品靠近火焰时起泡，熔融成清液可抽成丝	黄-橙带蓝边	烧毛发（蛋白质）味，或烧新鲜芹菜味

2）热裂解鉴别法

热裂解鉴别法是将少量塑料样品放入试管中，用酒精灯加热试管使样品裂解，并观察样品变化来鉴别的。表3-5介绍了几种塑料品种的热裂解鉴别法。

表3-5 几种塑料品种的热裂解鉴别法

塑料种类	裂解温度/℃	形态变化	特点
聚乙烯（PE）	340~440	逐渐分解，最后焦（炭）化	呈无色油状物
聚苯乙烯（PS）	300~400	最初不变色，大部分转变为气体，最后变黄	热试管壁无凝聚液
聚氯乙烯（PVC）	200~300	逐渐分解，最后焦（炭）化	产生的气体通入硝酸银溶液，有白色沉淀
尼龙（PA）	300~400	逐渐分解，最后焦（炭）化	起泡有响声

3. 密度鉴别法

密度鉴别法很少单独使用，因为许多加工过的塑料有孔洞或缺陷，各种添加剂的加入会使测定值出现在较宽的范围内。但由于密度测定很容易，因此密度鉴别法是一种快速缩小塑料品种辨别范围的好方法。表3-6介绍了几种主要塑料品种的密度范围。

表3-6 几种主要塑料品种的密度范围

塑料种类	密度范围/（g·cm³）	塑料种类	密度范围/（g·cm³）
低密度聚乙烯（LDPE）	0.89~0.93	聚苯乙烯（PS）	1.04~1.07
高密度聚乙烯（HDPE）	0.94~0.98	聚甲基丙烯酸甲酯（PMMA）	1.11
聚丙烯（PP）	0.89~0.91	聚丙烯腈（PAN）	1.16~1.19
乙烯-醋酸乙烯酯共聚物（EVA）	0.93~0.96	尼龙6（PA6）	1.12~1.15

4．仪器鉴别法

1）红外光谱法

红外光谱法又称分子振动转动光谱法，其原理是分子能选择性吸收某些波长的红外线，而引起分子中振动能级和转动能级的跃迁，经过检测红外线被吸收的情况可得到物质的红外吸收光谱。目前红外光谱法被广泛应用于物质化学成分的分析，即根据光谱中吸收峰的位置和形状来推断未知物的结构。红外光谱法具有快速、高灵敏度、试样用量少、能分析各种状态试样的特点，能应用于绝大部分塑料种类的定性分析，还能鉴别出塑料中的添加剂、填料、增塑剂等，因此成为塑料分析的常用方法。

2）激光发射光谱鉴别法

激光发射光谱鉴别法被证明是一种快速鉴定塑料的方法，用时不足10s，可穿透样品，因而可用来鉴别黑色样品。激光发射光谱鉴别法要求骤热聚合物（高达200℃），之后记录聚合物的发光特征，这依赖于聚合物的热导率和比热容。

3）等离子体发射光谱法

等离子体发射光谱法是将塑料样品加热至高温，使其部分或完全转化为气态的等离子体，在等离子体状态下，塑料中的元素被激发至高能级，当这些被激发的元素从高能级跃迁回低能级时，会释放出特定波长的光。通过检测和分析这些光谱，可以确定塑料样品中不同元素的种类和含量，进而推断出塑料的品种。

4）X射线荧光鉴别法

X射线荧光鉴别法是一种专门分离PVC的方法。在X射线的照射下，PVC中的氯原子会放射出低能X射线，而无氯的塑料反应则不同。由高能X射线组成的入射光束（主光束）激发目标原子，使其激发出外层电子（K级电子），之后，激发的离子回到基态，产生了与入射光谱类似的荧光谱。因为荧光的时间延迟，这种光谱不像源光谱那样持续，因而使X射线荧光法与背景的对比度高，灵敏度也很高。由于PVC中氯含量几乎达到50%，所以能使用X射线荧光鉴别法。

3.6.2 塑料的选用原则

在产品设计中，合理地选用材料（选材）尤为重要。面对一个要开发塑料制品的设计图纸，选材应遵循如下步骤：首先，确定这个制品是否可选用塑料制造；其次，如果确定可用塑料来制造，究竟选用哪种塑料是进一步需要考虑的因素。

在考虑究竟选用哪种塑料最合适时，我们往往从制品要求的使用性能、原料的可加工性、制品的成本以及原料的来源等因素中考虑。下面列出了不宜选用塑料的条件和适宜选用塑料的情况。

1．不宜选用塑料的条件

在有些使用条件要求苛刻的场合，塑料往往不能使用，只能由其他材料取而代之。一般情况，在下列使用条件下，不宜选用塑料，而应选用其他材料。

1）要求材料强度特别高

用超强纤维增强的工程塑料，产品的强度会大幅提高，并且比强度高于钢。但在大载荷应用场合，如拉伸强度超过300MPa时，塑料则满足不了需要。此时，应使用高强度的金属材料或超级陶瓷材料。

2）要求耐热温度高

塑料的最高使用温度一般不超过1000℃，且大多数塑料的使用温度范围为100～260℃。

3）要求尺寸精度高

塑料的成型收缩率大且不稳定，塑料制品受外力作用时产生的变形大，且其热膨胀系数比金属的大几倍。因此，塑料制品的尺寸精度不高，且很难生产出高精度的产品。

4）高绝缘性要求

在超高压电力输送环境中，要求材料的绝缘性应特别突出。对于超过550kV的超高压绝缘材料，几乎没有一种塑料可以满足要求。此时，建议选用云母等其他绝缘材料。

5）高导电性要求

高导电材料目前还处在开发阶段，塑料导体仍存在诸多不足。例如，导电性能不高，强度低，原料价格十分昂贵，成型加工困难。为此，除非使用环境特殊，目前一般很少选用塑料导体。

6）高磁性要求

传统的磁性材料为铁氧体和稀土两类。近年来开发的磁性塑料为树脂与磁粉的复合材料，其磁性不高，因而只能用于对磁性要求不高的场合。

2．选用塑料的适宜条件

1）要求制品轻质

在众多材料中，塑料的相对密度在0.83～2.2之间，只比木材的相对密度（0.28～0.98）高一点，而泡沫塑料的相对密度（0.1～0.4）更低，高发泡塑料制品的相对密度甚至比0.1还要低许多。

2）要求制品比强度高

在一些既要求减重又要求高强度的中、低载荷使用环境中，塑料是最合适的材料品种，如各种交通工具中的结构部件，都可用相应的塑料代替。在汽车、飞机、轮船及航天工具上，使用塑料进行减重意义巨大。

3）制品的形状复杂

塑料具有易加工的特点，它适于成型形状复杂的制品。如汽车用油箱（见图3-106），若使用金属材料制造，则需要5个部件、23道工序，加工费占金属材料制造费用的50%；而若使用塑料制造，则需要3个部件、3道工序，加工费仅为金属材料制造费用的20%～30%。

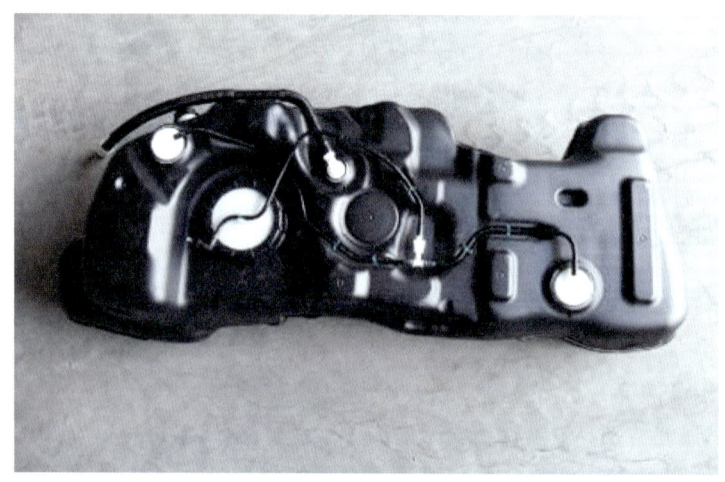

图3-106　东风日产油箱

4）中低载荷作用下的结构制品

由于塑料在强度上不及高强度金属材料和特种陶瓷材料，且其强度值随温度、湿度的升高而迅速下降，因此它不适合在连续高温且有载荷作用的场合使用，只适用于中低温度下、中低载荷作用的结构制品。例如，上述使用条件下的齿轮、轴承等。

5）要求制品的耐腐蚀性好

塑料具有很高的耐腐蚀性，其耐腐蚀性仅次于玻璃及陶瓷材料，且不同品种塑料的耐腐蚀性不同。在塑料中，聚四氟乙烯的耐腐蚀性最好，可耐各种强酸、强碱及强氧化剂，而其他塑料大都不耐强酸、强碱及强氧化剂。一些化工管道（见图 3-107）、容器及需要润滑的结构部件宜采用耐腐蚀塑料制造。

图 3-107　PPH/PVDF 化工管道

6）要求综合性能好的制品

在所有材料中，塑料的综合性能最好。以 PC 及 PSF 为例，在其大分子中，同时具有刚、韧、硬的性能，即同时具有拉伸、弯曲、压缩、剪切、冲击、耐磨等性能，同时又具有耐腐蚀、电绝缘性优异等优点。因此，一些要求综合性能好的制品，如对加工性能、机械性能、热性能、电性能、环境性等都有要求时，应选用塑料。

7）要求具有自润滑的制品

很多塑料品种都具有优异的自润滑性，如 PA、POM、UHMWPE（超高分子量聚乙烯）、PI 等。在很多场合，摩擦接触的结构制品禁止使用润滑剂，以防止污染，如食品、纺织、日用及医药机械等。用自润滑性塑料制造的运动型结构制品，不经润滑即可正常运动，而且可避免污染。如我们日常生活用的拉链，常选用 PA、POM 等自润滑材料制造。

8）要求制品具有防震、隔热、隔音性能

在防震应用上，软质 PU、PE、PS 泡沫塑料最为常用，如快递使用的防震泡沫。其中，软质的 TPE（热塑性弹性体）塑料常用于体育器材（见图 3-108），而 PE、PS 常用于防震包装；在隔热应用中，常用硬质 PU、PS、PF 等泡沫塑料；在隔音应用中，PS 泡沫塑料最为常用（见图 3-109）。

图 3-108　瑜伽垫

图 3-109　隔音泡沫塑料

3.7 "学以致用"——塑料产品设计案例分析

3.7.1 普通塑料产品拆解分析——Jonsered 鼓风机造型材料与结构工艺分析

通过拆卸塑料电子产品,可以加深学生对塑料产品造型结构设计与材料生产制备工艺之间关系的理解,还能锻炼学生的动手能力,培养学生运用课程知识分析和解决实际问题的能力。本节对 Jonsered 鼓风机(见图 3-110)进行拆解,并对产品设计与材料生产制备工艺进行分析。

3.7 企业导师——
塑料产品拆解分析

图 3-110 Jonsered 鼓风机拆机照片

1. 产品爆炸图

应用各种工具,将鼓风机进行拆解,通过拍照、绘图等方式,记录下零件连接的先后关系及上下层级关系。同时,通过前文所述的塑料的鉴别方法,依据各个零件的功能及造型结构特点,对其进行分析,并绘制产品爆炸图(见图 3-111)。通过产品爆炸图的绘制,可以基本了解产品零件之间的结构关系。此外,依据产品零件的铭文,或者通过上文表述的塑料判断方法,判断各个零部件的材料种类,并完成零部件明细表(见表 3-7)。

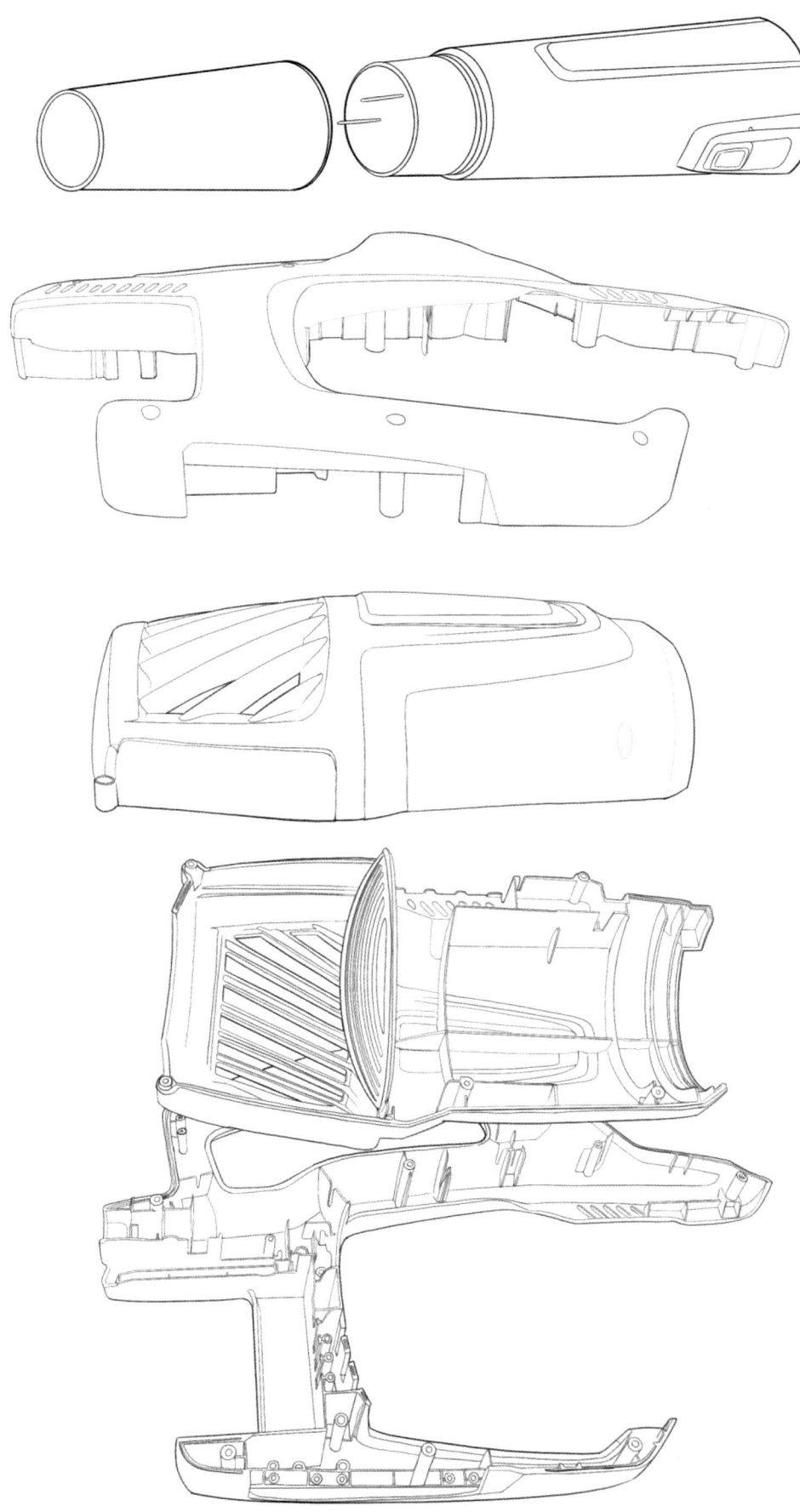

图 3-111 绘制产品爆炸图

表3-7 零部件明细表

序号	零部件名称	材料	数量	备注
01	出风筒	ABS	1	
02	把手左侧外壳	ABS	1	
03	把手右侧外壳	ABS	1	
04	左侧主外壳	ABS	1	
05	右侧主外壳	ABS	1	
06	底座	PP	1	
07	进风滤网	ABS	1	
08	电机组件	组件	1	
09	出风滤网	ABS	1	
10	电池仓开关键	ABS	1	
11	扳机按钮	ABS	1	
12	计时按钮	ABS	1	
13	维修按钮	ABS	1	
14	弹簧1	弹簧钢	1	
15	弹簧2	弹簧钢	1	
16	弹簧3	弹簧钢	1	
17	弹簧4	弹簧钢	1	
18	弹簧5	弹簧钢	1	
19	螺钉1	碳钢	18	
20	螺钉2	碳钢	2	

2．材料分析

1）ABS材料

（1）本产品的把手外壳、主外壳、出风筒、滤网等主要组件均采用了ABS材料。

（2）ABS为常见塑料种类之一。ABS是乳白色固体，有一定的韧性，密度为$1.04 \sim 1.06 \text{g/cm}^3$。

（3）ABS的特点如下：

① ABS是一种强度高、韧性强、易于加工成型的热塑型高分子材料，其玻璃转移温度大约是105℃（221℉）；可以在$-25 \sim 60$℃的环境下表现正常，且有很好的成型性，加工出的产品表面光洁、易于染色和电镀。

② ABS材料的抗酸、碱、盐的腐蚀能力比较强，也可在一定程度上耐受有机溶剂溶解。

③ ABS可与多种树脂按照配比形成共混物，如PC/ABS、ABS/PVC、PA/ABS、PBT/ABS等，从而产生新性能和新的应用领域，如将ABS和PMMA混合，可制造出透明ABS材料。

（4）本产品大部分采用ABS材料，因ABS具有很好的成型性，便于生产复杂曲面造型，但在其内部需要处应建立加强筋、限位等结构。作为最常用的工程塑料之一，其制作成本低，且材料强度满足手提机体进行操作时的受力要求。

2）PP材料

（1）本产品的底座采用PP材料，如图3-112所示。

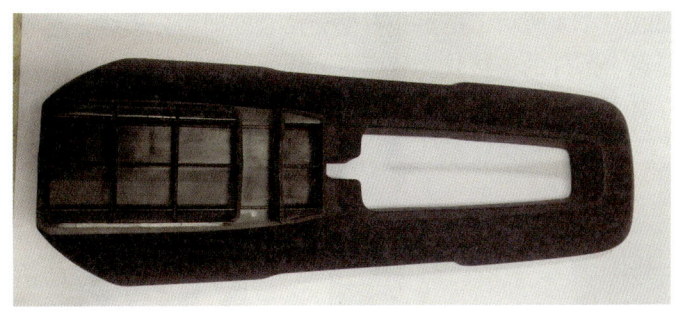

图 3-112 鼓风机底座

（2）聚丙烯（PP）是一种半结晶的热塑性塑料。本质上，它和高密度聚乙烯接近，结晶度比高密度聚乙烯略低，所以一般呈现半透明状态，而硬度与高密度聚乙烯相差不大。聚丙烯是商品化塑料中具有最低密度的高分子材料，可以制造具有较低质量的塑料制品；具有较高的耐冲击性，机械性质强韧，可抗多种有机溶剂和酸碱腐蚀，是常见的高分子材料之一。

（3）PP 材料的特点是耐热且化学稳定性比较高，坚韧而有弹性。鼓风机作为一个中型电动产品，有一定的体量，底座需要有较强的抗冲击能力，因此采用弹性好，并具有较高耐冲击性的 PP 材料。

3．制备工艺分析

1）把手外壳

（1）拔模斜度：0.881°，符合注塑零件常规拔模斜度要求。

（2）加强筋（如图 3-113 所示的框起来的部位）：有的加强筋仅起加强结构强度的作用，有的加强筋还起到对零件进行周向限位的作用。

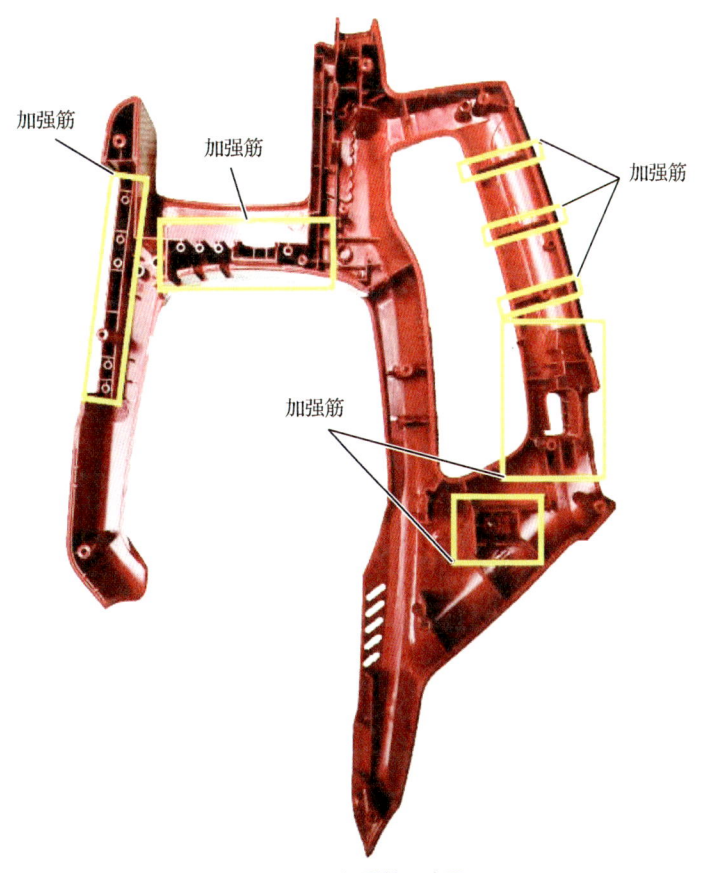

图 3-113 加强筋示意图

（3）分模线：如图 3-114 所示，把手左右部分贴合处即为分模线，它既是每个单独部件的分模线（PL），又是两个部件的连接线。分模线一般处于零件最大轮廓处。

（4）模具痕迹：如图 3-115 圈出位置所示，壳体上共有十多处模具痕迹。

图 3-114　分模线

图 3-115　模具痕迹

2）主外壳

（1）拔模斜度：1.14°，由于零件比较高，因而它比把手外壳的拔模斜度略大。

（2）加强筋：如图 3-116 所示，框起来的即为加强筋，最右侧图片的加强筋同时起到对进风滤网的限位作用。

（3）分模线：如图 3-116 所示，左右部分贴合处即为分模线，其既是每个单独部件的分模线，又是两个部件的连接线。

（4）模具痕迹：如图 3-116 中白色圆圈所示。

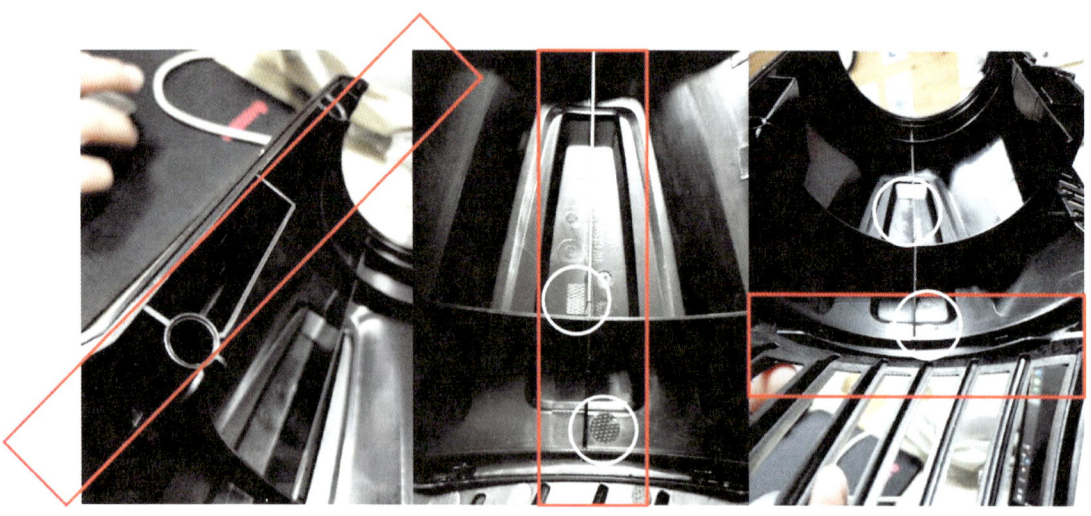

图 3-116　主外壳加强筋及模具痕迹示意图

3）底座

（1）加强筋：如图 3-117 所示，底座有更多的加强筋，作为能够支承全机重量的部件，底座必须有足够的强度,而蜂窝状的加强筋能够使底座的结构强度更高。

(2)分模线:处于该零件最大轮廓处。

(3)模具痕迹:如图3-117右侧白色圆圈所示。

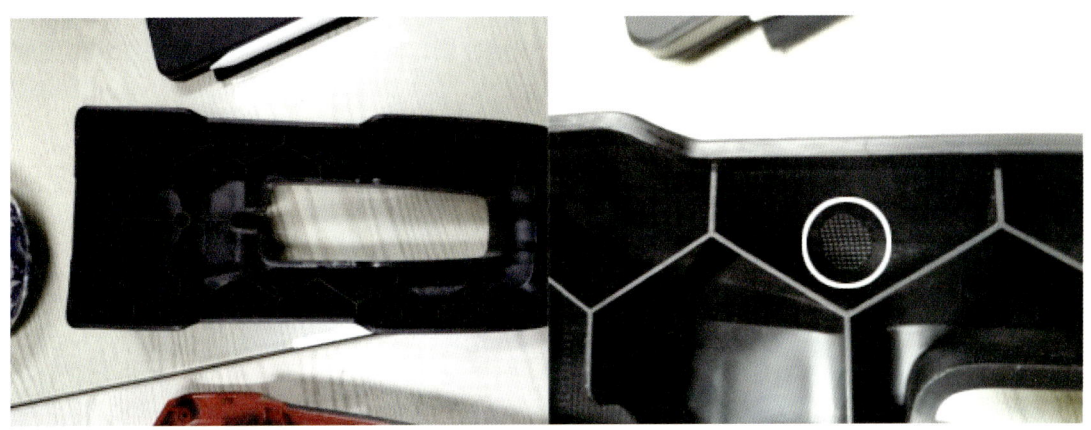

图3-117 底座加强筋及模具痕迹等示意图

4.材料表面装饰工艺分析

1)着色

鼓风机机身所呈现的主要配色——红色与黑色,是塑料外壳在生产加工过程中通过加入相应的色料来达成自身着色的。

(1)塑料着色的定义:塑料着色是采用某种工艺与相应设备,在助剂的作用下,将颜料(或染料)混入载体,通过加热、塑化、搅拌、剪切作用,最终使颜料粉的分子与载体的分子充分地结合起来,再制成与载体颗粒相似大小的颗粒,即色母粒。使用时,只需在要着色的载体中添加较小比例(1%~4%)的色母粒,就能达到着色的目的。

(2)塑料着色的特点:改善了由于色粉飞扬带来的环境污染问题;使用过程中换色容易,不必对挤出机料斗进行特别的清洗,十分方便;针对性强,配色正确。与成批树脂干法染色相比,使用色母可以减少塑料制品经二次加工后所造成的树脂性能老化,有利于塑料制品使用寿命的提高。

在加工过程中,颜料在助剂的作用下,色母粒经过充分混炼与载体树脂完全结合。在使用时,按一定的比例置于待加工的树脂中,色母(同色母粒有一定区别)很快进入角色,与该树脂结合。塑料着色的相容性明显优于色粉着色。

(3)塑料着色的优点:不会发生表面颜色剥离;具有阻断紫外线的效果,可防止材料劣化;着成黑色的产品具有防止静电的效果;可以利用颜色产生温度差(太阳光下)等。

(4)塑料着色的缺点:由于添加量少,塑料制品的加工时间短;受挤出机螺杆长径比的限制,色母的分散性往往不如色粉的;多了一次制造过程,着色成本高于色粉着色的成本;色母中的载体与需着色树脂的性能有差异时,塑料制品表面常常会出现未分散点、色斑、花纹,因此色母的使用因其相容性及分散性而受到限制。

2)模内喷砂

由于鼓风机主外壳的整体性较高,设计时采用了不同的表面机理来丰富其外观。鼓风机塑料外壳表面主要采用的是模内喷砂工艺。

(1)模内喷砂的定义:在压铸模的模心制作完成后,将模心加入喷砂机中,对不需要喷砂的区域进行保护。在喷砂机里面填充直径为 0.1 ~ 0.3mm 的喷砂颗粒,预备喷砂,通过喷砂机对着压铸模的模心进行喷砂,去除压铸模模心的保护。最后将能够有效针对模具内腔平面(产品外平面)进行喷砂处理,达到类似蚀刻的效果。

(2)模内喷砂的特点:喷砂后的模具成型出来的产品,表面会有一种磨砂的感觉,同在产品表面喷砂的效果一样;可以保护模心不会被很快地冲刷,同时可增强模具的耐磨性,从而提高模具的寿命。

3)丝网印刷

塑料外壳表面的品牌 Logo 是采用丝网印刷的方式完成的,如图 3-118 所示。

4)包胶

为了增强把手与手之间的摩擦力,提高把握时的手感,鼓风机的塑料把手与手心接触的地方采用包胶工艺固定了塑胶件,如图 3-119 所示。

图 3-118　丝网印刷

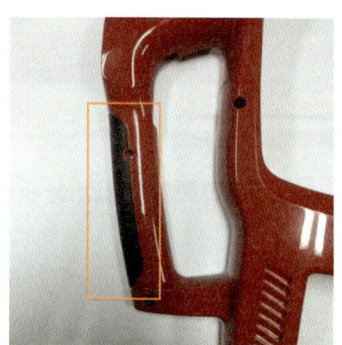

图 3-119　包胶

(1)采用 TPE 包胶射粘工艺,一般进行二次注塑,即将注塑好的硬质塑料部件固定在包胶模具上,再在合适的温度下将 TPE 软胶注塑射粘到硬部件上,并经冷却得到制品。包胶射粘的注塑温度依据包胶的硬胶材料而不同。

(2)包胶的主要优点:TPE 弹性体软胶应用于二次注塑。TPE 材料止滑性好,且弹性触感佳,可提升制品的触摸手感,增强握持性。

TPE 弹性体软胶可根据产品的物性要求调整至合适的硬度以及合适的物理特性(如耐磨耐刮性、黏结性、熔融指数等),它可以为不同的产品提供各种可能的材料应用方案。TPE 采用包胶射粘加工,常用于手柄、握把、电子材料等。材料赋予了制品舒适触感,提升了握持性,也提升了制品美观度以及产品附加值。

5. 零件连接工艺分析

(1)紧固件连接(见图 3-120):这是机械连接中最普通的方法。通常所指的压入紧固件是通过其杆上的某种凸起与塑料孔形成干涉配合而连接塑料部件的。

本产品的左右把手外壳、左右主外壳及内部组件采取了螺纹连接,使用的螺钉为普通螺钉。这几部分因为涉及拆卸、维修的需求,并且日常使用中要求连接的可靠性,因此采用了螺纹连接。

(2)铰链连接(见图 3-121):本产品的出风筒按钮处采用的是多件组合铰链,先通过模塑成型的方式分别加工两个单独的塑料部件,之后通过金属转轴组装连接。此处的按钮平时需要频繁按动,采取多件组合铰链除在平时多次按动的情况下,保证了连接强度,且具有一定的可靠性。

图 3-120　紧固件连接

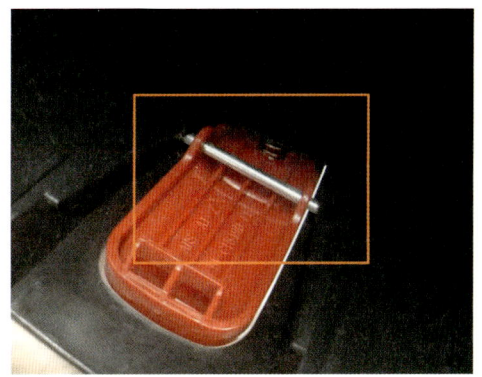
图 3-121　铰链连接

（3）弹性连接（见图3-122）：本产品多处采用了卡扣连接方式，即弹性连接，如图3-122中出风筒前后两部分就采取了卡扣连接，能保证拆卸要求，日常使用时也具有一定的强度和可靠性。

图 3-122　弹性连接

3.7.2　新型塑料产品创新设计案例分析

1. 可口可乐植物环保瓶

可口可乐在米兰世博会上推出全球首个完全来自植物原料的植物环保瓶（见图3-123）。这种名为 Plant Bottle 的塑料瓶采用了专利技术，把植物中的天然糖分转化为 PET 的原料，制成了完全可回收的塑料瓶，从而推动了可持续性创新设计。

植物环保瓶包装材料是可口可乐公司的一项愿景，旨在开发更负责任的植物性包装材料，以替代采用传统石化燃料和其他不可再生材料的包装材料。可口可乐全球研发官 Nancy Quan 表示，这是该公司包装产品上的创举，也是里程碑。"我们的愿景是，最大化地利用革新技术，采用负责任的态度采集植物原料，来创造全球首个能完全再生、并且完全来自可再生资源的植物环保瓶。"

图 3-123 可口可乐植物环保瓶

这种新瓶在外观、功能和再生性上都和传统的石油基 PET 没有区别,但所用资源更少,全球碳足迹更轻。植物环保瓶包装材料不但达到了消费者对优质包装材料的期望,同时增添了采用可再生材料制成的优势,从各个角度来讲都有很大的意义。

2. LNP ELCRES CRX 聚碳酸酯（PC）共聚物系列应用

在 MD & M West 2020（美国西部医疗器械设计包装展览会 2020）上,SABIC（沙比克公司）推出了其新的 LNP ELCRES CRX 聚碳酸酯（PC）共聚物系列,其可用于新型医疗器械（见图 3-124）,为医疗设备制造商提供了一种新的耐化学腐蚀方法,使用这种新材料可以使医疗器械制造商延长产品生命周期,从而达到保修预期,并减少更换和索赔。新的"随装随用"聚碳酸酯共聚物系列,可以代替传统的 PC 均聚物、丙烯腈-丁二烯-苯乙烯（ABS）以及聚酯和共聚酯树脂及其混合物,且与现有材料相比,这种新材料具有很强的抗腐蚀力。

可以说,PC 共聚物技术创新,提高了设备对医院消毒剂的化学耐受性,并且,它们的化学性质也适用于其他希望提高抗腐蚀能力的医疗保健领域,如家用医疗器械和消费电子产品。可口可乐全球研发官表示,新材料还可以抵御防晒霜、乳液和其他腐蚀性强的化学物质。

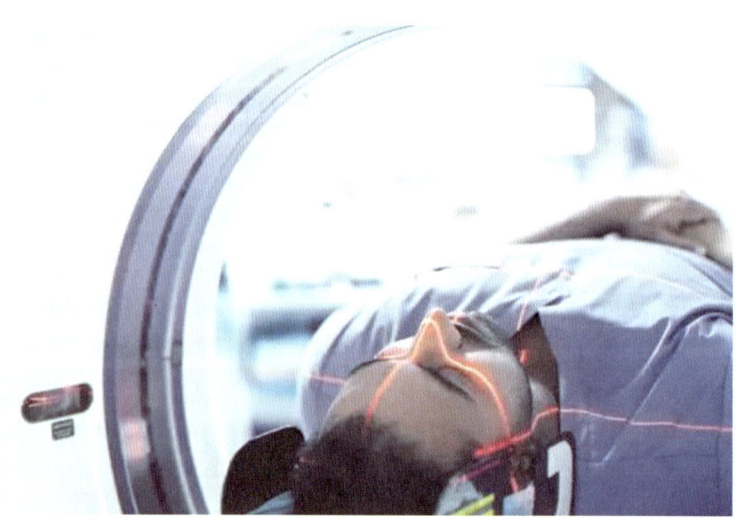

图 3-124 新型医疗器械

3. 新型多层塑料罐

道达尔携手 RPC Promens Consumer Corby，利用注拉吹塑（先由注射成型机注射成型坯，将热型坯进行纵向拉伸，然后通入压缩空气使其横向拉伸，得到与模具型腔形状相同的制品）技术，推出了一款新型多层塑料罐（见图 3-125）。凭借道达尔的专长和 RPC Promens Consumer Corby 在塑料包装解决方案上的卓越技术，这款应用于高阻隔性食品领域的塑料罐具备更加出色的透明度和光泽度。利用注拉吹技术生产的包装透明度高，货架形象好，而且具备塑料实用、方便、安全的特性。同时，这款塑料罐的质量较轻，将帮助零售商和品牌商满足减少包装和碳排放的可持续性目标。

图 3-125　新型多层塑料罐

4. 塑料手枪支架

美国 Conventus Polymers 公司发布了新的热塑性工程塑料手枪支架（见图 3-126）。据介绍，此公司之前已经推出用于手枪的工程塑料产品，主要是用玻纤或碳纤填充 PA612 或者 PPA，以升级替代常规的 PA66/GF。此次发布的新产品中有钨填充的塑料，密度可达到 $7g/cm^3$，有助于减少手枪支架的后坐力。

图 3-126　塑料手枪支架

本章习题

1. 选取生活中的一个塑料产品,根据该产品的功能、材料的性质,分析判断其是何种塑料。
2. 结合人们生活中使用到的透明塑料产品,根据特性分析其用材种类,并讨论透明塑料给产品质感上带来的特殊视觉效果。
3. 举例说明各种塑料添加剂在各类产品中的应用。
4. 组成塑料的主要成分有哪些,各自作用为何?
5. 表述塑料的性能特点。
6. 为什么说塑料是工业设计的热门材料?
7. 列举塑料的主要缺陷。
8. 试说出热塑性塑料和热固性塑料性质的不同点及其各自在产品中的运用。
9. 分析塑料板材、显示屏壳体、矿泉水瓶分别采用什么成型工艺,并说明其原因。
10. 熟悉 PE、PP、PS、PVC、PF、PMMA、ABS、PC、PU、PET、POM 等材料的性质特点。
11. 试阐述注塑工艺的优缺点。
12. 绘制注塑(吹塑、挤塑、压制、热成型)工艺的工艺图。
13. 如何使塑料零件之间进行连接,举例几种方法。除本书中的方法,还有其他方法吗?
14. 如何使塑料实现金属质感?举例几种方法。
15. 为什么日常生活中所用的塑料产品具有各种颜色?其采用的途径有哪些?
16. 简述塑料着色工艺的作用。
17. 为加强零件强度,在设计中有哪些方法可以使用?
18. 各种制备工艺原则与造型设计之间有何关系?有何具体协调措施(可绘图)?
19. 试表述加强筋的作用。
20. 支撑面的设计要点有哪些?
21. 针对一个塑料件产品,以塑料的各个优点去分析其各零件的使用。
22. 阐述在产品设计中经常使用圆角或者倒角造型特征的好处。

讨论:

在当今生活中,许多给人以金属、陶瓷等质感的产品其实都是用塑料制成的。分析这种现象,结合人们生活中接触到的产品实例和塑料材料特性,通过讨论,总结出当前设计中塑料替代传统材料趋势形成的原因及影响。

作业实验:

按照本书中拆解实验的内容及过程,寻找身边废旧的、具有一定结构复杂度的塑料产品,对其进行拆解分型。内容包括绘制爆炸图;对各个零件进行材料分析、判断;对各个零件的成型工艺进行判断;分析各零件之间的连接工艺;分析各零件的设计体现出来的制备工艺。

要求:禁止暴力拆解;拆解到零件。

实验工具:废旧鼓风机、常用工具(一字起、梅花起、活动扳手、固定扳手、老虎钳、尖嘴钳、剪刀等)、红外测距仪。

第4章 陶瓷及其加工工艺

中国是世界上历史最悠久的文明古国之一，对人类社会的进步与发展做出了许多重大贡献。陶瓷是中华文明的重要组成部分，是中华文化传承与创新的重要载体。中国人在科学技术上的成果以及对美的追求与塑造，在许多方面都是通过陶瓷制作来体现的，并形成各时代非常典型的技术与艺术特征。在当今高度现代化、信息化的社会中，新材料、新技术及新的设计理念大批涌现，而现代陶瓷技术对现代设计一样有着深远的影响。对传统陶瓷文化的继承发扬并加以创新，对现代陶瓷最新技术的创新利用，都是产品创新设计值得研究和探索的问题。本章将介绍陶瓷的概念、发展历史、分类等，重点介绍陶瓷材料的各项基本特性以及陶瓷的加工工艺。

4.1 陶瓷概述

4.1-1 陶瓷概述及发展历史1　　4.1-2 陶瓷发展历史2

4.1.1 陶瓷的概念

从传统意义上而言，陶瓷是陶器（见图4-1）、瓷器（见图4-2）与炻器（见图4-3，介于陶器与瓷器之间的制品）的总称，是指所有以黏土为主要原料，与其他天然矿物原料经过适当的配比、粉碎、成型，并在高温焙烧下经过一系列的物理化学反应后，形成的坚硬物质，也称为传统陶瓷，如常见的日用陶瓷制品、建筑陶瓷等。

图 4-1 陶器

图 4-2 瓷器

图 4-3 炻器

随着科学技术的发展，现代陶瓷的材料由传统的黏土、硅酸盐，逐渐向碳化物、氮化物、硼化物等非硅酸盐、非氧化物过渡，以获得更为优异的理化性能。从广义概念上而言，陶瓷是用传统陶瓷的生产方法，在高温焙烧下经过一系列物理化学反应制造的无机非金属固体材料和制品。

生活中处处都能见到陶瓷制品的身影。从最初粗犷朴素的日用品（见图 4-4），到如今精美的陶瓷摆饰（见图 4-5），各类机械结构部件中的陶瓷轴承（见图 4-6），甚至于在某些奢侈品如陶瓷手表（见图 4-7）中，都有陶瓷材料的身影。

—130—

图 4-4 陶瓷日用品

图 4-5 陶瓷摆饰

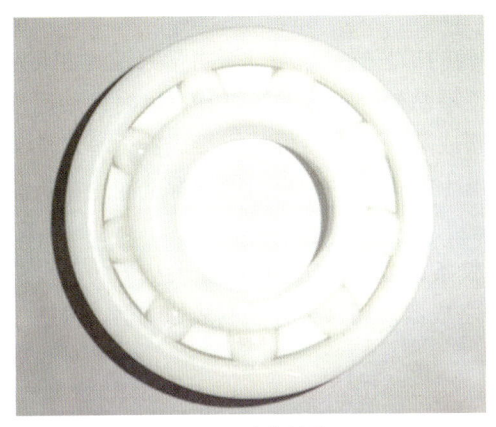
图 4-6 陶瓷轴承

图 4-7 陶瓷手表

4.1.2 陶瓷的发展历史

人类在学会使用火后,发现被火烧过的土地的质地会发生变化,硬度会变大。在不断的探索中,人类逐渐发明了陶瓷。由此,陶瓷成为人类利用的第一种非天然材料。

早在公元前约 8000 年~公元前 2000 年的新石器时代,中国人就发明了陶器。从河北省阳原县泥河湾地区发现的旧石器时代晚期的陶片来看,中国的制陶技术距今已有 11 700 多年的悠久历史。

陶瓷这一古老的人造材料,以其优异的理化性能,自始至终都伴随着人类社会的繁衍、生活、文明。最初的陶瓷大量用于日常生活中,如图 4-8 所示为著名的半坡文化出土的人面鱼纹盆。

陶器的成型和加工工艺,往往在陶器文物上留下痕迹。这些痕迹,具有一定的时代性和地区特色。从出土的各种陶器文物以及一些陶器的制作场地、工具来分析,古代人类主要使用三种成型方法制作陶器:泥片贴筑法、泥条盘筑法、轮制成型法。古人最先采用的成型方法是贴敷模制法,

图 4-8 人面鱼纹盆

即泥片贴筑法，后开始采用泥条盘筑法；在转轮等工具出现后，古人开始运用轮制成型法制作陶器，该方法使陶器器型更加工整（见表4-1）。

表4-1 成型方法对照表

技术名称	技术特征	考古遗存
贴敷模制法（泥片贴筑法）	具有泥片黏合的层理与陶片层理剥落现象	河姆渡文化 裴李岗文化
泥条盘筑法	将拌制好的黏土搓成泥条，从器底起依次将泥条盘筑成器壁直至器口，再用泥浆胶合成器	红山文化 大汶口文化
轮制成型法	借助于陶车对陶坯进行修整。轮制陶器要求坯泥品质均匀、细腻，并具有相当的湿度和强度	龙山文化 二里头文化

泥片贴筑法：此方法没有流传下来，也没有准确的工艺研究记录，考古学家推测古人先用较软的泥片在某种活动式的框模内贴塑，当胎壁逐层贴塑到一定的厚度和高度时，胎泥已相对干燥，再撤除框模而继续成型。或许先分段贴塑成某一形状，再行拼接成器（牟永抗《关于我国新石器时代制陶术的若干问题》）。从挖掘出土的文物中，我们能够看出泥片贴筑法的层理现象（见图4-9）。

泥条盘筑法（见图4-10）：首先，把泥料搓成长条；其次，按器型的要求从下向上盘筑成型；再次，用手或简单的工具将里外修饰抹平，使之成器。用这种方法制成的陶器，内壁往往留有泥条盘筑的痕迹。

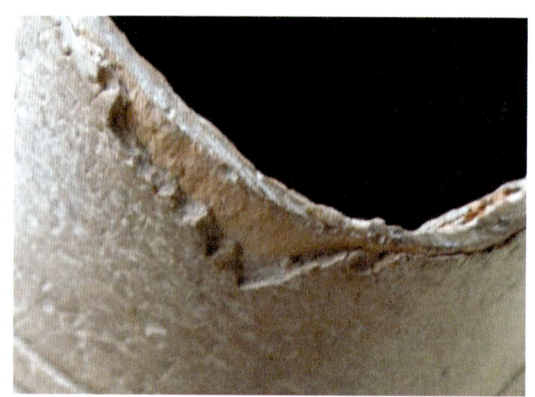

图4-9 泥片贴筑法

图4-10 泥条盘筑法

图4-11 轮制成型法

轮制成型法（见图4-11）：将和好的泥料放在转动的轮盘上，借助陶轮旋转的力量，用手掏料，以提拉的手法制成陶坯。轮制成型法制成的陶器，器壁厚薄均匀、造型规整，器表往往留下密集的轮纹，器底留下线割的偏心纹。

经过春秋战国时期的融合与发展，各地的陶瓷工艺得到了长足的发展。兵马俑是秦代陶器的代表，是中国古代辉煌文明的一张重要名片。兵马俑属于古代墓葬雕塑，是制成兵马形状的殉葬品，排布成壮观的地下军阵。其布阵复杂，兵种齐全，骑兵、战车、步兵、弩兵组成了多兵种特殊部队。从他们的装束、神情和手势就可以判断出他们是官还是兵，是步兵还是骑兵（图4-12为兵马俑的"兵"和"马"）。

根据陶俑的冠式和铠甲、服饰的不同，也可分出不同官阶。这些陶俑的手势各不相同，面部的表情更是各有差异（图4-13展示了兵马俑的面部细节），所有陶俑的面部都流露出秦人独有的威严与从容，具有鲜明的个性和强烈的时代特征。

图4-12　兵马俑

图4-13　兵马俑的面部

陶俑制作过程的第一步是用泥塑成俑的大体造型；第二步是在大体造型的基础上，进行第二次覆泥并加以修饰和细部刻画，陶俑的头部和手部用模子制成粗胎后再进行细部雕刻，手法细腻、明快；第三步是将单独制作的头、手和躯干组装套合在一起，从而完成陶俑的整体制作。陶俑原来都是彩色的，出土时大部分彩色已经脱落、氧化。可以说，秦代的兵马俑是我国陶器发展的巅峰之作。

在陶器制作发展的过程中，瓷器慢慢酝酿而生。陶器发展到商代中期，陶和瓷出现分野。瓷器是中国的伟大发明，瓷器源于陶器，而精于陶。大约在公元前16世纪的商代中期，中国就出现了早期的瓷器。因为其无论在胎体上，还是在釉层的烧制工艺上都尚显粗糙，烧制温度也较低，表现出原始性和过渡性，所以一般称为"原始瓷"。

早期的瓷器以青瓷为主，青瓷是表面施有青色釉的瓷器。原始青瓷出现于商周时期，它们已基本上具备了瓷器的特征，但与后来成熟阶段的青瓷比较，还带有原始性，如气孔较大、胎料中杂质较多、釉色还不够稳定，故称为原始青瓷。公认的真正的青瓷瓷器起源于1800年前的东汉。浙江是青瓷的发源地，最早烧制成功青瓷的产地是浙江省上虞市小仙坛和帐子山一带，因浙江上虞一带曾是古越人的故乡，战国时属越国管辖，唐朝时称越州，所以这一带的瓷窑统称越窑。图4-14所示为东汉越窑青瓷绳索纹罐。

隋唐时期是我国瓷器长足发展的时期。在学术界通常用"南青北白"来概括唐代制瓷业的发展特征。陆羽在《茶经》中称："邢瓷类银，越瓷类玉"。南方地区以烧制青瓷出名，越窑是唐代和五代时期最著名的青瓷窑场，相传所制之瓷，专为供奉吴越王钱氏，臣庶不能用，故云秘色，也称"秘色瓷"。图4-15所示为越窑秘色瓷八棱净水瓶，越窑所烧青瓷代表了当时青瓷的最高水平。越窑的青瓷明澈如冰，晶莹温润如玉，色泽是青中带绿，与茶青色相近，因而越窑青瓷号称"如冰似玉"。

图4-14　东汉越窑青瓷绳索纹罐

图4-15　越窑秘色瓷八棱净水瓶

图4-16　邢窑白瓷

北方地区以邢窑白瓷著称,有"类银似雪"之说。邢窑是我国白瓷的发源地,邢窑白瓷的出现,改变了中国一向以青瓷为主的局面。唐代邢窑与越窑平分秋色,形成了南青北白两大体系,为唐代以后白瓷的崛起和彩瓷的发展奠定了基础。邢窑瓷器多为青灰胎,胎体紧密厚实,白中闪灰,故称其"类银",图4-16所示为邢窑白瓷。

瓷器发展到宋代,造型简洁、优美,器型比例恰当,达到了精妙绝伦的地步。宋代是中国制瓷业百花争艳的时期,以高度发展的单色釉著称于世,出现了闻名于世的五大名窑:官窑、定窑、汝窑、哥窑、钧窑。这些瓷窑具有半官半民的性质,后随着宋代陶瓷作为商品开始流通,各窑系产品相互影响,出现了工艺技法的借鉴与效仿,使得宋代瓷器制作工艺达到了炉火纯青的地步,艺术上取得了空前绝后的成就。

下面简单介绍一下宋代五大名窑的特点。

官窑:北宋官窑窑址在汴京(今开封市),主要烧制青瓷,釉色以月色、粉青、大绿三种颜色最为流行;官窑瓷器胎与釉薄如纸,器多开片,釉色月白为上,粉青次之,油灰最下;南宋官窑窑址在杭州凤凰山,釉色以粉色为主,晶莹澄澈,足以比美青瓷,露胎处烧成后颜色如铁,口上的釉极薄,赤土隐隐透出,所以当时被称为"紫口铁足"。官窑瓷器中后世视粉青(见图4-17南宋官窑粉青贯耳弦纹壶)为第一,紫口铁足最为珍贵。

定窑:由邢窑发展而来,有南北之分,窑址位于河北定县与江西景德镇;在宋代主要烧制白瓷,胎土细腻白净,胎土上有印花,以刀刻的称划花,以陶模压的称印花,以针刺的称绣花。图4-18所示为宋代定窑孩儿枕,为中国陶瓷史上的经典之作。

图 4-17　南宋官窑粉青贯耳弦纹壶

图 4-18　宋代定窑孩儿枕

汝窑：五大名窑之首，窑址位于河南省临汝县，开窑时间前后仅二十年；釉色有天青、粉青、鸭蛋青、虾青、茶青等；纹片有牛毛黄纹、细碎冰裂纹、蟹爪纹等。汝窑瓷胎体较薄、釉层较厚，有玉石般的质感，呈现出一种淡质的天青色。汝窑以玛瑙入釉，色泽独特，随光变幻；器表呈蝉翼纹般的细小开片，釉下有稀疏气泡，具有莹润如堆脂的质感。图 4-19 所示为北宋汝窑青瓷莲花式碗。

龙泉窑（哥窑）：窑址位于浙江龙泉。哥窑釉色以梅青、粉青为主，紫口铁足，颇似官窑；釉面有细碎的片纹，纹分两种，一种开较大的黑色片纹，另一种是在黑色片纹中又开细小的黄色片纹，号"百圾碎"，又称"金丝铁线"。图 4-20 所示为宋代哥窑四方倭角小洗。

图 4-19　北宋汝窑青瓷莲花式碗

图 4-20　宋代哥窑四方倭角小洗

钧窑：窑址位于河南禹州市。钧瓷的釉色为一绝，千变万化，红、蓝、青、白、紫交相融汇，灿若云霞，"入窑一色，出窑万彩"，形容的就是钧窑的釉色。其色彩多样的原因是其釉层含有少量的铜、铁元素，形成窑变釉。因钧瓷釉层厚，在烧制过程中，釉料自然流淌以填补裂纹，出窑后形成有规则的流动线条，类似蚯蚓在泥土中爬行的痕迹，故称为"蚯蚓走泥纹"。图 4-21 所示为宋代钧窑玫瑰紫釉鼓钉三足洗。

元朝，最突出的成就是青花、釉里红的正式烧制成功，它们把中国传统绘画技法与制瓷工艺结合起来，使具有浓郁中国风格的釉下彩瓷器发展到一个新的阶段。青花又称白地青花瓷、青花瓷，是指以含氧化钴的钴矿为原料，在陶瓷坯体上描绘纹饰，再罩上一层透明釉，经高温还原焰一次烧成的呈现出蓝色花纹的釉下彩瓷器。其具有着色力强、发色鲜艳、烧成率高、呈色稳定的特点。图 4-22 所示为元代青花缠枝牡丹纹梅瓶。釉里红是指以铜红料在胎上绘画纹饰后，罩以透明釉，在高温还原焰环境中烧成，使釉下呈现红色花纹的瓷器。因红花纹在釉下，所以称为釉里红。釉里红始于元代，其制作工序和青花的制作工序相似。图 4-23 所示为元代釉里红转把杯。

图 4-21　宋代钧窑玫瑰紫釉鼓钉三足洗

图 4-22　元代青花缠枝牡丹纹梅瓶

图 4-23　元代釉里红转把杯

元代釉里红的烧制效果并不理想，釉里红的最大特点是烧制难度大，成品率极低。原因是铜离子对温度极为敏感，易挥发，易从釉层中逸出，呈现特有的飞红现象或干脆退色。到了明代，釉里红瓷器的烧制技法更加成熟，纹饰与青花瓷一样非常精美。

明代青花瓷的烧制达到了一个高峰。其中珍贵的官窑，出品率只有 4%，要求十分严苛。明代最为世人所青睐的青花瓷是苏泥勃青的青花瓷。苏泥勃青的釉料在呈色方面的基本色调为色泽靛蓝、绚丽浓艳，还有一种呈色是兰中泛紫，表现出一种明显的紫罗兰色；苏泥渤青具有晕散的特征；苏泥勃青料绘制瓷画区别于其他青料的特点是其具有深浅、浓淡不一的特点，且色阶丰富。图 4-24 所示为明代青花轮花绶带耳葫芦扁瓶。

明成化年间的官窑，以生产斗彩瓷著称于世。"斗彩"又称"逗彩"，是釉下青花和釉上彩色相结合的一种彩瓷工艺。其是在胎上先用"苏泥勃青"青花釉料画出部分花纹，而后在釉上与之相适应地加以彩绘，使青花与彩绘形成变化统一的装饰效果。图 4-25 所示为明代斗彩鸡缸杯。

图4-24 明代青花轮花绶带耳葫芦扁瓶

图4-25 明代斗彩鸡缸杯

在陶器的制造方面，明代最突出的成就是紫砂器。紫砂器是用一种质地细腻、含铁量高的特殊陶土制成的无釉细陶器，呈赤褐、淡黄或紫黑两色。这种陶器虽始于宋代，但到明代中期才开始盛行，图4-26所示为明代六瓣圆囊壶。紫砂是一种天然陶土，富含铁、钙、钠、钾、锌等元素，可碱化水质，能有效去除水中的氯元素和氟元素，从而提高人体免疫力。紫砂具有良好的可塑性及延展性，配合以精准的制壶技艺，成品口盖严密，缝隙极少，缩短了含霉菌的空气流向壶内的通道，相对延长了茶汤发生质变的时间，因而有益人体健康。

紫砂是一种双重气孔结构的多孔性茶具，其气孔微细、密度高、不渗漏，较强的吸附力使茶味越发醇郁芳沁。紫砂贮茶不变色，泡茶不失原味、不走味，既不夺茶香气又无熟汤气，可谓色香味皆蕴；而且操作简便，只要掌握茶性与水温，即可泡出"聚香含淑""香不涣散"的好茶，比起其他材质的茶具，更适合居家使用。

清代瓷器烧制技术登峰造极，各类品种层出不穷。康熙时期以红釉为最，又称"宝石红"，因当时曾由郎廷极督造，故又有"郎红"之称。康熙红釉颜色鲜艳，器皿的口缘部分红釉下淌，呈现淡青色。图4-27所示为清代郎窑红釉长颈瓶。

图4-26 明代六瓣圆囊壶

图4-27 清代郎窑红釉长颈瓶

珐琅彩，源于画珐琅技法，也是瓷器装饰手段之一。使用珐琅彩装饰手法的瓷器，即珐琅彩瓷（正式名称为"瓷胎画珐琅"），也常简称为珐琅彩。珐琅彩是将画珐琅技法移植到瓷胎上的一种釉上彩装饰手法，后人称"古月轩"，国外称"蔷薇彩"。珐琅彩始创于清代康熙晚期，至雍正时，珐琅彩得到了进一步发展，盛行于乾隆。珐琅料是一种人工烧炼的特殊彩料，雍正六年（1728年）以前需从欧洲进口；雍正六年以后，清宫造办处已能自炼20余种珐琅料，而且色彩种类比进口彩料更为丰富，遂使珐琅彩瓷器的生产获得突飞猛进的发展。珐琅彩瓷器是专供帝后玩赏的艺术品，宫廷控制极为严格。制作它所需要的白瓷胎由景德镇御窑厂提供，运送到宫廷后，在皇帝的授意下，于内务府造办处珐琅作的宫廷画家精心彩绘，宫廷写字人题写诗句、署款，最后入炭炉经600℃左右焙烧而成。康熙时期的珐琅彩瓷器多以胭脂红、蛋黄及蓝色作地，还有一类特有的在宜兴紫砂胎上画珐琅彩的器物。雍正、乾隆时期典型的珐琅彩瓷器是诗、书、画、印相结合的艺术珍品，是中国古代彩瓷工艺达到顶峰的产物。图4-28所示为清代珐琅彩胭脂红地四季花卉碗。

粉彩瓷是珐琅彩之外，清宫廷创烧的又一彩瓷，始于康熙时期，雍正时期最为发达。其是在烧好的胎釉上施含砷物的粉底，涂上颜料后用笔洗开，由于砷的乳蚀作用，色彩会产生粉化效果。粉彩瓷装饰画法上的洗染，吸取了各门艺术的营养，采取点染与套色的手法，使所要描绘的对象，无论人物、山水、花卉、鸟虫都显得质感强、明暗清晰、层次分明。采用的画法既有严整工细、刻画微妙的工笔画，又渗入淋漓挥洒、简洁洗练的写意画，还有夸张变形的装饰画风。由于匠人在粉彩瓷器所有釉色里面添加了白色，画面形成粉质气氛，具有女性特征，故又称"软彩"。图4-29所示为清代粉彩瓷器。

图4-28　清代珐琅彩胭脂红地四季花卉碗

图4-29　清代粉彩瓷器

乾隆时期的彩瓷，可谓奇技淫巧。如图4-30所示的清代乾隆粉彩镂空转颈瓶，瓶内套装一个可以转动的内瓶，转动内瓶时，通过外瓶的孔，可以看见不同的画面。图4-31所示的清代乾隆"瓷母"可以说是集中国古代陶瓷工艺于一身。整个器物从上到下依次运用了色地珐琅彩、仿哥釉、窑变釉、斗彩、青花等15种施釉方法，16层纹饰，腹部绘制12扇开光图案，包括"三羊开泰""太平有象"等画面。此瓶集高温色釉、低温色釉和釉下彩、釉上彩于一体，其烧造工艺繁复至极，直到2017年才复制成功。

如今，中国是世界陶瓷制造中心和陶瓷生产大国，年产量和出口量居世界首位。全国已形成广东佛山建筑陶瓷生产基地，广东潮州日用、卫生、艺术陶瓷生产基地，河北唐山、福建德化等日用陶瓷生产基地及江西景德镇艺术陶瓷生产基地，行业发展呈现区域化、分工化、同类型产品生产聚集化的特点。

现在的新型陶瓷更是得到了长足的进步，新型的功能陶瓷具备一系列优越的机械性能、热性能、电性能、磁性能、化学和生物性能，是传统陶瓷远不能比的。在很多严苛的使用环境下，如航空航天产品（见图4-32），既要满足外太空的超低温环境，又要满足进入大气层的超高温使用要求，这些新型陶瓷材料都能胜任。

图 4-30 清代乾隆粉彩镂空转颈瓶

图 4-31 清代乾隆 "瓷母"

图 4-32 现代航天飞机

4.1.3 陶瓷分类

陶瓷就是陶器与瓷器的总称。本书在陶瓷分类上,从传统角度和现代角度来进行讨论,以求更为全面。

从传统角度来对陶瓷进行区分,主要分为两大类,即陶器和瓷器,而炻器介于陶器与瓷器之间。

陶器和瓷器的主要区别如下。

(1)基本原料:陶器的胎料是普通的黏土,瓷器的胎料则是瓷土,即高岭土(因最早发现于江西景德镇东乡高岭村而得名)。

(2)含铁量:陶胎含铁量一般在3%以上,瓷胎含铁量一般在3%以下,瓷器成分中含铝量增加,而含铁量降低,瓷器胎质呈白色。

(3)烧制温度:陶器的烧制温度一般在900℃左右,瓷器则需要1300℃的高温。

(4)釉:陶器多不施釉或施低温釉,瓷器则大多施釉,胎釉结合牢固,厚薄均匀。

(5)吸水率:陶器胎质粗疏,断面吸水率高;瓷器经过高温焙烧,胎质坚固致密,断面基本不吸水,敲击时会发出铿锵的金属声响。

炻器,从原料以及烧制温度来区分,是介于陶器与瓷器之间的一类产品,也称半瓷,亦称"缸器"。炻器具有很高的强度和良好的热稳定性,且其坯体坚硬、机械强度较高。炻器坯体的气孔率很低,其坯体细密,达到了烧结程度。由于坯料中含较多的伊利石类黏土,易于致密烧结,无釉制件也不透水,吸水率通常为4%~8%。炻器与瓷器的区别在于炻器坯体多数都带有颜色且无半透明性、无透光性。一般生产日用炻器的工艺与生产瓷器的接近,只是其坯料中,对杂质控制的严格程度不如瓷器,坯体接近白色的炻器称为细炻器。许多化工陶瓷和建筑陶瓷都属于炻器范围,具有抗冲击、抗无机酸的腐蚀(氢氟酸除外)以及热稳定性极好的特点。

如果从现代角度来区分陶瓷种类,又可以分为普通陶瓷和特种陶瓷。普通陶瓷是利用天然硅酸盐矿物(如黏土、长石、石英等)为原料制成的陶瓷,日常接触较多的陶瓷,如日用陶瓷、装饰陶瓷、建筑陶瓷、多孔陶瓷等均属于普通陶瓷。

特种陶瓷是利用纯度高的人工合成原料(如氧化物、氮化物、碳化物、硅化物等),采用传统的陶瓷工艺方法制造的新型陶瓷。

4.2 设计常用的陶瓷材料

4.2-1 陶瓷概述——
分类及常用陶瓷 1

每种陶瓷都有陶瓷的一般特性,又有其具体的特殊性能,在工业产品设计中,利用好陶瓷的一些特殊性能,往往能得到创新性的效果。

4.2.1 普通陶瓷

普通陶瓷日常接触较多，建筑陶瓷、卫浴陶瓷、装饰陶瓷、园林陶瓷以及日用陶瓷大多归于这一类。

建筑陶瓷如砖瓦、面砖、外墙砖、耐火材料等，如图4-33所示的地面瓷砖。在进行建筑设计及室内环境设计时，对各类陶瓷产品的性能、形状、功能、视觉效果等必须有深入的了解，才能使建筑环境的功能与视觉体验得到很好的统一，才能够让材料与使用效果得到互相匹配。

图4-33　地面瓷砖

卫浴陶瓷（见图4-34）：主要是各种卫生洁具产品。这类产品运用陶瓷材料，表面光洁且易于清理，同时白色陶瓷给人以干净整洁的心理感受。这在卫浴产品的功能设计与陶瓷材质的应用上，得到了很好的统一。

装饰陶瓷：经过几千年的发展，陶瓷的造型艺术及装饰艺术层出不穷，精彩纷呈。陶瓷艺术品（见图4-35）以其精巧的装饰美、梦幻的意境美、陶艺的个性美、独特的材质美，形成了特有的陶瓷文化，受到了人们的喜爱。装饰陶瓷有各种花瓶、雕塑品、器皿、壁画、陈设品等。这类物品的设计，往往以艺术装饰意义取胜，实用意义为辅，主题多种多样，可以是现代风格也可以是传统风格。

图4-34　卫浴陶瓷

图4-35　陶瓷艺术品

园林陶瓷：常常应用在园林设计领域。园林陶瓷设计同建筑、户外设施等有很多交叉，而中国的园林陶瓷设计更加注重传统文化的意味，如鸱吻（中式园林建筑上常用的兽形构件）。传说鸱吻是龙九子之一，能够降雨吐水，用在屋脊上面，能够驱火避灾（见图4-36）。

日用陶瓷是最常见的，也是人们日常接触最为密切的陶瓷产品（见图4-37）。大量的锅碗瓢盆以实用性为主，如果加入更多的意义设计，能够给产品添光不少，也能增强产品的意趣，提升其品质感。

图 4-36　园林陶瓷

图 4-37　日用陶瓷

4.2.2　特种陶瓷

4.2-2 陶瓷概述——
分类及常用陶瓷 2

特种陶瓷是以人工合成的高纯度无机化合物为原料，在严格控制的条件下经成型、烧结和其他处理而制成具有微细结晶组织的无机材料。它具有一系列优越的物理、化学和生物性能，因此特种陶瓷的应用范围是传统陶瓷所远远不能相比的。为了区别传统陶瓷，所以称其为特种陶瓷，又称为新型陶瓷或现代陶瓷。根据原料的化学组成不同，有各种氧化物陶瓷、氮化物陶瓷、碳化物陶瓷、复合陶瓷、金属陶瓷、纤维增强陶瓷等，这些陶瓷往往都具有高强度、耐高温、耐磨损的特点，或者具备某些特殊的性能。另外，根据其性能来分类，可以分为高强度陶瓷、高温陶瓷、压电陶瓷、半导体陶瓷、光学陶瓷、生物陶瓷等。下面着重介绍几种常用的特种陶瓷。

1．结构陶瓷

结构陶瓷是一种发挥其机械、热、化学等性能的新型陶瓷材料。同金属材料相比，它具有优异的高温机械性能、耐化学腐蚀、耐高温氧化、耐磨损、比重小（约为金属的1/3），因而在许多场合逐渐取代了昂贵的超高合金钢，或被应用到金属材料根本无法胜任的场合，如发动机气缸套、轴瓦、密封圈、陶瓷切削刀具等。氮化硅是地球上第三硬的材料，具有超高的抗压能力，用其制作的轴承滚子具备耐磨光滑的特点，大大地提升了轴承的使用效能和寿命。图4-38所示为氮化硅轴承滚子。

结构陶瓷可分为三大类：氧化物陶瓷、非氧化物陶瓷和玻璃陶瓷。

氧化物陶瓷主要包括氧化铝、氧化锆、氧化硅、莫来石等。氧化物陶瓷最突出的优点是不存在氧化问题，其原料价格低廉、生产工艺简单。氧化铝陶瓷又被称为人造刚玉，是一种极有前途的高温结构材料。它的熔点很高，可作高级耐火材料，如陶瓷切削刀具、磨料球、坩埚、高温炉管等。陶瓷刀（见图4-39）大多是用一种纳米材料"氧化锆"加工而成的。将氧化锆和氧化铝粉末用300t的压力进行模具压制，制成刀坯，在2000℃烧结，再用金刚石打磨之后配上刀柄就制成了成品陶瓷刀。陶瓷刀的刀片是采用高科技纳米技术制作的新型刀片，其锋利度是钢刀的十倍以上，因此陶瓷刀具备了高硬度、高密度、耐高温、抗磁化、抗氧化等特点。

图4-38　氮化硅轴承滚子

图4-39　陶瓷刀

雷达手表公司率先将氧化锆材料创造性地应用于手表的设计制造，超坚硬、超耐磨的材质，达到了永不磨损的效果（见图4-40）。

非氧化物陶瓷主要包括碳化硅、氮化硼、氮化硅等。同氧化物陶瓷不同，非氧化物陶瓷原子间主要是以共价键结合在一起，因而具有较高的硬度、模量、蠕变抗力，并且能把这些性能的大部分保持到高温，这是氧化物陶瓷无法比拟的。例如，利用碳化硅制作的磨刀石，其耐磨性极佳。

这里介绍一种氮化硼材料，其可分为两类：一类是同石墨类似的六方氮化硼，以其光滑、柔细的特性为人所知，它能够很好地附着在皮肤上，因而用其制作的化妆品可以让皮肤看起来更加娇嫩润滑（见图4-41）；另一类是立方氮化硼，具有极佳的硬度，通常被用于制造切割、研磨及钻孔工具。

氮化硅这种超硬物质的密度小，其本身具有润滑性，

图4-40　雷达手表

并且耐磨损、抗腐蚀能力强，高温时也能抗氧化。它还能抵抗冷热冲击，在空气中加热到1000℃以上，急剧冷却再急剧加热，也不会碎裂，因而人们常常用它来制造轴承、汽轮机叶片、机械密封环、永久性模具等机械构件（见图4-42）。

图4-41　化妆粉底

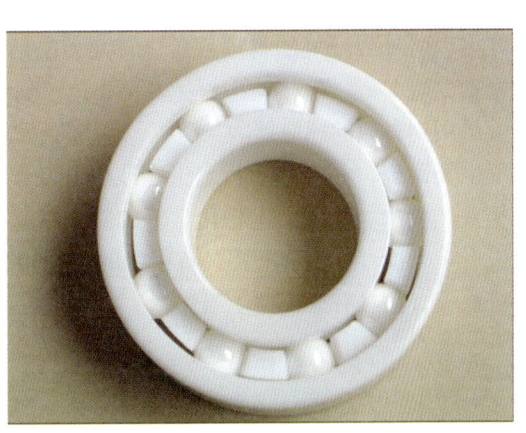

图4-42　氮化硅轴承

2. 功能陶瓷

现代陶瓷中有非常多的功能陶瓷，它们也属于特种陶瓷范畴。所谓功能陶瓷，就是利用陶瓷对声、光、电、磁、热等物理性能所具有的特殊功能而制造的陶瓷材料。功能陶瓷作为功能材料用来制造功能器件，主要是利用其物理性能，如电磁性能、热性能、光性能、生物性能等。在此介绍几种功能陶瓷。

介电陶瓷，是一类主要利用陶瓷的介电性能以制作电容器及微波介质器件的电子陶瓷。这类陶瓷是一种在电场作用下具有极化能力，且能在体内长期建立起电场的功能陶瓷。按用途和性能，可分为电绝缘、电容器（图4-43为AJC Y1安规陶瓷电容器）、压电、热释电和铁电陶瓷。其具有绝缘电阻率高、介电常数小、介电损耗小、导热性能好、膨胀数小、热稳定性和化学稳定性好等特点；可用于安装、固定、保护电子元件，可作为载流导体的绝缘支撑及各种电路基片用的陶瓷材料。

压电陶瓷，是一种能够将机械能和电能互相转换的信息功能陶瓷材料（见图4-44）。当给陶瓷片施加外界压力时，其两端会出现放电现象；相反，加以拉力会出现充电现象。压电陶瓷具有敏感的特性，可以将极其微弱的机械振动转换成电信号，可用于声呐系统、气象探测、遥测环境保护、家用电器等。利用石英的压电效应制成的水下超声探测器，就被用于最初的潜水艇探测。

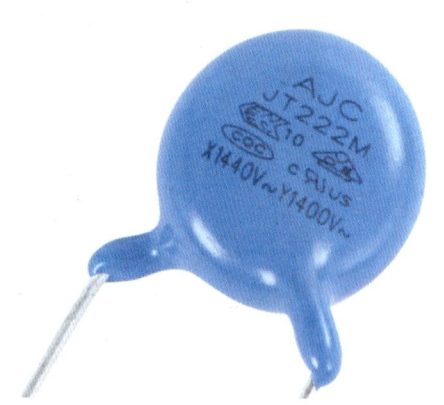

图4-43　AJC Y1安规陶瓷电容器

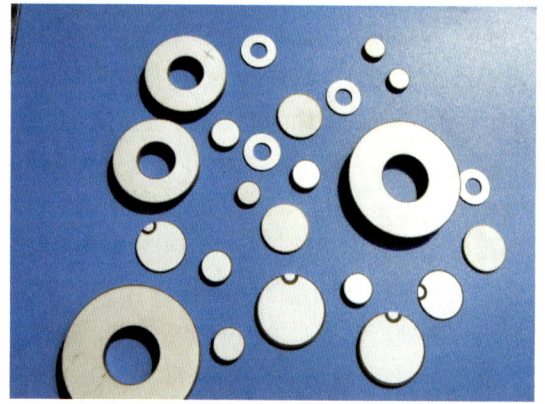

图4-44　压电陶瓷

半导体陶瓷，其电导率因外界条件（温度、光照、电场和温度等）的变化而发生显著的变化，因此可以将外界环境的物理量变化转变为电信号，制成各种用途的敏感元件（如图4-45所示的光敏电阻）。常规有热敏、湿敏、气敏、光敏传感器，很多智能硬件产品的创新设计开发领域，会大量用到类似的感应器。

生物陶瓷，是指用于特定生物或生理功能的一类陶瓷材料，即直接用于人体或与人体直接相关的生物、医用、生物化学等的陶瓷材料。如图4-46所示的陶瓷牙，就在牙科医疗领域为患者带来福音。生物陶瓷具备很好的生物相容性、力学相容性，与生物组织有优异的亲和性，能抗血栓，且具有灭菌性。当然，生物陶瓷也具有很好的物理、化学稳定性。

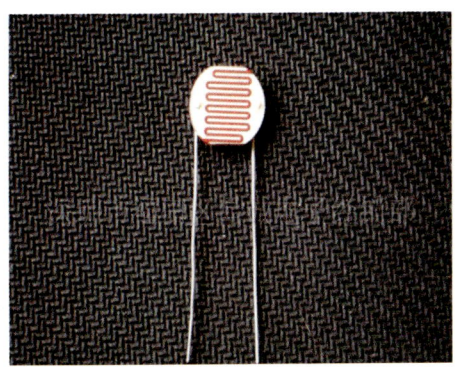

图 4-45 光敏电阻

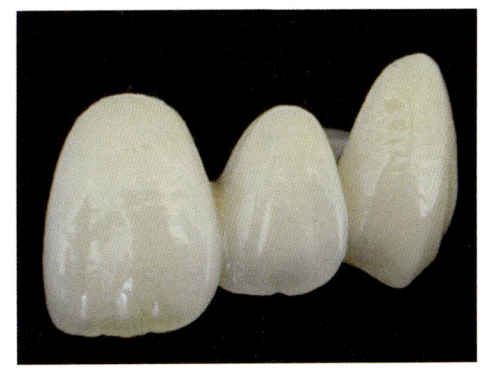

图 4-46 陶瓷牙

4.3 陶瓷的性质

4.3 陶瓷材料的基本特性

陶瓷制品种类繁多，根据用途的不同，对其性能的要求也不同。例如，日用陶瓷对光泽度、白度和强度的要求较高；工程结构用陶瓷对陶瓷的机械强度、耐高温、耐腐蚀、耐摩擦以及硬度方面均有特殊的要求；功能陶瓷在电、磁、光、声、热、力等方面有其特定的功能效应。掌握和了解陶瓷材料的基本特性，能够将其更好地运用于产品设计中。

1. 光学性质

陶瓷的光学性质可从陶瓷的白度、光泽度和透光度进行综合衡量。

1）白度

白度指陶瓷材料对白色光的反射能力。它是以化学纯硫酸钡样片的白色光反射强度为参考（白度100%），将45°角投射到陶瓷表面的白色光的强度与100%白度比较而得到的。普通日用陶瓷的白度一般在60%~70%，图4-47所示的瓦伦西亚瓷器饮茶系列陶瓷茶壶的白度高、色泽细腻素雅，结合简洁的造型，优美自然。

2）光泽度

光泽度指瓷器表面对可见光的反射能力。光泽度取决于瓷器表面的平滑程度，当釉面光滑、无缺陷时，陶瓷表面的光泽度就高；反之，瓷器表面的光泽度就低。如图4-48所示的瓷器表面光滑高洁，釉料厚实，光泽度很高，能够对周边的光影产生很好的镜面效果。

图 4-47 瓦伦西亚瓷器饮茶系列陶瓷茶壶

3）透光度

透光度指瓷器允许可见光透过的程度，常以透过瓷片的光强度与照射在瓷片上的光强度之比来表示透光度。透光度与瓷片厚度、配料组成、原料纯度、坯料细度、烧成温度以及瓷坯的微观结构有关。图4-49所示为青白釉划花海水纹盖碗，其透光度好，半透明的光影效果绝佳。

图 4-48　陶瓷光泽度

图 4-49　青白釉划花海水纹盖碗

2. 力学性质

力学性质指陶瓷材料抵抗外界机械应力作用的能力。陶瓷材料最突出的缺点是脆性大，如图 4-50 所示的陶瓷碎片，可见很多瓷器受外力冲击时，容易破碎。在静态负荷下，陶瓷材料的抗压强度却很高，图 4-51 所示为陶瓷静态抗压性测试。但陶瓷材料稍受外力冲击便发生脆裂，在外力作用下不发生显著形变就会受到破坏，抗冲击强度远远低于抗压强度，致使其应用尤其是作为结构材料使用时有所局限。

图 4-50　陶瓷碎片

图 4-51　陶瓷静态抗压性测试

3. 热稳定性

热稳定性指陶瓷材料承受外界温度急剧变化而不破损的能力，又称为抗热震性或耐温度急变性，图 4-52 所示为耐热陶瓷锅。陶瓷材料一般具有很高的熔点（大多在 2000℃以上），且在高温下具有极好的化学稳定性，同时也是良好的隔热材料。陶瓷的线膨胀系数比金属的低，当温度发生变化时，陶瓷具有良好的尺寸稳定性。所以，在航空航天产品零部件的使用环境中，温度变化极大，但是陶瓷材料依然能够胜任。

4. 化学性质

化学性质指陶瓷耐酸碱的侵蚀与抵抗大气腐蚀的能力，该性质主要取决于陶瓷坯料的化学组成和结构特性。一般来说，陶瓷材料为良好的耐酸材料，能耐无机酸和有机酸及盐的侵蚀，但抵抗碱的侵蚀能力较弱，所以陶瓷可以应用在一些酸性化学环境下。图 4-53 所示为耐酸陶瓷工业泵。

图 4-52 耐热陶瓷锅

图 4-53 耐酸陶瓷工业泵

5. 气孔率和吸水率

气孔率指陶瓷制品所含气孔的体积与制品总体积的百分比。气孔率的高低和密度的大小是鉴别和区分各类陶瓷的重要标志。吸水率则反映了陶瓷制品烧结后的致密程度。

紫砂壶（见图 4-54）盛放茶汤，即使在炎热的盛夏也可以"越宿不馊"。茶汤在夏日不会腐坏，这与紫砂陶土的品质是分不开的，而其中最为关键的当属气孔率。宜兴紫砂泥料的气孔率范围在 3.35%～12% 间。紫砂是一种双重气孔结构的多孔性材质，具有链状气孔群和团粒结构微细气孔。如图 4-55 所示，其气孔微细、密度高。正是因为有双重气孔的布局，才使得紫砂壶有较高的气孔密度和吸水率，对茶汁有较好的吸附作用，也使得紫砂壶有既不夺茶香、又能保味的功效。可以说，双重气孔结构造就了紫砂壶能够越养越润的特点。

图 4-54 紫砂壶

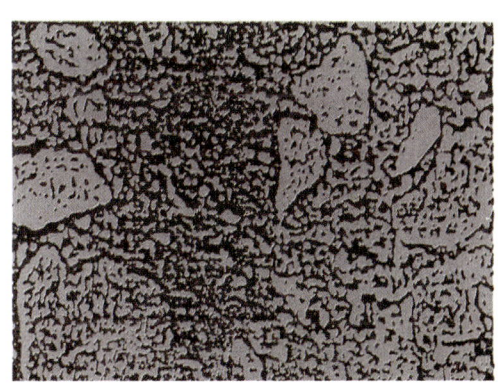
图 4-55 双重气孔结构

在此，总结一下陶瓷材料的特性。

（1）与金属材料相比，大多数陶瓷的硬度高、性脆，几乎没有塑性，抗拉强度低、抗压强度高。

（2）陶瓷材料熔点高、抗蠕变能力强，热硬度可达 1000℃；其导热性低于金属材料，具有良好的隔热性能。多数陶瓷的导热性差、韧性低、热稳定性差，但也有些陶瓷具有高的热稳定性，如碳化硅等。

（3）陶瓷材料的化学稳定性很高，有良好的抗氧化能力，能抵抗强腐蚀、高温的共同作用。

（4）大多数陶瓷是电绝缘材料，但功能陶瓷还具有光、电、磁、声等独特功能，部分功能陶瓷还具有耦合功能，如压电、压磁、热电、电光、声光、磁光等。

4.4 陶瓷的加工工艺

4.4 陶瓷材料的加工工艺

虽然陶瓷制品种类繁多,并且生产流程较为复杂,但各种陶瓷的成型工艺路径基本相同,一般按照如下六个步骤进行:原料配制—坯料成型—坯体干燥—坯体装饰—上釉—窑炉烧结。

4.4.1 原料配制

陶瓷原料基本可分为两类:一类为可塑性原料,主要是指黏土类天然矿物,包括高岭土、多水高岭土及作为增塑剂的膨润土等。它们在坯料中起塑化和黏结的作用,可赋予坯料塑性与注浆成型的性能,同时能保证干坯强度及烧后的各种使用性能,如机械强度、热稳定性和化学稳定性等。

另一类是无可塑性原料,其中石英属于瘠性原料,可降低坯料的黏性。烧成时,部分石英溶解在长石玻璃中,可提高液相黏度,从而防止高温变形;冷却后又在瓷坯中起骨架作用,防止坯体收缩时开裂变形,且能增加制品的密实性和强度。

原料一般都要经过加工制备才能进入配制阶段。不够纯净的原料须拣选、淘洗;硬质原料还须经过破碎、轮辗、球磨,以改善原料的质量与性能,同时可以去除杂质,使之符合成型操作并满足制品质量的要求,此过程称为练泥。

配制,即配料与混制,在原料配制过程中,不同的陶瓷制品对各种原材料的重量配比要求不同;配料的各组成成分需要充分混合均匀,颗粒细度应达到所规定技术的要求,应尽可能保证混制好的配料无杂质、无气泡。

4.4.2 坯料成型

坯料成型是将配制好的坯料制作成预定形状和规格坯体的过程,以体现陶瓷产品的使用与审美功能。陶瓷制品的种类繁多,坯料的性能各不相同,所使用的成型方法也多种多样。最基本的成型方法可以分为三大类:可塑法成型、注浆法成型和干压法成型。

1. 可塑法成型

可塑法成型是利用外力作用将具有可塑性的坯料加工制成生坯的成型方法,该方法在传统陶瓷成型中应用较为广泛。日用陶瓷的成型方法根据使用外力的操作方法的不同,可以分为雕塑、拉坯、印坯、旋压、滚压和注射等,而其他陶瓷工业的成型方法还包括挤制、压制、车坯、轧模等。

拉坯成型是古老的手工成型方法,其不需要模具,是由熟练操作技术的工人在人力或机械动力驱动的轱辘上完全手工控制拉制生坯的方法。拉坯成型技术要求高,制作尺寸精确度差,适用于小型、设备简单的小批量坯料生产。图4-56所示为拉坯过程。

雕塑成型是用手或用简单的工具制作,多用于制作人物、鸟兽、方形或多角形器物,具有较高的艺术价值,但其生产效率低。图4-57所示为当代陶瓷雕塑成型的动物摆件。

图 4-56 拉坯过程

图 4-57 当代陶瓷雕塑成型的动物摆件

印坯成型是在模型中采用可塑软泥人工翻印坯料的方法，通过石膏模具来转印出所需要的器型和纹饰；它借助陶瓷原料的可塑性和石膏吸水性能，用模具印制坯件；通常用于形状不对称和精度要求不高的制品。印坯成型的优点是不需要机械设备即可成型，但此方法生产效率低，容易产生缺陷。图 4-58 所示为印坯过程，坯料外部的就是印坯的模具。

图 4-58 印坯过程

旋压成型是将泥料攥入旋坯机上旋转着的石膏模中，再利用样板刀的挤压力和刮削作用将坯泥成型于模型工作面上。在样板刀的压力作用下，泥料均匀地分布在模具的表面，多余的泥料粘在样板刀上用手清除，这样模具和样板刀转动所构成的间隙被泥料填满而旋制成坯件，模具表面与样板刀之间的距离则为坯件的壁厚。

滚压成型是由旋压成型演变而来的，不同之处在于将平直的样板刀换为回转型的滚压头。成型时，盛放泥料的模型和滚头分别绕自己轴线以一定的速度同方向旋转，滚头一面旋转一面逐渐靠近盛放泥料的模型，并对泥坯进行"滚"和"压"而成型。滚压时坯泥均匀展开，受力由小到大，比较缓和、均匀，这使得破坏坯料颗粒原有排列而引起颗粒间应力的可能性较小，坯体的组织结构均匀；其次，滚头与坯泥的接触面积较大，压力也较大，受压时间较长，坯体致密度和强度比旋压成型有所提高。图 4-59 为旋压成型和滚压成型示意图。

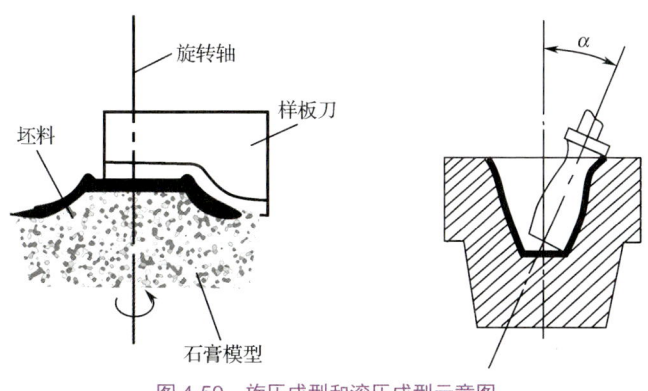
图 4-59 旋压成型和滚压成型示意图

2. 注浆法成型

注浆法成型是陶瓷成型中的一种基本方法，即将制备好的坯料泥浆注入多孔性模型内，由于多孔性模型的吸水性，泥浆在贴近模壁的一层被模子吸去水分而形成一均匀的泥层；随时间的延长，当泥层厚度达到所需尺寸时，可将多余的泥浆倒出，留在模型内的泥层继续脱水、收缩，并与模型脱离，出模后即得制品生坯。注浆法成型适用于形状复杂、不规则、薄壁、体积大且尺寸要求不严格的陶瓷制品。

空心注浆法是将泥浆注入不带型芯的模型中，待泥浆沉积形成一定厚度的坯体后，倒出多余的泥浆，坯体进一步干燥收缩，脱离模子后取出坯体的成型方法。坯体的外形取决于模型工作面的形状，坯体的厚度取决于泥浆在模型中脱水的时间，同时还与石膏模的温度、湿度以及泥浆的性质有关。空心注浆法多用于浇注杯、壶等薄壁、小尺寸制品的成型（见图 4-60）。

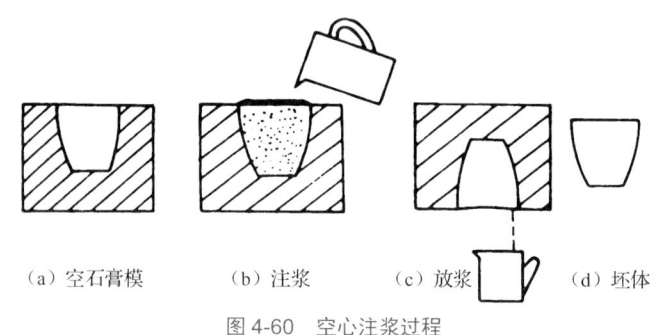

(a) 空石膏模　　(b) 注浆　　(c) 放浆　　(d) 坯体

图 4-60　空心注浆过程

实心注浆法是将泥浆注入带有型芯的模型中，泥浆在模型和型芯的表面同时脱水的成型方法。坯体的外形由外模工作面决定，内形由型芯工作面决定。实心注浆法适用于内外表面形状、花纹不同的厚壁、大尺寸制品的成型（见图 4-61）。

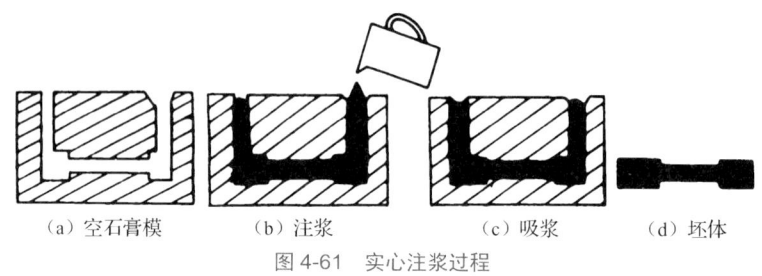

(a) 空石膏模　　(b) 注浆　　(c) 吸浆　　(d) 坯体

图 4-61　实心注浆过程

如今，注浆法成型的脱水过程不仅仅是石膏模型的自然脱水，还可以通过施加外力加速脱水，以提高生产效率，如压力注浆法、真空注浆法以及离心注浆法。

3. 干压法成型

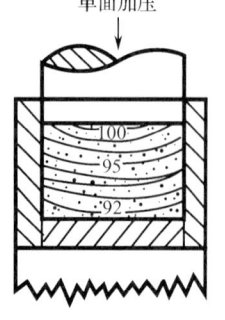

图 4-62　干压法成型

干压法成型是利用压力，在干粉坯料中加入少量水或塑化剂，然后在金属模具中成型的加工方法（见图 4-62）。干压法成型的优点是生产效率高、坯体比较致密、形状准确度高、便于机械化生产，缺点是成型产品的形状有较大限制、模具造价高、坯体强度低、坯体内部致密性不一致、组织结构的均匀性相对较差等。

等静压成型与干压法成型相似，也是利用压力将干粉坯料在金属模型中压制成型的一种方法。不同之处在于，等静压成型利用液体或气体均匀传递压力，避免坯体压力分布不均，其可使坯体结构均匀、密度更大、强度更高、尺寸更精确。

4.4.3 坯体干燥

成型后的坯体一般都含有较高的水分，没有足够的强度来承受搬运或再加工过程中的压力与振动，容易发生变形和损坏，尤其是可塑法成型和注浆法成型后的坯体。因此，成型后的坯件必须进行干燥处理，干燥处理也能提高坯体吸附釉彩的能力。坯体干燥的方法有自然空气干燥、热空气干燥、辐射线干燥，以及微波干燥等。图4-63所示为陶瓷制作师傅在晒坯。

图4-63 晒坯

4.4.4 坯体装饰

坯体成型后，匠师们根据不同时代、不同地域、不同人物的审美需要进行装饰。装饰方法多种多样，其技法有化妆土、划花、刻花、印花、镂空、彩绘、雕塑等。

化妆土装饰：将经过特别加工的较细的瓷土或专门选用的高铝低铁原料调成的一种泥浆，用水调和后涂在陶胎或瓷胎上，在表面留有一层薄薄的色浆的装饰手法。化妆土应用在瓷器上有两个用途，其一是覆盖，用以改变胎体的颜色，颜色有白、红和灰等；其二则是用于装饰，增加颜色层次，再加以变化，形成一种独特的装饰艺术。我们所熟悉的磁州窑的白底黑花就最具特色，其是在胎上施白色化妆土，之后绘上黑色花纹，再施透明釉入窑烧制而成（见图4-64）。花纹有人物、山水、翎毛、花草、虫鱼等，其器型质朴、粗犷，具有强烈的北方民间气息。

图4-64 磁州窑的白色化妆土

划花装饰：在尚未干透的陶瓷器表面用木刀、竹条、铜、铁制器等尖状工具浅划出线条状花纹的装饰手法。图4-65所示为明代湖田窑划花执壶。

刻花装饰：在已干或半干的陶瓷坯体表面上，用竹制或铁制工具来刻画出各种深浅、面积不同的纹饰，图4-66所示为陶瓷刻花过程。

印花装饰：印花装饰有好几种方法。首先，用刻有装饰纹样的印模，在尚未干透的坯体上印出花纹，成型后的状态可以参看元代卵白釉印花云龙纹盘（见图4-67）；其次，用刻有纹样的模子制坯，使坯体上留下花纹；再次，丝网印花，分釉上丝网印花和釉下丝网印花两种，是将彩料通过花样丝网套印在制品上，使制品拥有层次丰富、立体感强的特点。

镂空装饰：又称"透雕""镂空"，陶瓷纹样穿透器壁的为"全镂"或"通花"，只刻去一浅层或刻到器壁一半的称"半镂"，二者结合使用可使制品层次丰富。图4-68所示为镂空青白釉折枝花高足杯。

图4-65　明代湖田窑划花执壶

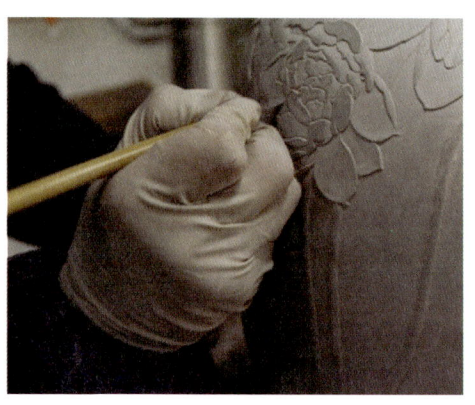

图4-66　陶瓷刻花过程

图4-67　元代卵白釉印花云龙纹盘

图4-68　镂空青白釉折枝花高足杯

图4-69　清代釉里三色花鸟纹花觚

彩绘装饰：彩绘，即用毛笔蘸各种色料，在陶瓷器上绘制纹饰，再烧制，彩绘瓷器有釉下彩绘和釉上彩绘之分。釉下彩绘：用色料在已成型晾干的素坯上绘制各种纹饰，然后罩以白色透明釉或者其他浅色面釉，一次烧成。烧成后的图案被一层透明的釉膜覆盖在下边，表面光亮柔和。图4-69所示为清代釉里三色花鸟纹花觚。釉上彩绘：用各种彩料在已经烧成的瓷器釉面上绘制各种纹饰，然后二次入窑，低温固化彩料而成，通常包括彩绘瓷、彩饰瓷、青花加彩瓷、五彩瓷、粉彩瓷、色地描金瓷及珐琅彩等。图4-70所示的清代素三彩暗花云龙花果纹盘是釉上彩装饰作品。

雕塑装饰：该装饰方法历史悠久，约起始于秦、汉时期，盛行于明、清时期的德化窑、石湾窑和景德镇窑等都是其典型代表，一般指具有独立性的立体陶瓷雕塑制品，须经模印、镶嵌、手工雕镂、捏、堆塑、雕刻等成型过程。图 4-71 所示为陶瓷浅浮雕刻茶具。

图 4-70　清代素三彩暗花云龙花果纹盘

图 4-71　陶瓷浅浮雕刻茶具

4.4.5　上釉

上釉是给装饰完毕的坯体表面覆盖一层釉料。上釉的目的是在陶瓷坯体的表面上覆以适当厚度的硅酸质材料，通常釉层厚度很薄，并且在熔融后与坯体能密实结合，这种类似玻璃质的保护层称为釉。上釉的主要作用有：可增加坯体的强度；可防止多孔性的坯体内装的液体渗透；增加坯体表面的平滑性，易于清理；具有装饰性，可增加陶瓷的美观；具有酸碱的抗蚀性；赋予作品"色调"及"质感"，是使其具有艺术性的重要因素。

上釉的方法很多，常见的有浸、喷、滚、浇、涂刷等，一般根据不同的性能和表面要求选择不同的上釉方法。

釉的种类有很多，按照烧成后的表面特征可以分为：透明釉、乳浊釉、有色釉、裂纹釉、无光釉、结晶釉、砂金釉、花釉、流动釉等。

透明釉：透过釉层可见釉下坯体的颜色以及各种雕刻和彩饰的釉，透明釉种类多样，包括石灰釉、长石釉以及铅硼釉等，图 4-72 所示为透明釉茶杯。

乳浊釉：坯体上不透明的玻璃状覆盖层，是在普通透明釉料中加入一定量的乳浊剂而成的。图 4-73 所示为婺州窑乳浊釉瓷。

图 4-72　透明釉茶杯

图 4-73　婺州窑乳浊釉瓷

有色釉：在釉料中加入着色氧化物或其盐类，使之呈现不同的颜色。有色釉可以掩盖坯体缺陷，具有装饰作用。图4-74为清乾隆黄釉暗刻龙纹碗。

裂纹釉：瓷器釉面布满许多裂纹，疏密不一，长短不一，形似龟裂、蟹爪或冰裂的纹路；本是釉面的一种缺陷，而后用来装饰瓷器。图4-75所示为哥窑裂纹釉瓷瓶。

图4-74　清乾隆黄釉暗刻龙纹碗

图4-75　哥窑裂纹釉瓷瓶

无光釉：表面没有玻璃光，为适合特定环境下防止浮光刺激所制的一种釉。无光釉可以制成多种颜色，可以仿铜器、铁器、木器等。图4-76所示为无光釉瓷碗。

结晶釉：烧制过程中由于釉内含有足量的结晶性物质，熔融后处于饱和状态，在冷却过程中逐渐析出结晶的一种釉，具有很强的装饰性。图4-77所示为结晶釉瓷瓶。

图4-76　无光釉瓷碗

图4-77　结晶釉瓷瓶

图4-78　砂金釉瓷罐

砂金釉：在釉层中形成的一种小晶型结晶，能够闪烁出金属光亮小片和星点效果的一种釉。图4-78所示为砂金釉瓷罐。

花釉：一器具有多种釉色，是在黑釉、黄釉、黄褐釉、天蓝釉或茶叶末釉上饰以天蓝或月白色彩斑。花釉采用两种色料装饰，先上一层底釉，多为黑褐色，再淋洒或涂抹另一色料，常作乳白或淡蓝色，入窑烧成。花釉有高、低温两种：高温花釉在窑内烧成，故又称窑变花釉；低温花釉在炉中烧成。图4-79所示为花釉小罐。

流动釉：釉的烧成过程中，由于其熔点降低，釉汁沿器物自然流动，形成向下流动状的形态纹路。图 4-80 所示为流动釉瓷杯。

图 4-79　花釉小罐

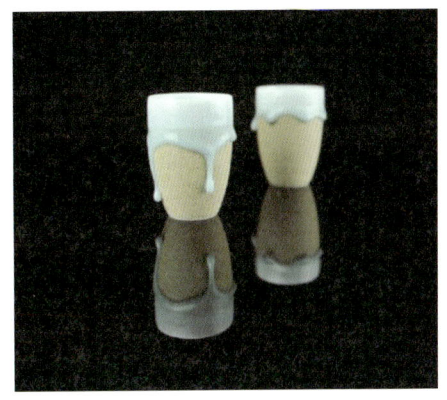

图 4-80　流动釉瓷杯

4.4.6　窑炉烧结

烧结也称烧成，是坯体瓷化的工艺过程，也是陶瓷制品工艺中最重要的一道工序。经成型、干燥和施釉后的半成品，必须再经高温焙烧，使坯体在高温下发生一系列物理化学变化，使原来由矿物原料组成的生坯，达到完全致密程度的瓷化状态，成为具有一定性能的陶瓷制品。传统窑炉至今在很多地方还有留存，并且能够生产工作。现代的窑炉，追求节能高效，有电窑、煤气窑、煤窑、油窑等。

4.5　"学以致用"——陶瓷产品设计案例分析

1. Luciano 音响

该产品由 Paolo Cappello 设计，将音响技术与陶瓷造型艺术相结合，为人们提供了一种独特的听歌体验。"在设计'Luciano'音响时，我始终将材质放在首要位置，而形态则屈居其后。作为设计师，我选择后退一步，让材质自己展示自己；这样做的目的是让陶瓷这种材质自己显露出自己的特质。"Cappello 这样解释道。

Luciano 通体的陶瓷材料采用 nove 打造而成，nove 也是意大利工艺的象征；其音响系统完全采用手工制作，选用最顶级的音响元件，以求达到高保真音质，从而为用户带来极致的视听体验（见图 4-81）。

2. Amazfit 环形可穿戴设备设计

Amazfit 源于 Amazing，是华米科技致力于为时尚高品位人群打造 Amazing 的智能可穿戴设备。Amazfit 手环的主体外形设计成平安扣式圆环，选用氧化锆陶瓷（ZrO_2）作为主体外壳材料；其重量轻、厚度薄，硬度仅次于金刚石和蓝宝石的硬度，具有较高的耐磨抗压性，且触感光滑。

图 4-81　Luciano 实物图

  与市场上其他智能手环产品以运动为主打元素不同，Amazfit 的"月霜"和"赤道"两款手环的定位群体更加成熟。其中"赤道"以黑色陶瓷为主体,弓形腕带则是黑色金属和 TPU 材料；"月霜"针对女性群体打造，以白色陶瓷为主体，皮制腕带衔接 18K 玫瑰金的不锈钢中框，即使身着正装也十分搭配。图 4-82 所示为 Amazfit "赤道"智能穿戴手环。

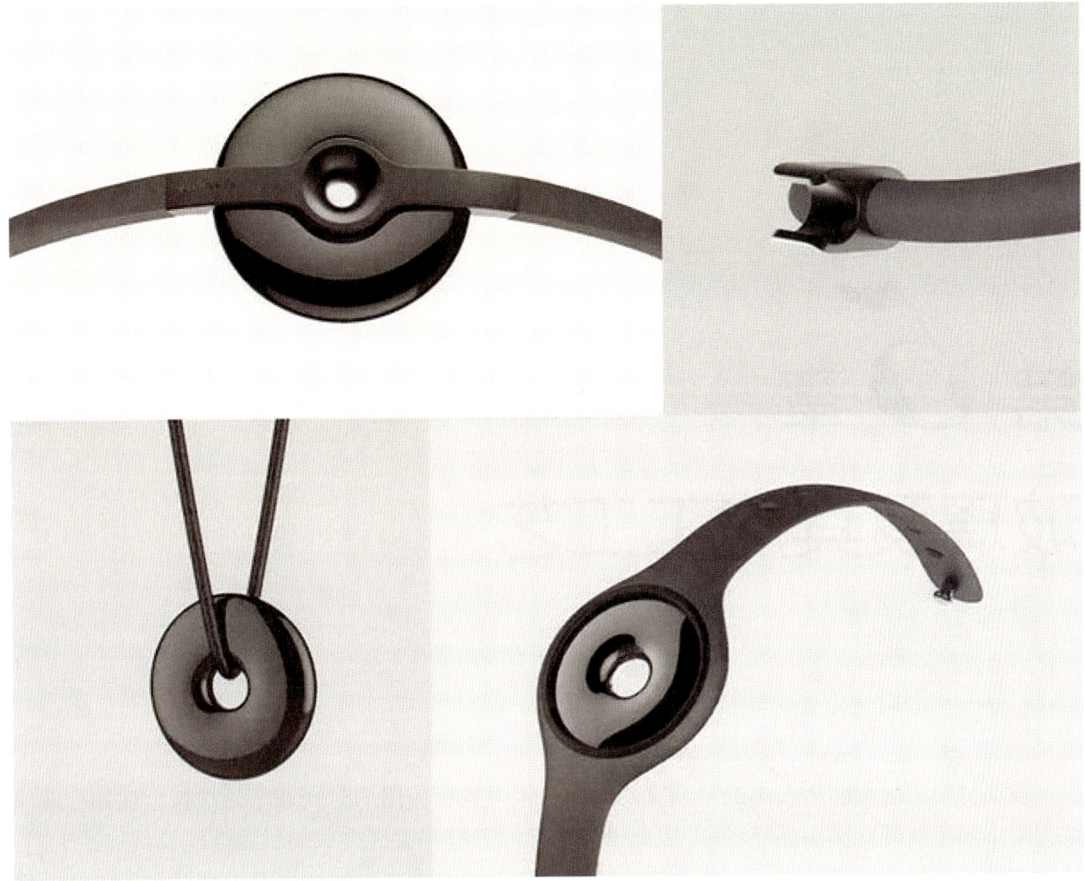

图 4-82 "赤道"智能穿戴手环

本章习题

1. 试分析并理解古代三种成型方法的特点。
2. 陶器和瓷器的主要区别在哪里？在视觉感受上有何区别？
3. 陶瓷材料在特性上有哪些优点和缺点？我们在设计中应如何利用其优点，同时避免陶瓷材料特性上的不足？
4. 陶瓷的基本成型方法有哪几种？
5. 试介绍四种以上坯体装饰工艺。
6. 试阐述陶瓷上釉的作用。
7. 收集最新的陶瓷产品加工工艺、流程方法。

作业：

收集资料，对某种特种陶瓷的应用进行思考与拓展，并利用该特种陶瓷的特点，提出创新设计。

第5章 玻璃及其加工工艺

玻璃材料虽然发明于人类的早期文明时期,但大规模应用的时间并不是很长。现如今玻璃被大量应用于建筑家居用品等场所,因此设计师必须了解并掌握玻璃的材质性能及其加工工艺,从而用于相关的产品设计中。本章主要介绍玻璃的组成、玻璃的性质以及玻璃的加工工艺。另外,玻璃在设计中的应用,也将在本文较多的案例里面体现出来。

5.1 玻璃概述

5.1 玻璃概述:玻璃的发展历史

玻璃(glass),来自梵语音译,又作颇黎、水玉、水精、琉璃、瓘玉、药玉、硝子等,是一种无机非金属材料,一般以多种无机矿物(如石英砂、硼砂、石灰石、纯碱等)为主要原料,再加入少量辅助原料制成。玻璃的主要成分为二氧化硅和其他氧化物,是一种无规则结构的非晶态固体,广泛应用于建筑、日常、艺术等领域。

我国古代有许多关于玻璃及其名称的描写:

"玻璃,本作颇黎。颇黎国名也。其莹如水,其坚如玉,故名水玉。与水精同名。"——(明)李时珍《本草纲目》

"……而璧玉、珊瑚、琉璃成为国之宝。"——(西汉)桓宽《盐铁论》

"合化硝、铅写珠铜线穿合者为琉璃灯。捏片为琉璃瓶袋。"——(明)宋应星《天工开物》

"瓘玉局,秩从八品,至元十五年置,大使一员。"——(明)宋濂《元史》

"……所喜者中国青瓷盘碗等器及纻丝绫绢硝子珠等货。"——(明)巩珍《西洋番国志》

"今外国人所铸器者亦皆石类也。按此所言,殆今药玉、药琉璃之类。"——(晋)郭璞汉代及汉代以前，关于玻璃究竟是何称谓争议很大，一般认为较早的玻璃名称是"流离"（又作"琉璃"）。但"流离"在当时，既可能是玻璃，又可能指某种天然宝石。直到公元三、四世纪，才有"流离"就是玻璃的明确记载。南北朝时期出现了"玻璃"一词，但当时"玻璃"不单指现代意义上的玻璃，有时还指某些天然材料。到了明朝，人们称进口玻璃器为"玻璃"，但对国产玻璃，民间则惯用"琉璃"。直到清朝，才正式确立用"玻璃"一词来称呼这种人工制造的先熔融后成形的非晶体无机物。

在世界范围，玻璃起源于美索不达米亚平原（"两河"流域，属于今西亚地区）。此地的自然地理条件与玻璃生产有着密切的关系，岩石的基本构成与硅酸盐玻璃的成分差不多，这些岩石如果从自然中获得适当的条件就能形成玻璃。当火山爆发时，炽热的酸性岩浆喷出地表并迅速冷凝，形成硬化的矿石。这就是天然玻璃，其中以黑曜岩最为常见（见图5-1）。

玻璃人工制造的开始是一个传奇的故事。据罗马博物学家普里尼（Plinius）所著的《自然史》记载，3000多年前，一艘欧洲腓尼基人的商船满载着晶体矿物"天然苏打"，航行在地中海沿岸的贝鲁斯河上。后来商船搁浅了，船员们登上沙滩，用几块"天然苏打"作为大锅的支架，在沙滩上做起饭来。吃完饭后，沙滩上烧火的地方留下了一些晶莹明亮、闪闪发光的东西。原来，天然苏打在火焰的作用下，与沙滩上的石英砂发生了化学反应而生成了这些亮晶晶的物质，这就是最早的玻璃。图5-2所示为腓尼基人意外发明玻璃的传说。

图5-1　黑曜石

图5-2　腓尼基人意外发明玻璃的传说

考古发现中可以确定时期的最早的玻璃制品来自古埃及。公元前3700年前，古埃及人已制出玻璃装饰品和简单玻璃器皿。当时只有有色玻璃，尚不存在无色透明玻璃。古埃及玻璃鱼形容器（见图5-3）现藏于大英博物馆，由"沙芯法"制作而成。"沙芯法"是古埃及人发明的独特的玻璃成型方法，制作时先用陶土捏出容器的内部形态，再在其外部浇上一层热玻璃溶液，冷却后将陶土从冷凝的玻璃外壳中取出，即形成玻璃容器。

公元前200年左右，古巴比伦人发明了用铁管吹制玻璃的方法（铁管吹制法，见图5-4），后来被古罗马人继承、发扬，并一直沿用至今。铁管吹制法巧妙地利用了玻璃在加热软化状态下的延展性和可塑性，这种方法需要高度熟练的吹制技巧。吹制时，先用铁管（现代也使用不锈钢管）的一端蘸取适量玻璃液，之后吹气使其胀大成为可塑玻璃泡，最后使用特殊钳具或模具塑形。

图 5-3　古埃及玻璃鱼形容器

图 5-4　铁管吹制玻璃

图 5-5　波特兰花瓶

现存大英博物馆的波特兰花瓶（见图 5-5）是古代玻璃制作的巅峰之作。该花瓶底色为深钴蓝色，呈半透明状；有图案的部分为白色不透明玻璃。考古学家们经过研究，认为波特兰花瓶的制作方法是将深蓝色的玻璃瓶先吹制成型，再浸入盛有白色玻璃液的容器中，合而为一。冷却后，宝石雕刻师在外层白色不透明玻璃上雕刻，构成其所需要的图案。

据考古发现，大约在公元 1 世纪，被火山掩埋的古罗马庞贝古城就已经将玻璃应用在建筑门窗上。中世纪时期，彩绘玻璃窗在宗教教堂中广为流行，如图 5-6 的教堂彩绘玻璃窗所示。这种彩色玻璃窗既方便透光，又可将很多宗教人物故事绘制在其上，在光线的照射下美轮美奂。

13 世纪，意大利的玻璃制造技术已经非常发达，成为国家的重要机密。玻璃工匠们被送到一个与世隔绝的孤岛上生产玻璃。到了 14 世纪，威尼斯的玻璃制造技术已经非常发达，威尼斯也成为了欧洲玻璃制造中心，其生产的玻璃的纯度相当高。

1688 年，一个名叫纳夫的人发明了制作大块玻璃的工艺，从此，玻璃成了普通的物品。

19 世纪，玻璃压印机器的出现，使玻璃制造走向大规模、廉价生产的道路。大规模的工业生产，促进了玻璃的现代化工业发展。

20 世纪 50 年代末，英国人阿拉斯泰尔·皮尔金顿爵士开始倡导使用革命性的浮法工艺方法生产大块平板玻璃。浮法工艺方法生产速度快、效率高，大量现代化建筑的玻璃幕墙（见图 5-7）都使用此类方法生产制造。如今，玻璃在我们的生活中已随处可见，在产品设计时，我们需要充分了解玻璃材料的相关知识，从而学以致用、发挥创造。

玻璃在工业设计史上也有过非常著名的案例。1851 年在伦敦海德公园举办的首届国际工业博览会的主场馆——水晶宫（Crystal Palace），就是一座晶莹剔透的大型玻璃建筑。

水晶宫完全抛弃了传统的沉重的石墙，而选用当时建筑上的新型材料——钢材与玻璃，如图 5-8、图 5-9 的水晶宫的外观和内部所示。水晶宫的意义在于开创性地采用了预制拼接技术，应用钢铁和玻璃进行设计建造,机器成了风格的塑造者,表现了工业生产的本性。该建筑各个构件采用标准化预先制造,再组合装配,既降低了施工成本,也提高了建筑效率。水晶宫历时六个月就建成了,设计师帕克斯顿(Joseph Paxton)也因此被授予"皇家骑士"的称号。

图 5-6　教堂彩绘玻璃窗

图 5-7　现代化建筑的玻璃幕墙

图 5-8　水晶宫外观

图 5-9　水晶宫内部

5.2　玻璃的组成

5.2 玻璃概述:玻璃的组成、
分类及性质

玻璃的组成是制造玻璃时所使用的原料,是组成玻璃的各种物质的总和。按照作用和制造过程中的用料,玻璃的原料可以分为主要原料(主料)和辅助原料(辅料)两部分(见图 5-10)。

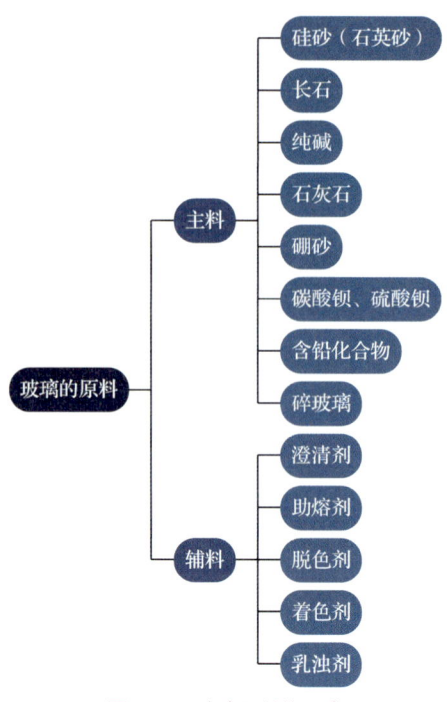

图 5-10　玻璃原料的组成

5.2.1　玻璃的主料

玻璃的主料是决定玻璃的基本物理化学性质的原料。其中，硅砂（石英砂）的主要成分是 SiO_2（二氧化硅），占玻璃成分的 70% 以上，它是玻璃生产中最主要的原料。长石是一种含有钙、钠、钾的铝硅酸盐矿物，用以提高玻璃的化学稳定性。纯碱，即碳酸钠（Na_2CO_3），又名苏打，在玻璃生产中可以用于降低熔融玻璃的黏度。石灰石中的氧化钙（CaO）可以提高玻璃的稳定性。硼砂是非常重要的含硼矿物或硼化合物，可以降低玻璃的热膨胀系数，提高折射率。碳酸钡与硫酸钡能够吸收射线，用于防辐射玻璃的制造。含铅化合物能够降低熔融玻璃的黏度与熔融加工的温度，并可以提高玻璃对光线的折射率，使其具有特殊的光泽。碎玻璃不是玻璃生产中的必需品，但一般的玻璃生产中都会添加 20%～30%，从而降低能源消耗量，也可以节省成本。

5.2.2　玻璃的辅料

玻璃生产中的辅料是为了改善玻璃某一方面的性能或为了加速玻璃生产过程而额外添加的物质。玻璃生产中的辅料一般有澄清剂、助熔剂、脱色剂、着色剂、乳浊剂等。

澄清剂能促进熔融玻璃液中气泡的排出，一般使用三氧化二锑或白砒与硝酸盐共同作用产生气体，从而带走玻璃液中原有的气泡。助熔剂能提高玻璃熔融的速度，一般使用氟化物或硝酸盐、硫酸盐。脱色剂用于去除玻璃中的有色杂质，以提高无色玻璃的透明度（见图 5-11）。

着色剂可以使玻璃对可见光产生选择性吸收，从而使玻璃产生特定的色彩（见图 5-12）。

通常将各种金属氧化物，加入玻璃中，着色成各种有色玻璃如硒化物（红宝石色）、银化物（黄色）、镉化物（黄色）、三氧化二铁（茶色）、三氧化二铬（绿色）、钴化物（蓝色）、三氧化二锰（紫色）、氧化锌（白色），或一些非金属化合物，如氟氧化物或磷化物（乳白色）。

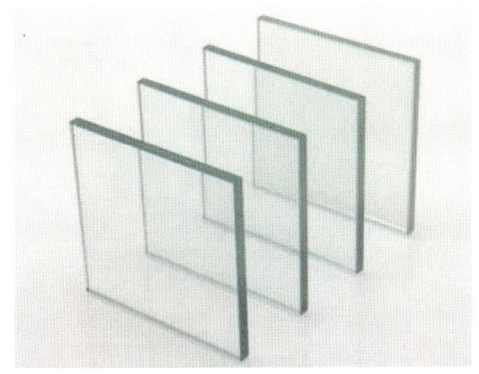

图 5-11　加入脱色剂的透明玻璃

图 5-12　彩色玻璃

乳浊剂能够使玻璃产生不透明、乳浊、雾化等效果（见图 5-13），如玻璃瓶、玻璃罐中通常使用氟化物作为乳浊剂。

图 5-13　加入乳浊剂的雾化玻璃

5.3　玻璃的基本性能

玻璃已经成为现代人们日常生活、生产发展、科学研究中不可缺少的一类材料，并且其应用范围还在日益扩大，这与玻璃材料的一些优势及特点有很大的关系。

玻璃具有一系列独特的性质，如透光性好、化学稳定性能好等；具有良好的加工性能，如可以进行切、磨、钻等机械加工和化学处理等，成型方法丰富，因此其造型也可以丰富多样（见

图5-14）。制造玻璃所用原料，在地壳上分布很广，特别是二氧化硅（SiO_2）的蕴藏量极为丰富，且价格低廉。例如，我们平时见到的沙子、各种山石、鹅卵石等，很多都是二氧化硅成分（见图5-15）。玻璃的物理性质具有各向同性，其基本性能我们从以下七点来阐述。

图5-14 复杂加工后的玻璃蜗牛

图5-15 玻璃的原料：沙、石

1）强度

玻璃的强度主要通过抗张强度和抗压强度来衡量。玻璃是一种脆性材料，由于在成型过程中表面产生微裂纹，导致稍微敲击就可能破碎，图5-16所示为因敲击而破碎的玻璃，因此其抗张强度较低。但是玻璃的抗压强度是抗张强度的十几倍。

2）硬度

玻璃的硬度较大，它比一般金属硬，不能用普通刀具进行切割。因此，玻璃刀具的头部往往采用的是天然金刚石、人造金刚石、硬质合金等具有极高硬度的材料，如图5-17的金刚石玻璃刀所示。在玻璃的某些加工中，应根据玻璃的硬度选择磨料、磨具和加工方法。

图5-16 因敲击而破碎的玻璃

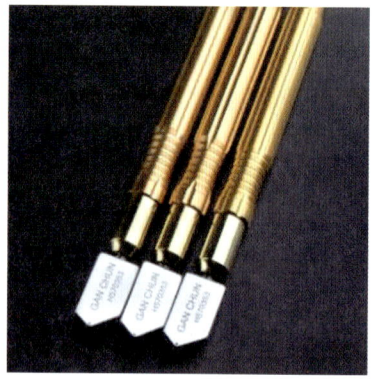

图5-17 金刚石玻璃刀

3）光学特性

一般情况下，玻璃具有高透明度，特殊情况下还具有吸收或透过紫外线、红外线，感光等重要光学性能，各类光学产品的各种功能都需要依靠玻璃的这些特性。

根据不同的使用场合，还可以改变玻璃的光学性能，以适应不同的使用需求。当光线照射到玻璃表面时，一部分穿透玻璃（透明度、折射率），一部分被玻璃表面反射（反射率），还有一部分被玻璃吸收（吸光率）。对于一些透明器皿，要求减少光线的吸收率与反射率，增加透明度。对于一些对光线敏感的化学试剂、药品等的包装容器，则要求增大光线吸收率，减少透过的光线，从而保护试剂或药品不变质。当玻璃的折射率较大时，能够制成光线丰富且炫丽的玻璃艺术品，如图 5-18 所示的玻璃，其对光的折射可以产生绚烂多彩的光照效果。而当玻璃的反射率较大时，其表面具有光泽，能反映周边事物的镜像，且光学效果特别强烈（见图 5-19）。

图 5-18　玻璃对光的折射

图 5-19　玻璃对光的反射

4）电学性能

玻璃的电学性能主要指玻璃的导电性。玻璃的导电性随温度变化有很大变化，常温下，玻璃是电的不良导体，可以作为绝缘材料使用，如玻璃灯泡、玻璃灯管等。但是当温度升高时，玻璃的导电性迅速增强，进入熔融状态后则变为良导体，如在图 5-20 所示的熔融玻璃导电实验中，加热玻璃使之成为良导体，左侧的灯泡就会因通电而点亮。

5）热性质

玻璃是热的不良导体，一般玻璃难以承受温度的急剧变化。玻璃制品越厚，承受温度急剧变化的能力就越差。当将开水或温度较高的热水倒入壁厚较大的冷玻璃杯时，玻璃杯通常会因为温度的急剧变化而炸裂（见图 5-21）。因此，在玻璃生产中，通常会加入能降低玻璃热膨胀系数的物质，从而使玻璃承受温度急剧变化的能力增强。

图 5-20　熔融玻璃导电实验

图 5-21　玻璃受热炸裂

6）化学稳定性

玻璃的化学性质稳定。其耐酸腐蚀性强，但耐碱腐蚀性较差。除了氢氟酸和热磷酸，任何酸都不能侵蚀玻璃；但在碱（尤其是强碱）的长期接触下，二者会发生反应。因此，在化学实验室中，一般用玻璃瓶装强酸溶液（见图5-22），而用塑料瓶装强碱溶液。如果用玻璃瓶装强碱溶液，会产生腐蚀反应，如图5-23所示，装浓氢氧化钠溶液的玻璃瓶口产生了白色胶状物质。

在日常生活中，一般玻璃长期受大气和雨水的侵蚀，会在表面产生磨损，失去表面的光泽。一些精密的玻璃光学仪器受周围介质的作用，表面也会产生雾膜或白斑，从而对仪器的正常使用造成影响。因此，应当注意玻璃保存和使用的环境。

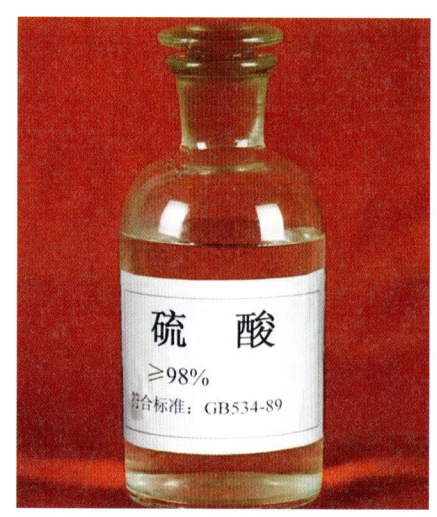
图5-22 装浓硫酸的玻璃瓶

图5-23 装浓氢氧化钠溶液的玻璃瓶

7）艺术特征

玻璃的艺术特征基于玻璃的各项性能，是运用玻璃材料进行艺术设计的基础。玻璃材料具有其他材料无可替代的特殊美感。其质感细腻平滑，光影色彩有着非常丰富的变化。玻璃材料的艺术特征主要有以下几个方面：

（1）透明。透明是玻璃的基本性能之一，也是玻璃的一项非常重要的艺术特征。

完全透明的玻璃材料在建筑中能满足大采光的要求，同时连接了内部与外部空间，使内部空间显得更为通透空阔；在产品中能营造通透的艺术效果，形成晶莹、轻盈的美感（见图5-24）。

半透明玻璃、彩色玻璃以及磨砂玻璃降低了透光率，但有着另一种艺术效果。在建筑、灯饰等设计中，半透明玻璃以及磨砂玻璃能够使光线更加柔和，可以营造温馨的氛围；而彩色玻璃能改变透过的光线的色彩，神秘而美轮美奂。在其他产品设计和艺术设计中，半透明玻璃和磨砂玻璃能给产品带来若隐若现的朦胧美（见图5-25），同时磨砂玻璃还有特殊的质感美；而彩色玻璃（见图5-26）则能形成层层叠叠、明明暗暗的光影，朦胧而扑朔迷离。低透明度的玻璃，尤其是黑色玻璃能给人神秘、厚重之感。光滑的黑色玻璃在光线的照射下，甚至会产生一种类似宝石的美感。

（2）反射。反射基于玻璃的反射率，反射率越高的玻璃，反射就越强烈。反射强烈的玻璃会形成"镜面"的效果。如现代建筑的玻璃幕墙，其镜面式的玻璃反射着蓝天和白云，从而与环境融为一体,形成整栋建筑"透明"的视错觉效果,如图 5-27 的法国比西圣乔治"透明"档案馆所示。

图 5-24　透明玻璃瓶

图 5-25　磨砂玻璃

图 5-26　彩色玻璃

图 5-27　法国比西圣乔治"透明"档案馆

5.4　玻璃的分类

玻璃的种类繁多,通过不同的分类方法可以分成不同的种类。最常用的玻璃分类方法有按主要成分、按功能以及按制造方式三种。

5.4.1　按主要成分分类

玻璃按主要成分分类,可以分为非氧化物玻璃与氧化物玻璃两大类。

非氧化物玻璃的数量与种类都较少，主要可以分为硫系玻璃与卤化物玻璃两种。硫系玻璃电阻低，可阻挡短波长的光线，可透过红光、黄光以及红外线；而卤化物玻璃的折射率与色散低，主要用作光学玻璃。

氧化物玻璃的产量丰富、种类繁多，按照其中二氧化硅以及其他金属、金属氧化物等的含量，又大致可以分为石英玻璃、高硅氧玻璃、钠钙玻璃、铅硅酸盐玻璃、铝硅酸盐玻璃、硼硅酸盐玻璃、磷酸盐玻璃等（见表5-1）。

表5-1　氧化物玻璃分类

玻璃种类	主要成分
石英玻璃	二氧化硅（>99.5%）
高硅氧玻璃	二氧化硅（96%）
钠钙玻璃	二氧化硅、氧化钠、氧化钙
铅硅酸盐玻璃	二氧化硅、氧化铅
铝硅酸盐玻璃	二氧化硅、氧化铝
硼硅酸盐玻璃	氧化硅、三氧化二硼
磷酸盐玻璃	五氧化二磷

石英玻璃为由纯二氧化硅制成的玻璃，一般要求二氧化硅的含量在99.5%以上。石英玻璃的化学稳定性好、热膨胀系数低，可以直接投入沸水中而不会炸裂。但是，由于缺少其他辅助原料，石英玻璃的熔融温度高、黏度大、成型困难。石英玻璃的应用极广，在半导体制造、新型光源、电磁通信、化工、光学等诸多领域都有非常广泛的应用。例如，石英玻璃可以制成大型天文望远镜的反射窗、人造卫星的无线电绝缘零件、宇宙飞船防热罩、火箭喷嘴、化学反应实验用品等。图5-28所示为石英玻璃烧杯。

图5-28　石英玻璃烧杯

高硅氧玻璃要求二氧化硅含量在96%左右。高硅氧玻璃各方面的性质与石英玻璃的相似，因此，它在许多场合中都可代替石英玻璃使用。

钠钙玻璃的主要成分为二氧化硅与氧化钠、氧化钙。由于其成本低廉、易于成型，且适宜大规模生产，因而其产量占各类实用玻璃总产量的90%。

铅硅酸盐玻璃主要由二氧化硅和氧化铅组成。其具有独特的高折射率与高电阻，且与金属有良好的浸润性，因此常用于制造灯泡。当铅硅酸盐玻璃中氧化铅的含量较大时，对X射线、γ射线的阻隔作用较强，因此可以用作防辐射玻璃，如图5-29所示。

铝硅酸盐玻璃的主要成分为二氧化硅和氧化铝。其耐热性好，需要较高的温度（约900℃）才会软化变形，因此常用于制造高温玻璃温度计、化学燃烧管等。

硼硅酸盐玻璃主要由氧化硅和三氧化二硼组成，一般具有良好的化学稳定性和耐热性，抗酸和化学腐蚀的能力很强，常被用于制作玻璃咖啡壶（见图5-30）、天文望远镜镜片等。

图 5-29 医用防辐射玻璃

图 5-30 玻璃咖啡壶

磷酸盐玻璃中一般不含二氧化硅，而是以五氧化二磷为主要成分。其折射率和色散都比较低，常用于制造光学仪器，图 5-31 所示为激光器 450nm 照射下的磷酸盐玻璃。

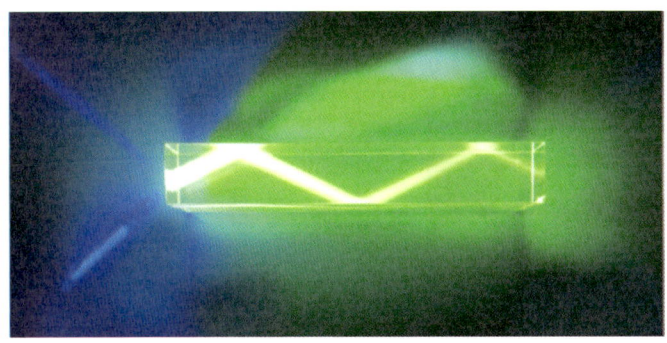
图 5-31 激光器 450nm 照射下的磷酸盐玻璃

5.4.2 按功能分类

按照不同的使用功能，玻璃大致可以分为平板玻璃、容器玻璃、仪器及医疗玻璃、电真空玻璃、工艺美术玻璃、光学玻璃、光纤玻璃、建筑玻璃、照明器具玻璃、纤维泡沫玻璃以及特种玻璃等（见表 5-2）。

表 5-2 玻璃按功能分类

玻璃种类	主要用途
平板玻璃	普通平板玻璃、轧花玻璃、夹层玻璃、夹丝玻璃等
容器玻璃	啤酒瓶、饮料瓶、玻璃杯、钢化器皿等
仪器及医疗玻璃	仪器观察窗、温度计、玻璃管、医疗用玻璃等
电真空玻璃	灯泡、电子管、汽车灯、杀菌灯、水银灯等
工艺美术玻璃	刻花玻璃、人造宝石、玻璃球、各种装饰品、工艺品等
光学玻璃	镜头、反射镜、保护镜、防紫外线玻璃、眼镜镜片等
光纤玻璃	光纤

续表

玻 璃 种 类	主 要 用 途
建筑玻璃	玻璃砖、玻璃幕墙、窗户玻璃、玻璃瓦等
照明器具玻璃	灯罩、感光玻璃、反射器、导电玻璃等
纤维泡沫玻璃	玻璃纤维、玻璃丝、玻璃布、钢化泡沫玻璃等
特种玻璃	单向透视玻璃、耐高压玻璃、防弹玻璃、防爆玻璃等

玻璃按照功能的分类不是非此即彼的。例如，平板玻璃同时也可以作为建筑玻璃使用。不同的玻璃类别只是在主要使用场合上有所不同，但其各方面性能仍然有相似之处。下面简要介绍一下光纤玻璃、纤维泡沫玻璃和特种玻璃。

光纤玻璃是一种由玻璃或塑料制成的纤维（见图 5-32），可作为光传导工具，能够用于传输光能、图像、信息等。香港中文大学前校长高锟和 George A. Hockham 首先提出光导纤维可以用于通信传输的设想，高锟也因此获得 2009 年诺贝尔物理学奖。

纤维泡沫玻璃（见图 5-33）中，气孔占总体积的 80% ~ 90%。由于比重小，并且隔热、吸声、强度高、可机械加工等优点，纤维泡沫玻璃常应用于建筑、车辆、船舶制造中，作为保温、隔音、漂浮材料使用。

图 5-32　光导纤维

图 5-33　纤维泡沫玻璃

特种玻璃，即运用特殊原料、特殊工艺生产制造，具备特殊性能，应用于特殊场合的一大类玻璃的总称。它区别于传统玻璃，在原料组成、生产工艺、功能用途上与传统玻璃都有很大的不同。例如，单向透视玻璃一般应用于看守所、监狱或特殊的精神病房；防弹玻璃（见图 5-34）一般应用于装甲车、武装押运车、银行等；防爆玻璃一般应用于装备武警的防爆盾（见图 5-35）、危险实验室等。

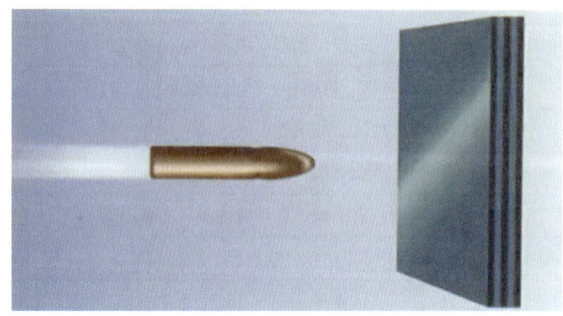

图 5-34　防弹玻璃

图 5-35　防爆盾

5.4.3 按制造方式分类

玻璃按照制造方式的不同，主要可以分为浮法玻璃、拉伸玻璃、熔接玻璃、流延玻璃等。

浮法玻璃是目前被广泛使用的一种玻璃，其是将玻璃原料经过炉子熔化后，倒入锡池使其膨胀，形成的平整均匀的玻璃经冷却后被切断而制成。浮法玻璃具有优良的光学性能和抗冲击性能，其表面光滑平整，因此被广泛应用于建筑、汽车、家具等领域。

拉伸玻璃是指通过预制的玻璃带经过高温加热软化后，由机器进行拉伸，使其达到预定尺寸而制成的玻璃。该方式下玻璃带表面不如浮法玻璃的平整，并且具有较深的烟雾条纹纹路，但也因此在装饰领域有较广泛的应用。拉伸玻璃具有较好的耐热性和耐紫外线能力，因此也被广泛应用于热熔幕墙和空气隔离板等领域。

熔接玻璃是将两个或更多玻璃片在相互接触的表面熔融，之后压合，冷却而形成的。熔接玻璃可以用于制造多层玻璃、弯曲玻璃以及各种装饰或艺术品等。熔接玻璃的缺点是容易产生气泡和裂纹，但因为其艺术性和装饰性使其在艺术玻璃领域有着广泛的应用。

流延玻璃是指通过高温加热玻璃原片，使其变为糊状的玻璃液，然后使其通过搅拌装置和流延机进行定厚后冷却成型的玻璃。流延玻璃具有良好的铺装性和柔韧性，被广泛应用于玻璃隔断、家具玻璃等领域。但是其表面不如浮法玻璃平整，而且其生产成本也较高，因此市场占有率较低。

不同的生产方式能够产生不同特点的玻璃产品，供应商们可以根据客户需求选择不同的生产方式来制造出满足需求的玻璃产品。

5.5 玻璃的成型工艺

5.5 玻璃的加工工艺

将熔融的玻璃液加工成具有一定形状、尺寸的玻璃制品需要经过一系列的工艺过程，包括成型工艺、二次加工和表面工艺三大流程。本节首先讲述玻璃（或玻璃制品）的成型工艺。

玻璃制品的成型工艺过程（见图5-36）就是玻璃从原料转变为具有固有几何形状玻璃制品的过程。生产制作玻璃制品时，首先应当选择原料并按照一定的比例配备调和。其次，将混合原料放入高温熔炉，得到熔融玻璃液。熔融玻璃液经过成型加工等一系列的工艺过程，最终得到玻璃制品成品。

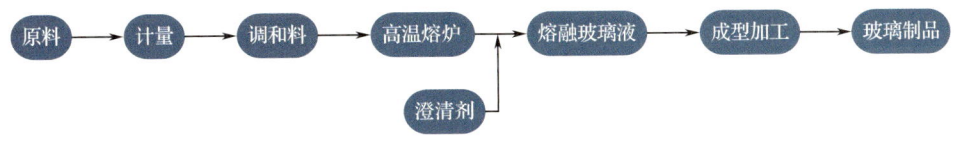

图 5-36 玻璃制品的成型工艺过程

具体而言，玻璃成型的方法有很多，主要有压制法、吹制法、拉制法、延压法、浇铸法以及浮法成型法。

5.5.1 压制法

压制法是将熔制好的玻璃液注入（或滴入）模具型腔，放上口模（模环），将阳模（冲头）压入，在阳模、口模以及模具之间形成玻璃制品的方法，图5-37所示为玻璃压制法成型工艺过程。

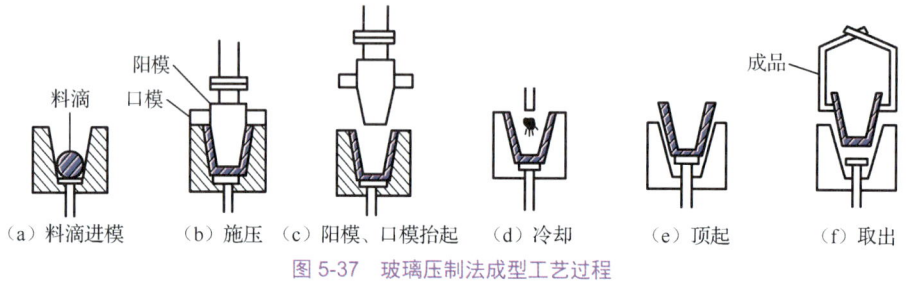

图 5-37　玻璃压制法成型工艺过程

压制法要求造型能够脱模且易于脱模，如形状规整的玻璃砖、造型较为扁平的玻璃碗（见图5-38）、玻璃水杯（见图5-39）、玻璃碟、玻璃花瓶、餐具等。对于上小下大，或是壁厚过薄、深度过大的空心制品，则不宜采用压制法成型。

图 5-38　压制成型的玻璃碗

图 5-39　压制成型的玻璃水杯

压制法的生产效率高、造型精确、工艺简单，适于批量化生产，且能够高效率地在内外表面形成特定的花纹。图5-38所示为通过压制成型的玻璃碗，可以看到其表面形成的纹饰。

但是压制法的缺点也非常明显：

（1）制品内腔不能向下扩大，否则冲头无法取出；内腔侧壁不能有凹凸的地方（不能有侧向凹凸）。

（2）不能生产薄壁以及内腔在压制方向过长的制品。

（3）制品光泽度与透明度较差，表面不光滑，常有斑点和模缝。

对于侧壁有凹凸（侧向凹凸）的器皿，可以采用组合模压制成型的方式（见图5-40）。在压制法的基础上，将模具变成通过四周围合的组合模具，通过阳模挤压，就可以形成侧壁有凹凸的造型。成型后，将模具拆开即可完整地取出产品。

(a)组合模具　　　　(b)放入阳模　　　　(c)挤压成型　　　　(d)获得产品

图 5-40　组合模压制成型

5.5.2　吹制法

吹制法是采用吹管或者吹气头将熔融玻璃液吹制成制品的方法，主要包括人工吹制和机械吹制。

人工吹制，又称铁管吹制，是一种古老的玻璃成型方法。人工吹制一般为无模自由吹制（见图 5-41），吹制时，工人使用一根约 1.5m 长的铁管或不锈钢管，用一端从玻璃熔炉中蘸取熔融玻璃液（调料），然后将熔融玻璃液在滚料板上滚匀，同时从另一端向里吹气，形成玻璃料泡。吹制完成后，将玻璃料泡从铁管（或不锈钢管）上敲落、冷却即可得到造型半成品。人工吹制制成的产品表面非常光滑，形状自由多变，但是效率低，不适合大批量工业化生产，一般用于制作工艺品。在杭州举行 G20 峰会时，就曾经邀请祁县的诸多玻璃工匠吹制造型复杂且丰富多变的玻璃器皿，以供宴会之需。

图 5-41　人工吹制

机械吹制是模具吹制，一般分为压制和吹制两个步骤，所以也称为压 – 吹成型（见图 5-42）。首先，通过压制在雏形模中压制出雏形块；其次，将雏形块转入成型模中，通过压缩气体使玻璃紧贴模具内侧壁，形成中空的玻璃制品。与人工吹制相比，机械吹制的效率提高了很多，一般用于生产玻璃瓶、玻璃罐等产品。

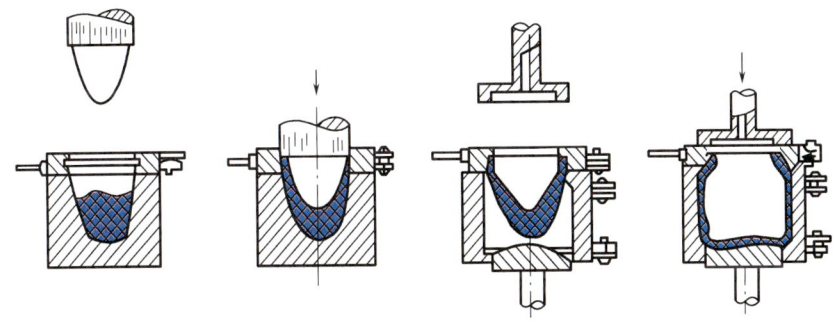

图 5-42　压 – 吹成型示意图

5.5.3 拉制法

拉制法是利用机械拉引力将玻璃熔体制成制品的成型方法，分为垂直拉制和水平拉制，一般用于加工在某方向尺寸较长的玻璃制品。

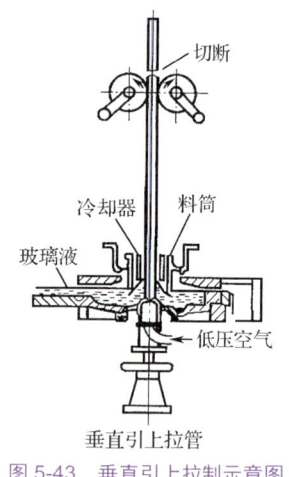

图 5-43 垂直引上拉制示意图

垂直拉制分为垂直引上拉制和垂直引下拉制，在生产中垂直引上拉制使用较多。垂直引上拉制是利用接引机械从玻璃溶液表面垂直向上引拉玻璃带，经冷却变硬而成玻璃平板的方法，图 5-43 所示为垂直引上拉制示意图，一般还分为有槽引上法成型和无槽引上法成型。这种生产方法的特点是成型容易控制，可同时生产不同宽度和厚度的玻璃，但需要高大的厂房，且宽度和厚度也受到成型设备的限制，产品质量不高，易产生较大缺陷，如玻璃厚薄难以控制，板面易产生麻点、波筋、线道、表面不平整等缺陷，一般用于生产玻璃管、玻璃棒、玻璃纤维等。

水平拉制一般用于生产薄板玻璃。水平拉制是将平板玻璃引上约 1m 处，将原板通过转向轴改为水平方向引拉，再经退火冷却而成。这种方法不需要高大的厂房，可以进行大面积切割。

拉制成型的玻璃制品一般都有恒定的截面，表面光洁度和平整度也有较大的提高，但是其均匀度与精度难以控制。

5.5.4 延压法

延压法是利用金属辊的滚动，将玻璃熔融体压制成板状制品的成型方式。延压法可以分为平面延压、辊间延压、连续延压以及夹丝延压等（见图 5-44），一般应用于生产厚平板玻璃、刻花玻璃以及夹丝玻璃等。

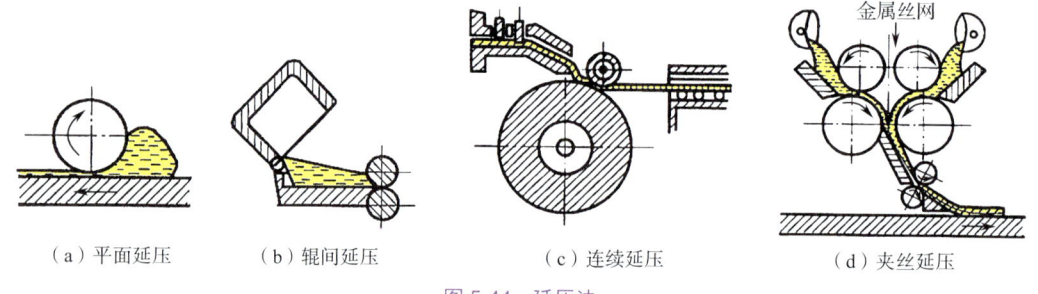

（a）平面延压　（b）辊间延压　（c）连续延压　（d）夹丝延压

图 5-44 延压法

在压辊表面刻出纹样，延压时，玻璃表面即出现花纹，形成压花玻璃。压花玻璃的理化性能基本与普通透明平板玻璃的相同，仅在光学上具有透光不透明的特点；压花玻璃可使光线柔和，并具有隐私的屏护作用和一定的装饰效果。

5.5.5 浇铸法

浇铸法是将熔融玻璃液注入模具中，经退火、冷却、加工得到制品的方法。浇铸法的设备要求低，产品限制小，适合生产大型制品。但是其制品的准确率较差、精度低，因此主要应用于艺术雕刻、建筑装饰品，以及大直径玻璃管、反应锅等的生产制造。

在浇铸法中，由于熔融玻璃液具有很好的流动性，可以在模具中形成各种复杂细致的造型。因此，在设计制作玻璃艺术装饰品时，这种成型方法得到了许多艺术家、设计师的青睐。

Harri Koskinen 设计的冰块灯（见图 5-45）是一个非常有意思的玻璃材质产品。外部的"冰块"其实是通过浇铸法成型的玻璃砖，经过退火冷却，将灯泡藏于其中。当灯光作用于大块厚实的透明玻璃时，光与影交相辉映，显示出丰富的层次。

图 5-45 冰块灯

5.5.6 浮法成型法

浮法成型法是指熔窑熔融的玻璃液在流入锡槽后，在熔融金属锡液的表面上成型平板玻璃的方法，它是现代玻璃材料生产中应用最多、最广的成型方法（见图 5-46）。玻璃液由流道、流槽连续流入锡槽，然后在熔融锡液面上依靠表面张力和重力摊平、抛光展薄、冷却，并在这个过程中随着传动辊子向前飘移。成型的玻璃由过渡辊台托起，离开锡槽进入退火窑，然后经过横切、检验，最后装箱。

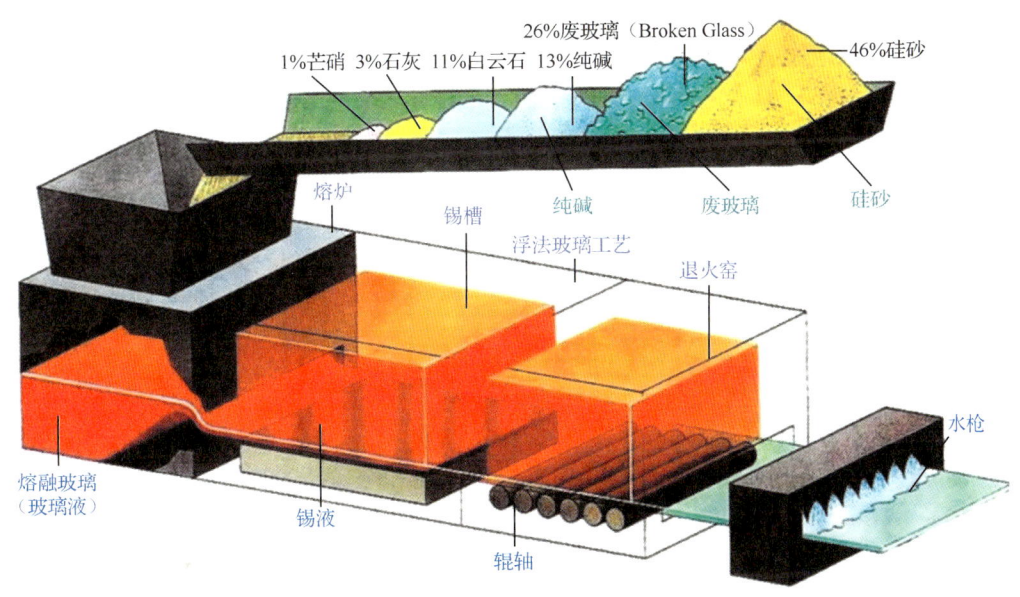

图 5-46 浮法成型法

浮法成型法得到的玻璃制品的均匀性好、透明度高，而且表面光滑、平面度好，其光学性能也比较强。通过浮法成型法制成的玻璃，主要应用于建筑行业。在现代城市建设中，大量建筑都有大面积的玻璃幕墙，浮法成型法的效率很高，加工量可以达到很大，适合生产建筑幕墙所需要的平板玻璃。

5.6 玻璃的二次加工

5.6 玻璃的二次加工

成型后的玻璃制品，很少能够直接达到预期的要求，因此还需要对其进行二次加工，以得到符合要求的产品。二次加工可以改善玻璃制品的外观效果、表面质量、形状精度等。玻璃的二次加工方法较多，包括研磨、磨边、喷砂、车刻、抛光、钢化等。

1）研磨

研磨是为了磨除玻璃制品的表面缺陷或磨除成型后残存的凸出部分。研磨前的表面一般较粗糙，平整度较低。研磨后，可以使制品表面获得预期的粗糙度、平整度。玻璃的研磨分粗磨和细磨，粗磨是用粗磨料将玻璃表面或制品表面粗糙不平或成型时余留部分的玻璃磨去，其有磨削作用，可以使制品具有需要的形状和尺寸。研磨时，开始用粗磨料研磨，效率高，但玻璃表面会留下凹陷坑和裂纹层，这就需要用细磨料进行细磨，直至玻璃表面的毛面状态变得较细致，再用抛光材料进行抛光，使毛面玻璃获得透明、光滑的表面，并具有光泽。研磨、抛光是两个不同的工序，这两个工序合起来，称为磨光。经研磨、抛光后的玻璃，称为磨光玻璃。

2）磨边

玻璃在生产切割后，玻璃的边部比较锋利，也不规则，往往需要磨边。归纳起来，玻璃磨边的目的为：①磨掉切割时造成的锋利棱角，防止使用时伤人；②玻璃边缘因切割形成的小裂口和微裂纹被磨去，清除局部应力集中现象，增加玻璃强度；③经磨边后的玻璃几何外形和尺寸公差符合要求；④对玻璃边缘进行不同档次的质量加工，即磨成粗磨边、细磨边和抛光边。也可以通过磨边磨出玻璃制品的圆角，增加其使用的安全性，图5-47所示为人工进行玻璃磨边操作。

3）喷砂

喷砂指通过喷枪用压缩空气将磨料喷射到玻璃表面。喷砂前，先在玻璃表面不需要形成"磨砂面"的地方贴上保护膜，之后进行喷砂。喷砂时，高速的磨料被喷到玻璃表面，并对表面进行冲击与摩擦，形成"磨砂"效果。喷砂后，撕下保护膜，喷砂即完成。全面喷砂可以获得磨砂面的效果；而使用保护膜覆盖的喷砂，喷砂的地方是乳白色磨砂效果，被保护膜覆盖的地方则是透明效果，可以形成各种花纹图样（见图5-48）。

4）车刻

车刻是用砂轮在玻璃制品表面刻磨图案、形成花纹的方法。车刻使用的是机械方法，通过改变砂轮的形状、刻磨角度、表面花纹，对玻璃进行雕刻、抛光，从而使玻璃表面产生出晶莹剔透的立体线条，还可以形成复杂多变的刻磨花纹（见图5-49），构成简洁明快的设计效果。车刻广泛用于门窗、墙面装饰中。

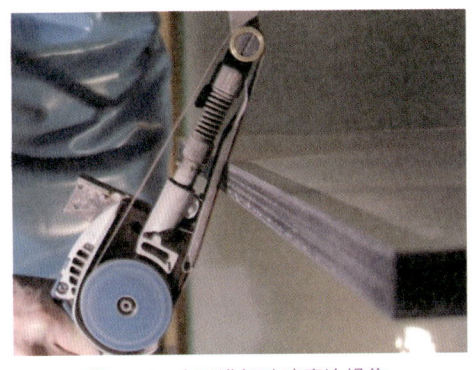
图 5-47 人工进行玻璃磨边操作

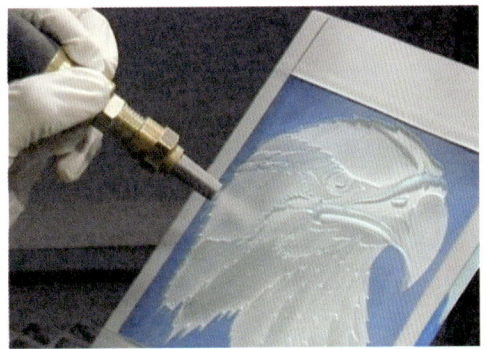
图 5-48 喷砂

5）抛光

抛光指用抛光材料消除玻璃表面在研磨后仍残存的缺陷，从而获得光滑平整表面的加工方法。抛光处理的方法主要包括：火抛光、抛光粉抛光、酸抛光和机械抛光等。与研磨相同，抛光也能改善玻璃表面的粗糙度与平整度。但抛光前的表面，一般要求较为平整，没有大的缺陷或凸起，且抛光后的表面平整度较研磨的更高。手表表盘上的玻璃覆件对透明度要求很高，这就需要对玻璃进行抛光处理，以求更高的透明度和光滑度（见图 5-50）。

图 5-49 玻璃车刻

图 5-50 手表玻璃盖

6）钢化

普通玻璃易碎、脆性高、强度不足。因此，在强度要求较高的情况下，可以对玻璃进行钢化处理。钢化处理后的玻璃其强度大大加强，能够经受突然的冲击。钢化处理包括物理钢化和化学钢化。

物理钢化是将普通平板玻璃或浮法玻璃在特定工艺条件下，经淬火法或风冷淬火法加工处理而成。该方法得到的玻璃的强度比普通玻璃的高 4~5 倍，抗弯强度则高 5 倍左右。其热稳定性更好，可以承受 200℃ 的温差变化，并且具有光洁、透明、不可切割等特点。在遇到超强冲击破坏时，物理钢化玻璃的碎片呈分散的细小颗粒状，没有像普通玻璃碎片一样的尖锐棱角，因此又被称为安全玻璃。

玻璃的化学钢化方法又称离子交换钢化法。离子交换钢化法强化玻璃，即将普通玻璃浸入熔融状态的碱金属盐中，进行钠离子（Na^+）与钾离子（K^+）的交换，然后经过冷却，得到钢化玻璃。手机屏幕表面的钢化膜（见图 5-51），就是通过化学强化后的钢化玻璃。其强度较普通玻璃而言更高，耐磨性也更强。

图 5-51　手机屏幕表面的钢化膜

5.7 玻璃的表面工艺

玻璃的表面工艺，即对玻璃的表面进行装饰处理的工艺。广泛来说，玻璃的表面工艺可以归为玻璃的二次加工工艺一类，但又有所区别，玻璃的表面工艺更注重玻璃的表面装饰性。玻璃的表面工艺一般有：彩饰、蚀刻、镀膜、装饰薄膜等。

1）彩饰

彩饰是利用彩色颜料对玻璃制品表面进行装饰的工艺，使用的彩色颜料一般被称为釉料。常见的彩饰工艺可以分为以下几种：描绘、印花、喷花以及贴花。不同的彩饰工艺既可以单独使用，又可以组合使用，从而使玻璃制品拥有丰富鲜艳的外观形态（见图 5-52）。

2）蚀刻

蚀刻是一种化学刻蚀方法。首先，在玻璃表面涂敷石蜡等材料的保护层并在其上刻绘图案；其次，利用化学试剂（一般为氢氟酸）对玻璃的腐蚀作用，蚀刻所露出的部分；再次，去除保护层，即可得到所需图案（见图 5-53）。

图 5-52　玻璃彩饰

图 5-53　玻璃蚀刻

在家居环境设计中，运用蚀刻工艺的玻璃制品很多。这样的工艺既能满足室内环境的采光要求，又起到了隔断以及装饰效果。

3）镀膜

玻璃镀膜工艺，就是在玻璃表面涂镀一层或多层金属膜（见图5-54）或金属化合物膜，以改变玻璃的光学性能和物理性能。

为了保护手机屏幕，很多手机屏幕表面都会进行贴膜，这片玻璃贴膜的表面可以进行各类镀膜处理。镀上不同的膜有不同的效果，如有些可以使太阳光线透过率更好；有的能够具备单项透视功能及镜面反射效果，从而保护隐私，并且更加持久耐用。

AFCoating是一种玻璃镀膜方式，其利用蒸镀方法，在镜头玻璃表面镀上一层纳米级的涂层，该涂层会将镜头表面的毛细孔填充得更加绵密平实，使得脏污、油物不易附着于表面，即使有脏污沾于镜头也可以轻易擦拭掉。

4）装饰薄膜

装饰薄膜与镀膜类似，也是在表面附着一层薄膜；但不同的是，装饰薄膜一般是直接贴覆在玻璃表面的。这种装饰薄膜一般应用在建筑领域，可以在玻璃安装好之后再根据需要的类型、尺寸贴覆。

装饰薄膜既可以增加玻璃的装饰性，同时又根据不同的薄膜材料、结构等，可以拥有不同的使用性功能。例如，贴覆后可以使普通透明玻璃拥有类似"磨砂"的效果（见图5-55）；黑色薄膜还有收集太阳能的作用；同时，装饰薄膜还可以防碎裂。

图5-54 玻璃镀银膜

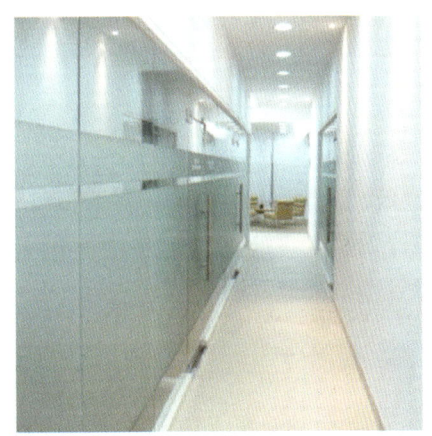

图5-55 贴膜后的"磨砂"玻璃

5.8 "学以致用"——玻璃产品设计案例分析

1. 农夫山泉玻璃瓶高端水系列

2015年初，农夫山泉针对国内高端水市场的空白，推出了以长白山莫涯泉低钠泉水为原料的国内第一款高端矿泉水。其整体造型好像一滴自然下落的水珠，生动地传达了水的动态韵律，通过这种

5.8 玻璃材料在设计中的运用

隐晦的暗示让饮用者有一种身临其境的感觉。水瓶瓶身采用全玻璃，玻璃材料同样如水滴般晶莹剔透，既暗示水源的纯净，又充满高端感与时尚感。而瓶身图案是设计师手绘完成的，应用丝网印刷的形式将长白山代表性动植物的插画，结合在形如水滴般晶莹剔透而充满时尚感的玻璃瓶上，色彩搭配也非常简洁，完美呈现了农夫山泉品牌的核心概念——自然，同时又凸显了产品的原产地信息——长白山的春夏秋冬与自然生态，展示出这是自然的、可靠的饮用水（见图5-56）。该系列产品主要售卖渠道为高端酒店、餐厅、高端超市等。该款高端水上市后引起轰动效应，在国内高端矿泉水市场具有重要的战略意义。

图5-56　农夫山泉高端水

瓶身图案共有8种样式，选择了长白山特有的物种，如东北虎、中华秋沙鸭、红松等，并配以相关数字和文字说明，数字背后有其特殊的含义。如长白山自然保护区内已知野生哺乳动物有48种，已知野生被子植物94科，透露出浓浓的生态和人文关怀气息。图5-57所示为农夫山泉玻璃瓶身细节。

图5-57　农夫山泉玻璃瓶身细节

该包装设计方案是由英国设计工作室 Horse 耗时两年完成的，几乎横扫了 2015 年包装设计领域的所有重要奖项，包括国际食品与饮料杰出创意奖（FAB Awards）、英国 D&AD（Designand Art Design）木铅笔奖、国际包装设计大奖等。

2. DROPPA 醒酒器

DROPPA 醒酒器的灵感来自水滴在平静的水面上溅起的瞬间。水滴状头部是杯子，用于连接的颈部是醒酒器，而底部的涟漪则是一个托盘。这个造型的构思非常巧妙，将三者合而为一，成为永恒的凝固的水滴形状。整个醒酒器以全透明的玻璃为材质，晶莹剔透的玻璃以假乱真，营造出水一般的视觉效果。向上溅起的水滴与泛起的涟漪都静止在一瞬间，既具有视觉的冲击力，也带来宁静唯美的氛围。线条优美流畅，质感尊贵，形态优雅，体现了设计师对生活美学的追求（见图 5-58、图 5-59、图 5-60）。

图 5-58　DROPPA 醒酒器

图 5-59　DROPPA 的使用

图 5-60　DROPPA 的使用，可拆分为醒酒器、杯子与托盘

3．玻璃新技术的应用

1）玻璃与 3D 打印

Madiated Matter、MIT 机械工程系的 Wyss 研究所以及 MIT 玻璃实验室三方联合开发了一项高精度的玻璃 3D 打印工艺——G3DP。G3DP 融合了当今尖端科技与传统玻璃制造工艺，能够创建出非常复杂的玻璃形态（见图 5-61）。其工作原理与普通 3D 打印的原理大体相似：通过高温将玻璃变为熔融状态，之后熔融状态的玻璃通过漏斗流入下方的氧化铝 - 锆 - 二氧化硅特制喷嘴，并被挤出到打印台上，最后逐步冷却成型，图 5-62 所示为 G3DP 打印过程。对于公差在 0.5mm 以上的打印物品，G3DP 都能完美地将其打印出来。

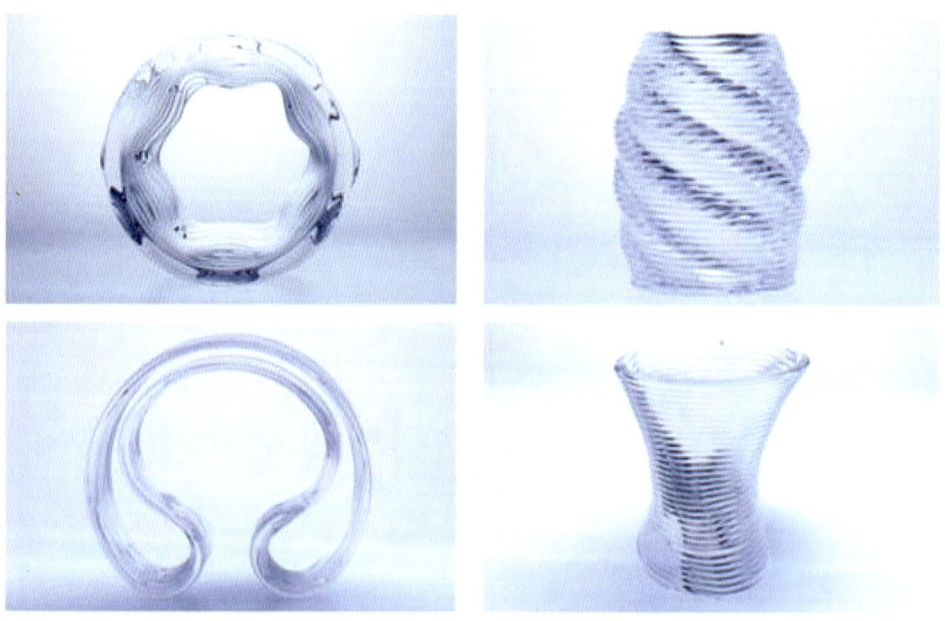

图 5-61　G3DP 打印产品

图 5-62　G3DP 打印过程

2）微软玻璃硬盘

玻璃硬盘与传统的数字硬盘不同，其通过创建三维纳米光栅和变形进行数据编码存储，并通过解码偏振光透过玻璃时产生的图像和图案来读取信息。玻璃硬盘比数字硬盘更保真、保存时间更长、访问速度更快、体积也更小。一块 2mm 厚的玻璃可以包含 100 多个数据层，且理论上可以保存千年之久。图 5-63 所示为微软玻璃硬盘。

图 5-63　微软玻璃硬盘

本章习题

1. 调查新型玻璃材料的发展状况，讨论玻璃材料的发展走向。
2. 试论述玻璃为何能够大规模应用。
3. 分析玻璃的各种特性，阐述玻璃材料主要的优点及特色。
4. 试分析玻璃的各类成型方法，及其对产品设计可能产生的约束。
5. 玻璃的二次加工方法较多，试对各种玻璃二次加工工艺的应用情境进行表述。

第 6 章 木材及其加工工艺

木材是人类利用最早的材料之一,也是中华文明发展的见证,中国人在生活生产过程中取得的成果和文化,体现在了各种木制产品中。对传统木材制品技术的继承发扬并加以创新,对现代木材最新技术的创新利用,是本章的重要内容。通过本章的学习,读者能掌握木材的基本知识、构造及特性,熟知常用木材成型加工工艺、木制品装配工艺及表面装饰技术,并能够充分利用木材的特性和加工工艺合理选择木材进行产品设计。

6.1 木材概述

6.1 木材概述

6.1.1 木材介绍

木材(见图6-1)是能够次级生长的植物,如乔木和灌木所形成的木质化组织;这些植物在初生生长结束后,根茎中的维管形成层开始活动,向外发展出韧皮,向内发展出木材。乔木指的是主干明显而高大的木本植物,其分枝繁盛,在距离地面较高处形成树冠,如杨树、松树等。而灌木指的是无明显主干且较低矮的木本植物,其基部多分枝或丛生,如酸枣、紫穗槐等。树木除了乔木和灌木,还有藤木。

木材是人类生产和生活中使用最广泛、最常用的材料之一。许多历史学家把石器作为人类最早使用工具的标志,这一点很值得商榷。实际上,人类最早使用的工具很可能是木器,而不是石器。人类在进入石器时代以前（距今300万年前），应该经历了一个漫长的木器时代。

关于人类历史上存在木器时代的客观性及历史证据，自20世纪80年代以来已有一些作者撰文进行了比较全面而深刻的论述。原西安半坡博物馆馆长范志文在《木质工具在原始社会中的地位和作用》一文中指出，虽然木质工具不易保存，但考古学家仍在原始堆积中找到了它的遗迹。在欧洲发现过两件旧石器时代早期的木器，其中一件是紫杉木的木矛的末梢，发现于英国克拉克当地间冰期泥炭质黏土层中；另一件也是一个紫杉做的矛头，尖端是用火烧法硬化过的，发现于撒克逊郡的来灵根地区。在非洲早更新世的静水堆积中也曾发现过木质的工具，在赞比亚共和国的卡兰波瀑布的阿休利期的遗址中发现了木质棍棒。考古直接发现的木器虽然很少，但它们有力地说明在该时代确实已经产生了木质工具，并已经广泛使用。图6-2所示是罗建举等所著的《木与人类文明》中提到的历史学家发现的远古时期的长矛。

图6-1　木材　　　　　　　　　　　图6-2　远古时期的长矛

图6-3　现位于浙江省的河姆渡遗址

距今7000年左右的河姆渡时期，人们就地取材，构木为巢，建造杆栏式的房屋，柱子房梁采用榫卯结构，结构坚固耐用（见图6-3）。《周礼注疏》末篇《考工记》，最早记载了我国在木材科学方面的详细资料，该书是春秋末期（距今2000多年）系统记录手工业生产技术的专著，特别是西周以来手工业生产技术的记录和总结。书中对伐树、用材、干燥、制造车辆的工艺程序及技术规范等进行了一定的介绍，对现代木材科学的发展，有着深远的影响。其中讲道，"凡斩毂之道，必矩其阴阳。阳也者，稹理而坚；阴也者，疏理而柔。是故以火养其阴，而齐诸其阳。则毂虽敝不藃。"意思是用木材制作毂时，必须知道树木的背阳面和向阳面。向阳面的木材纹理较密而木质坚硬，背阳面的木材纹理较疏而木质柔软，因此要用火烘烤背阳的一面，而使木质变得与向阳面一样坚硬，那么毂即使用坏了木材也不会缩耗。

在现代社会中，虽然金属、塑料、玻璃、陶瓷及各种新型的材料被广泛而大量使用，但木材作为一种天然资源，在自然界中蓄积量大、分布很广、取材方便且易于加工成型，且其质轻、富有韧性、色泽悦目、纹理美观，是其他材料所无法取代的。

按人均森林面积计算，我国是一个木质资源比较贫乏的国家，因此节约木材、综合利用有限的木材原料、发展和保护林业资源，是缓解木材短缺的重要举措。设计师也应了解木材特性及其成型工艺等知识，以便更加合理且充分地利用木材资源。

6.1.2 木材的分类

按照树木的成长状况、材质以及树叶形状，可将木材分为不同的类别。

1）按成长状况分类

按照树木的成长状况，木材可分为内长树木材与外长树木材。内长树木材是指其生长为从外向内使内部木质充实，热带地区的木材几乎都是内长树木材。外长树木材则是指树干的成长是向外发展的，从细小逐渐长粗成材，而这种成长情况因季节变化而形成年轮。

2）按材质分类

按照材质，木材可分为软木材和硬木材。根据木材端面耐压能力的大小，木材的软硬程度可分为六级，分别是甚软材、软材、略软材、略硬材、硬材、甚硬材（见表6-1）。硬度大的木材耐磨，但不易机械加工；反之，硬度小的木材容易机械加工，但容易磨损。

表6-1 木材的硬度级别

耐压能力/MPa	级别	耐压能力/MPa	级别	耐压能力/MPa	级别
<19.62	甚软材	19.72～34.34	软材	34.34～49.05	略软材
49.5～63.77	略硬材	63.86～98.10	硬材	>98.10	甚硬材

3）按树叶形状分类

按照树叶形状，木材可分为针叶树木材和阔叶树木材（见图6-4）。针叶树树叶细长，大部分为常绿树，其树干直而高大、纹理顺直、木质较软、易加工，如杉木、红松、白松、黄花松等。针叶树密度小、强度较高、胀缩变形小，是建筑工程中的主要用材。阔叶树树叶宽大呈片状，大多数为落叶树，其树干通直部分较短，木材较硬，加工比较困难，如桦树、榆树、橡树、水曲柳等。阔叶树密度较大，易胀缩、翘曲、开裂，常用作室内装饰、次要承重构件、胶合板等。

图6-4 针叶树和阔叶树

加拿大工作室Odami尝试使用具有130年历史的红橡树木材来设计家具系列。他们制作了一些扶手椅、灯和桌子，旨在探索家具质量的理念（见图6-5）。红橡树作为一种阔叶树，具有独特的山形木纹，其质地坚硬，加工性能也很好，常用于高端家具制造中。

图6-5 红橡树木材家具

6.2 木材的结构

6.2 木材的结构

图6-6 侏罗纪哨兵

树木由根、树干、枝、叶组成。树根占树木材积的5%～25%，主要用于制作工艺品。非盈利性组织——Northwest Driftwood Artists的成员使用最原始的树根材料，创造出契合树根自由形态的根雕艺术品，图6-6所示为他们雕刻的侏罗纪哨兵（作者：路易斯·普罗克特）。该根雕极具灵动性，表达的是士兵的一种积极向上的精神。

树干是树木可供利用的部分，用作工业材料，占树木材积的50%～90%，而枝、叶（合称树冠）占树木材积的5%～25%。

6.2.1 木材的基本构造

木材是树木采伐后经初步加工而得到的，由纤维素、半纤维素和木质素等组成。纤维素

（Cellulose）是由葡萄糖组成的大分子多糖，是植物细胞壁的主要成分。半纤维素（Hemicellulose）是由多种单糖，如木糖、阿伯糖、甘露糖和半乳糖等构成的复杂多聚体，它们既有五碳糖又有六碳糖。这些半纤维素分子紧密地附着在纤维素微纤维的表面，相互交织成一个坚固的网络，从而构成了细胞间稳定的连接结构。木质素（Lignin）是一种广泛存在于植物体中的无定形的、分子结构中含有氧代苯丙醇或其衍生物结构单元的芳香性高聚物，它能形成纤维支架，具有强化木质纤维的作用。

宏观上木材由树皮、木质部和髓心组成，如图6-7所示。围绕着髓心构成的同心圆称为生长轮。温带和寒带树木一年仅形成一个生长轮，即年轮。在同一年轮内，生长季节早期所形成的木材，胞壁较薄、形体较大、颜色较浅、材质较软，称为早材，也称为春材；秋季形成的木材，胞壁较厚、组织致密、颜色较深、材质较硬，称为晚材，也称为秋材。由树干横切面上可以看出，靠近树皮的部分材色较浅、水分较多，称为边材。在髓心周围部分，材色较深、水分较少，称为心材。

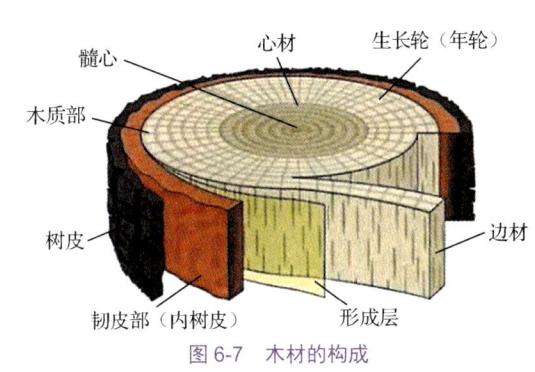

图6-7　木材的构成

6.2.2　木材的三切面

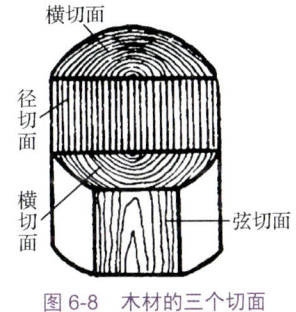

图6-8　木材的三个切面

木材是由许多细胞组成的，它们的形态、大小和排列各有不同，从而使得木材的构造极为复杂，成为各向异性的材料。因此，从不同方向锯切木材就有不同的切面。人们利用切面上的特征辨别和研究木材。从不同方向锯割木材，可以得到无数个切面，其中典型的切面有三个，即横切面、弦切面和径切面（见图6-8）。通过对这三个切面的比较和观察，可以更加全面、充分地了解木材的结构。

1）横切面

横切面指与树干主轴相垂直的切面，也就是与树木生长方向成垂直锯截所得到的切面，即树干的端面。横切面可用来观察各种轴向分子的横断面和木射线的宽度，它是识别木材的一个重要切面。横切面的板材硬度最大、耐磨损，但易折断、难刨削，加工后不易获得光洁的表面。

2）径切面

径切面指顺着树干轴向，通过髓心与年轮垂直的纵切面。在横切面上看，凡是平行于木射线的纵切面都称径切面，在这个切面上的木射线都呈断续条状且与年轮相垂直。从树皮通过髓心把木材切开，其剖面则为标准的径切面。径切面板材纹理呈条状且相互平行，收缩小、不易翘曲、木纹挺直，硬度也较好，牢固度较好。

3）弦切面

弦切面是沿树木生长方向，顺着木材纹理，不通过髓心，而与年轮相切的切面。这个切面的木射线呈现细线状或纺锤形。标准的弦切面与年轮平行，所以弦切面应为曲面，而不是平面。在木材加工中，旋切薄片趋近于标准的弦切面。弦切面板材面上的年轮呈"V"字形花纹，较美观，但易翘曲变形。在生产过程中，把板面与树干同心圆切线之间夹角在 45°～90° 之间的称为径切板，夹角在 0°～45° 之间的称为弦切板。

径切面和弦切面都是顺着树干锯解的，故又都称为纵切面。在锯解板材时，往往弦切面和径切面交替出现。因此，在通常的板材上较难辨认出标准的弦切面和径切面。

木材的三个切面可充分把木材结构特征反映出来。反之，要充分认识木材的结构特征，又必须通过这三个切面进行。这三个切面本身不是木材的特征，它是人为确定的三个特定的木材截面，对它们进行观察就可以达到全面了解木材构造的目的。

6.3 木材的特性

6.3 木材的特性

木材在生长过程中，由于种类和外界环境的不同，形成了自身独特的性质，这些性质与其他材料不同，具有鲜明的特征。木材具有优良的加工成型性和装饰性等优点，但与此同时，木材的一些缺点也需要我们在设计时加以避免或者予以利用。

（1）木材具有优良的加工成型性。

木材容易加工，且容易连接。木材可以用机械加工和手工工具加工，进行割、锯、刨、凿、雕刻加工（见图6-9）；可以被加工成各种型面，也可以进行弯曲、压缩、旋切、车削等加工；可以以各种形式的榫卯进行结合（见图6-10），也可以用钉子、螺钉、各种连接件及胶黏剂结合。

图 6-9　木材雕刻

图 6-10　木材的榫卯结合

（2）与钢材相比，木材质量轻，导热性、导电性、声音传导性较小，热胀冷缩性能不显著。

木材是唯一一种具有结构性能的可再生自然资源，使用木材能够让建筑结构具有灵活性好、抗震性能良好、施工速度快、适应性强等优点。①木材的机械强度优越，具有良好的强度-重量比，是混凝土、钢铁的3倍左右；②木材具有良好的稳定性，在热胀冷缩时，其体积变化不大；③木材制作的梁具有对牵引力和弯曲度的良好耐力；④木材在短时间内能够承受强张力，因此木结构能够有效抵抗外力；⑤木材具有良好的吸声性能，声音传导性较小；⑥木材不导电，导热也不是很好，但易点燃，疏松的木质导热会好一些。

（3）木材具有装饰性。

木材是一种较好的装饰材料，具有天然的纹理、色泽和美丽的花纹图案。木材的颜色是由细胞腔内含有的各种色素、树脂、树胶、其他氧化物等决定的，这些物质渗透到细胞壁中呈现各种颜色。树种不同，木材所显示的颜色也有所区别。如桃花心木、红柳为红色；云杉为白色；黄柳、桑树为黄褐色或黄色。

木材的光泽指木材对光线的反射与吸收的程度。某些木材光泽很好，如云杉；有的木材则不具有光泽，如冷杉。光泽会因木材放置的时间过长而减退，甚至消失。但在对木制品的表面进行处理时，要求具有较好的光泽，以增加木制品的美观性。

木材的纹理指木材体内轴向分子（如木纤维、管胞、导管）排列方向的表现形式，可以分为直纹理、斜纹理、波形纹理、交错纹理、螺旋纹理等。除上述自然形成的纹理，还有人工加工成的纹理。

图 6-11 所示的乌木和鸡翅木的纹理是自然形成的，且别具一格。可以说，每一块木材呈现出来的装饰纹理都是独一无二的。

图 6-11　乌木和鸡翅木的纹理

（4）木材容易解离，可以用机械的方法打碎再胶合。刨花板与纤维板（见图 6-12）的生产就利用了木材的这种特性，这也是木材利用率特别高的原因，用它能够生产、制造大量物美价廉的木制产品。

图 6-12　刨花板与纤维板

（5）木材具有干缩湿胀性。

和其他材料不同，木材在大气中受环境的影响较大，当环境的温度和湿度发生变化时，常常引起木材的膨胀或收缩，严重时会发生开裂与变形（见图 6-13），这降低了木材的使用价值，增加了木制品结构性损伤。

图 6-13 木材的开裂与变形

木材的干缩湿胀是木材的最大变数,也成为是否能用好木材的关键。在木材的利用中,最难以把握的往往是木材中的水分,因为它直接影响木材的性质,使木材具有变异性。其中最值得关注的是由于木材中水分的变化而导致的木材尺寸的变化,也就是我们通常所说的"木材的干缩湿胀"。木材的干缩和湿胀是指木材在绝干状态至纤维饱和点的含水率区域内,水分的减少或增加使木材细胞壁产生干缩或湿胀的现象。

若木材的含水率高于纤维饱和点,则含水率的变化并不会使木材产生干缩和湿胀。当木材的含水率在纤维饱和点以下时,随着木材含水率的降低,干缩量随之增大,直至木材含水率降为零时,其干缩量达最大值。同样,木材的湿胀由木材含水率为零时开始,随着含水率的增高,湿胀量也随之增大,直到含水率达到纤维饱和点时,其湿胀量达到最大值。干缩湿胀直接的外观反映是,同一块木材,当含水率升高时,木材的三维尺寸及体积会变大;当含水率降低时,木材的三维尺寸及体积会变小。木材干缩与湿胀的程度用干缩率和湿胀率表示,在实际应用时,不必求得干缩率或湿胀率,而是应用含水率每降低 1% 所引起的单位尺寸或体积缩小的百分比值,这一数值称为干缩系数。

(6)木材具有各向异性

如图 6-14 所示,由于木材的构造在各个方向不同,因而木材在不同方向上的力学性能也有所不同,在使用木材时应充分考虑到这个特点。例如,在顺纹方向和横纹方向上,木材的抗拉强度、抗压强度不同。木材顺纹抗拉强度是指木材沿纹理方向承受拉力载荷的最大能力,横纹抗拉强度是指垂直于木材纹理方向承受拉力载荷的最大能力。木材由管型细胞构成,每个细胞都像一根管柱,沿纵向排列,所以木材的木纤维向联结最强,顺纹抗拉强度最高。木材顺纹受到压力后,在压力达到一定程度时细胞壁向内翘曲然后破坏。木材横纹抗压强度较弱,依载荷作用于年轮的方向,分为弦向抗压和径向抗压,外力相切于年轮的方向为弦向,外力垂直于年轮的方向为径向。横纹受压,管型细胞容易被压扁,所以横纹抗压强度仅为顺纹抗压强度的 1/8 左右。

从木材的三个切面来看,木材的性质在三个切面方向具有明显不同的特点,这就是木材的各向异性,如木材的纵向导电导热系数为横向的 2 倍;纵向湿胀干缩为弦向的十分之几至百分之几,弦向为径向的 2 倍;顺纹抗拉强度为横纹的 40 倍;顺纹抗压强度为横纹的 5~10 倍。

(7)木材具有一些天然缺陷。

由于木材是一种天然材料,在生长过程中受自然环境的影响,有许多天然缺陷,如节子、弯曲等。这些天然缺陷会影响木材的使用。

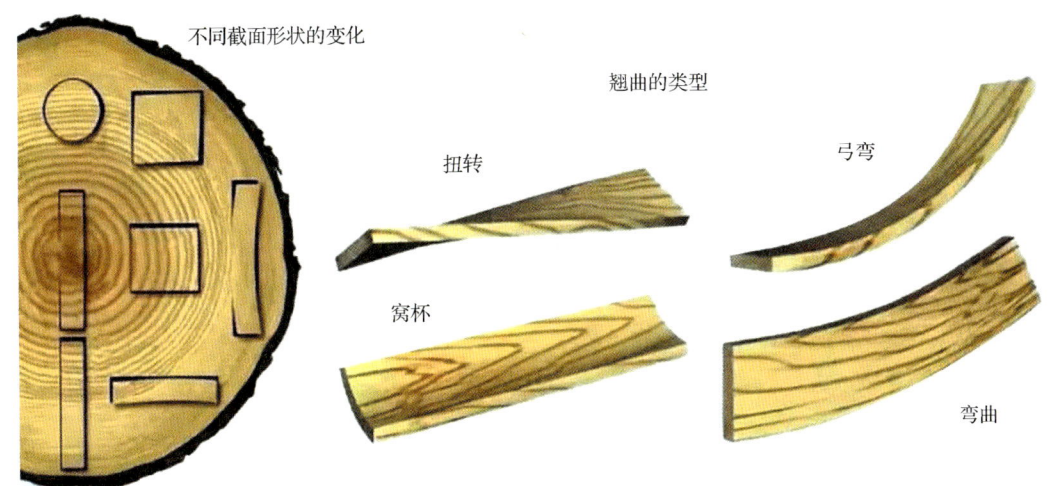

图 6-14 木材的各向异性

① 节子。节子是树木的枝条在生长过程中,树干上的活枝条或枯死枝条被逐渐加粗的树干包围起来而形成的,这是树木的一种正常生理现象。节子按其断面形状可分为圆形节、条状节、掌状节三种;按节子材质和周围木材的连生程度,又可分为活节、死节和漏节三种。活节与周围木材全部紧密相连,其质地坚硬、构造正常,对木材的使用影响较小。死节与周围木材部分或全部脱离,很容易从木材中脱出。漏节本身结构往往已大部分被破坏,而且和木材的内部腐朽相连。死节和漏节对木材的使用影响较大,必须予以剔除和修补。

节子的存在不仅破坏了木材的完整性和均匀性,损害了木材纹理的美观,而且节子材质坚硬,增加了切削阻力,易损工具。在节子部位因木材变成斜纹,加工后表面不易光洁,强度也有所降低。如图 6-15 所示就是木材的节子。

② 弯曲。树干的轴线(纵中心线)不在一条直线上,有向前后左右凸出的现象,称为弯曲(见图 6-16)。弯曲的程度以弯曲度表示,用内曲面的最大弯曲高度 h(m)与内曲面水平长度 L(m)相比的百分率计算,即

$$弯曲度\ C = \frac{最大弯曲高度\ h}{水平长度\ L} \times 100\%$$

原木的弯曲会影响制材生产的出材率和工作效率;成材弯曲增加了机械加工工序,降低了木材的利用率。因此,要根据产品造型的要求,合理使用弯曲的木材,以达到充分利用。

图 6-15 木材的节子

图 6-16 弯曲的树木

(8)木材易燃、易腐朽,易虫蛀。

由于木材是一种有机物质，在生长和储存的过程中，易受细菌、害虫的侵蚀，使木材受到一定的破坏，降低了其使用性能。另外，木材的着火点低，容易燃烧。

6.4 木材的成型工艺

6.4 木材的成型工艺

木材的成型加工方法种类繁多，既可以利用手工工具进行加工，也可以使用机械设备进行机械加工。随着技术的进步，新工艺、新方法将会不断出现。

6.4.1 木材的加工流程

每一个木材构件加工前，都要根据被加工构件的形状、尺寸、使用材料、加工精度、表面粗糙度等方面的技术要求和加工批量大小，合理选择加工方法、加工机床、刀具、夹具等，拟定出加工该构件的每道工序和整个工艺过程。木制品构件的形状、规格多种多样，但其加工工艺过程一般按照以下顺序。

（1）配料：一件木制品是由若干构件组成的，这些构件的规格尺寸和用料通常要求是不同的，按照图纸规定的尺寸和质量要求，将成材或人造板锯割成各种规格毛料（或净料）的加工过程称为配料，这是木制品加工的第一道工序。配料时应根据制品的质量要求，按构件在木制品上所处部位的不同，合理地确定各构件所用成材的树种、纹理、规格、含水率等技术指标，图 6-17 所示为工人正在锯割配料。

（2）构件加工：经过配料后，要对毛料进行平面加工、开榫、打孔等，由此加工出具有一定技术要求的形状、尺寸、结构和表面粗糙度的木制品构件，图 6-18 所示为加工好榫头的构件。

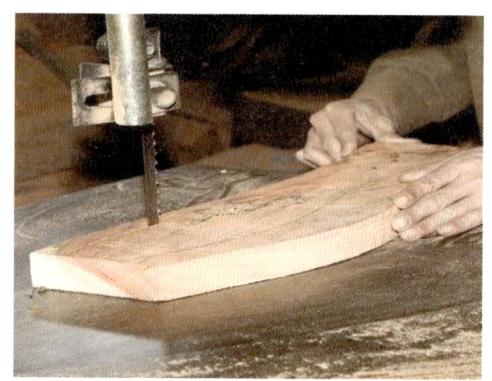

图 6-17　工人正在锯割配料

图 6-18　加工好榫头的构件

① 配料加工：从原料板材，经过锯割加工，制成所需要的毛料的过程。

② 基准面的加工：为了获得构件正确的形状、尺寸和光洁的表面，并保证后续工序定位准确，必须对毛料进行基准面的加工，它是后续加工的尺寸基准。基准面包括平面(大面)、侧面(小面)和端面等。基准面加工可利用手工平刨或在平刨床、铣床上完成。

③ 相对面的加工：在基准面加工完成后，即可以基准面为基准加工出其他几个表面，以便最后获得平整、光洁、具有符合技术要求的形状和尺寸规格的木制品构件。

④ 榫头和榫孔的加工：在采用榫结合方式的部位，应在相应的构件上分别加工出榫头和榫孔。

（3）装配：按照木制品结构装配图以及有关的技术要求，将若干构件结合成部件，或将若干部件和构件结合成木制品的过程，称为装配。对结构和生产工艺比较简单的木制品，可直接由构件装配成成品；而对于比较复杂的木制品，则需要把构件装配成部件，待胶液固化后再经修整或加工，才能最后装配成木制品。图6-19所示为工人正在装配木框架。

（4）表面涂饰：木制品制成后，一般需要进行表面涂饰、着色，以提高制品的表面质量和防腐能力，增强制品外观的美感效果（见图6-20）。木制品的表面涂饰通常包括木材的表面处理、着色和涂漆等工序。

① 表面处理：根据操作工艺的内容和目的的不同，包括去除木材表面的脏污、胶迹、磨屑、树脂，及腻平局部节子、裂纹、孔洞、凹坑等缺陷，并进行砂磨等。

图6-19 工人正在装配木框架

图6-20 表面涂饰

② 着色：为保持木纹肌理效果，对制品表面作透明装饰时进行的表面处理，这是木制品的主要装饰手段之一。应用比较普遍的着色方法是把水粉或油粉，擦涂在经过清净、腻平与砂光的白坯木材表面上。

③ 涂漆：木制品的表面处理工作完成后，即可用手工涂刷或喷涂的方法涂饰底漆和面漆，根据表面装饰和色彩设计的需要，面漆可以采用色漆或清漆。中低档涂料中装饰性能较好的是醇酸树脂漆和氨基树脂漆，保护性能较好的是酚醛树脂漆。我国木制品可用的面漆品种较多，选择面漆时应根据木制品装饰质量的要求，选择档次不同的涂料品种。

6.4.2 木材的加工方法

木材在由制材品到制成品的过程中，常需要经过多种加工工艺，其中包括锯割、刨削、凿削、铣削，以及装配和成型后的表面修饰等。以下简要介绍几种基本操作方法及其所用的主要工具。

（1）木材的锯割：木材成型加工中用得最多的一种操作。按设计要求，将尺寸较大的原木、板材或方材等，沿纵向、横向或按任一曲线进行开板、分解、开榫、锯肩、截断、下料时，都要运用锯割加工。木材锯割时的主要工具是各种结构的锯子，利用带有齿形的薄钢带的锯条与木材的相对运动，使具有凿形或刀形锋利刃口的锯齿，连续地割断木材纤维，从而完成木材的锯割操作。

木工的手工锯按其结构可分为框锯、刀锯、横锯、侧锯、板锯、狭手锯、钢丝锯等，其中最常用的是框锯和刀锯。框锯也称拐锯，如图6-21所示。按用途，框锯又分为纵向锯（顺锯）、横向锯（截锯）和曲线锯（穴锯）等。纵向锯锯条较宽，用于顺着木纹作纵向直线切削。横向锯锯条长度略短、锯齿较密，用于作垂直于木纹方向的直线切削。曲线锯锯条较窄，适用于锯割内外曲线或圆弧。

刀锯也有很多种结构，如图6-22所示。刀锯携带方便，适合在框锯操作不便的场合下使用。双刃锯其两侧边分别为纵向锯齿和横向锯齿，可以作纵横两向锯割；它不受材面宽度的限制，适用于锯割薄木板、胶合板等长而宽的木质材料。鱼头刀锯锯齿交错，只能沿横向锯割木料。

图 6-21　框锯

图 6-22　刀锯

木材加工中常用的锯割机床一般可分为带锯机（见图6-23）和圆锯机（见图6-24）两大类。带锯机是将一条带锯齿的封闭薄钢带绕在两个锯轮上，使其高速移动实现锯割木材。在这种带锯机上不仅可以沿直线锯割，还可以完成一定的曲线锯割。圆锯机是利用高速旋转的圆锯片对木材进行锯割的，其结构简单、安装容易、操作和维修方便、生产效率高，因此应用广泛。

图 6-23　带锯机

图 6-24　圆锯机

（2）木材的刨削：刨削是木材加工的主要工艺方法之一。木材经锯割后的表面一般较粗糙且不平整，因此必须进行刨削加工。木材经刨削加工后，可以获得尺寸和形状准确、表面平整光洁的构件。

木材刨削加工的主要工具是各种刨子。其利用与木材表面成一定倾角的刨刀的锋利刃口与木材表面的相对运动，使木材表面的薄层剥离，从而完成木材的刨削加工。以下简要介绍刨削加工中常用到的工具。

① 木工刨：木工刨是常用的主要刨削工具之一。根据刨削面平、直、圆、曲的各种不同需要，木工刨的种类很多，一般按其用途和构造可分为平刨、槽刨、铁刨、特形刨（球面刨、轴刨）、边刨等（见图6-25）。

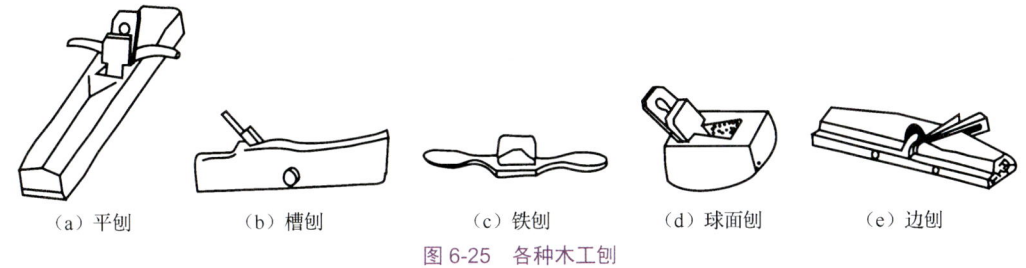

（a）平刨　　（b）槽刨　　（c）铁刨　　（d）球面刨　　（e）边刨

图6-25　各种木工刨

平刨是木工作业中使用最广泛的一种手工刨，按其用途可分为荒刨、长刨、大平刨、拉刨、净刨等，它们的结构基本相同，只是刨床的长度和刨刃对刨底的倾斜角度不同。槽刨、边刨、铁刨以及特形刨，用于在木材表面开槽、裁口或在特殊表面加工的场合中使用。

② 木工刨削机床：刨削机床是通过刀轴带动刨刀高速旋转来进行切削加工的。由于加工件的工艺要求不同，木材刨削机床有多种形式和规格，一般可分为平刨床和压刨床两大类，如图6-26和图6-27所示。压刨床按一次性加工面的多少，分为单面压刨床和多面压刨床。

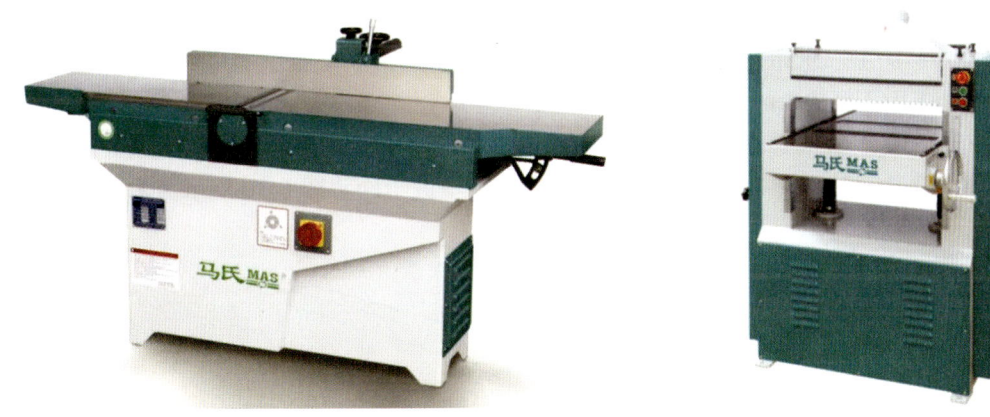

图6-26　平刨床　　　　　　　　　　图6-27　压刨床

平刨床普遍采用手工操作，切削时用手把持并推动工件使之紧贴工作台面进料，形成工件的进给运动，高速旋转的刨刃即对工件进行刨削加工。平刨床主要用来刨削工件的平面，也可通过调整导板的导向面与工作台的角度，刨削工件的斜面。

压刨床也是利用刀具轴的高速旋转，使刨刀获得很高的切削速度，刨削时借压辊的转动，对工件产生滚压进给运动，达到自动进料，从而实现工件的刨削加工。压刨床的主要用途是将平刨床刨好基准面的工件，再刨成所需厚度。

（3）木材的凿削：木制品构件间结合的基本形式是框架榫卯结构，因此在木制品构件上开出榫孔的凿削，是木制品成型加工的基本操作之一。

木材凿削加工时的主要工具是各种凿子，利用凿子的冲击运动，使锋利的刃口垂直切断木材纤维而进入其内，并不断排出木屑，逐渐加工出所需的方形、矩形或圆形榫孔。

① 木工凿（见图6-28）：木工凿按刃口形状分为平凿、圆凿和斜凿，其中平凿用的最多。

② 木工榫孔机床：榫孔机床的类型很多，图6-29所示是用得最普遍的立式榫孔机床。工件上的榫孔是由空心插刀的上下往复运动，插削和配装在插刀内的钻头的旋转运动，钻削联合加工形成的。

图6-28　木工凿

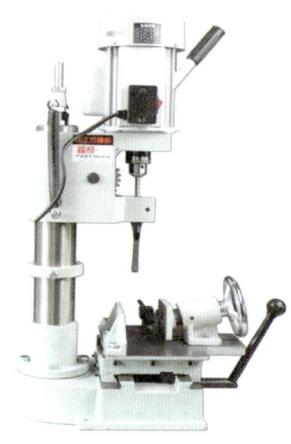
图6-29　立式榫孔机床

（4）木材的铣削：木材成型加工中，凹凸平台和弧面、球面等形状的加工是比较普遍的，其制作工艺比较复杂，一般是在木工铣床上进行的。木工铣床是一种万能设备，它能完成各种不同的加工，如直线成型表面（裁口、起线、开榫、开槽等）的加工和平面加工，但主要用于曲面外形加工。此外，木工铣床还可用作锯削、开榫和仿形铣削等多种作业，它是木材制品成型加工中不可缺少的设备之一。

木工铣床是一种高速切削设备，其结构形式和规格很多，目前我国使用最普遍的是主轴在工作台下方的立式单轴木工铣床，而且多是手工进给的。图6-30所示为木材轴铣加工示意图。

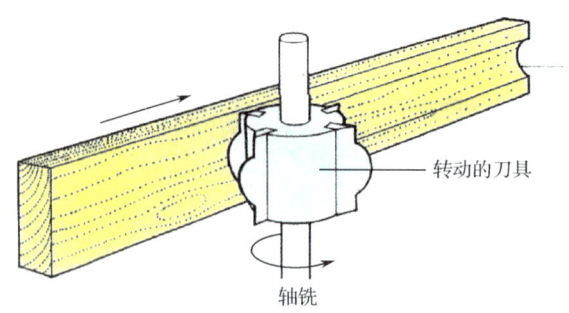
图6-30　木材轴铣加工示意图

（5）木材的计算机数控制作（CNC制作）：将切削刀头安装在一个绕着六个旋转轴的头部，通过计算机控制刀具完成不同形状的木制品雕刻，其工艺精湛、省力、效率高。图6-31所示为用CNC制作的《最后的晚餐》大型雕刻面板。

 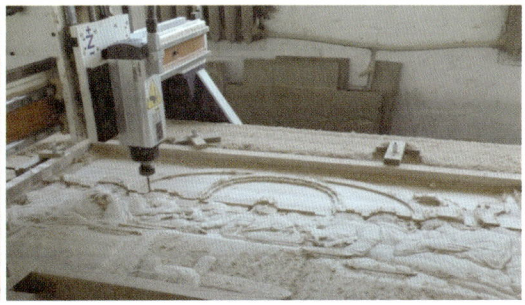

图 6-31　用 CNC 制作的《最后的晚餐》大型雕刻面板

6.4.3　木材的软化处理与弯曲技术

木材的软化处理与弯曲技术主要是指顺纹压缩弯曲技术。顺纹压缩弯曲是将木材首先进行软化处理（水热、高频加热处理），再依照木材的纹理进行弯曲加工的一种方法。木材软化后，在弯曲力矩的作用下将其弯曲成所要求的曲线形状。木材弯曲加工主要包括选材、毛料加工、软化处理、加压弯曲、干燥定型、弯曲部件修整等工序。通过木材软化弯曲的加工方法，可以让原来相对单一的木质产品造型的曲线更加优美、姿态更加丰富，图 6-32 所示为经过顺纹压缩弯曲技术得到的曲线优美的木质椅子。

图 6-32　曲线优美的木质椅子

（1）选材：根据弯曲件的厚度、曲率半径、木材软化处理方式、家具用材要求等因素，选择合适的材种。木材必须没有节疤与裂纹，且应有直的纹理。弯曲性能较好的树种，阔叶材有榆木、柞木、水曲柳、山毛榉、桦木等，针叶材以松木与云杉较好。而白蜡树、桦树、橡树、胡桃木与紫杉木等都可以进行蒸汽弯曲加工。另外，木材弯曲加工时对含水率要求较高。为此，要求未进行软化处理的木材，其含水率为 10%～15%；进行蒸煮软化处理过的木材，其含水率应为 25%～30%；经高频介质加热软化的木材，其含水率为 10%～12%。

（2）毛料加工：木材经挑选配料成所需规格的毛料后，进行刨光和截断加工。木材表面经刨光后，若有斜纹、腐朽、节子等缺陷，会清楚地显露出来，应准确地进行剔除。

（3）软化处理：为了改善木材的弯曲性能，增加塑性变形，需在弯曲前进行软化处理。软化处理是将木材加热，注入增塑剂，以改善木材的弯曲性能。在软化处理中，水是一种有效的增塑剂，木材在水的作用下，体积膨胀，当木材的含水率等于其纤维饱和点时，体积膨胀达到最大，此时是木材弯曲的最佳状态。氨和尿素也是很有效的增塑剂，可适当采用（见表 6-2）。

表 6-2　木材的软化处理方法

方法分类	处理措施	
物理方法	水热处理（蒸煮法）	水煮软化处理
		汽蒸软化处理
	高频介质加热处理	
化学方法	氨塑化软化处理	
	氨水处理与微波加热联合软化处理	

（4）加压弯曲：木材经软化处理后，应立即进行弯曲，以防时间较长降低塑性，影响弯曲效果。木材加压弯曲的方法可分为手工和机械两种形式。手工弯曲利用夹具、样模、挡块等进行限位，然后用拉杆上劲，使之弯曲。机械弯曲就是利用环形曲木机使木材弯曲，可节省人力。图 6-33 所示为手工弯曲方式的夹具示意图；大批量的木材可采用机械弯曲。图 6-34 所示为环形曲木机操作示意图。

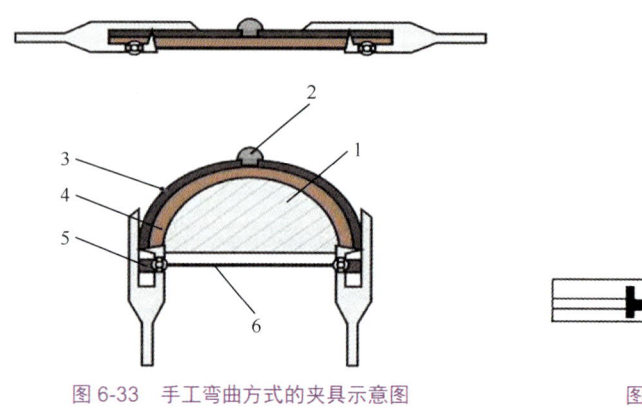
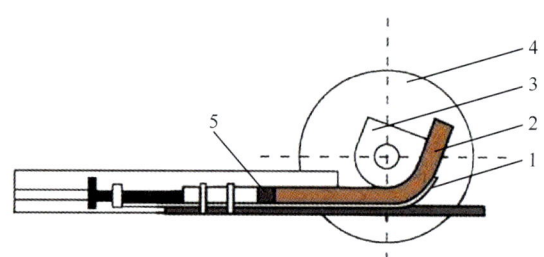

图 6-33　手工弯曲方式的夹具示意图
1—样模　2—楔子　3—金属夹板
4—弯曲方材　5—端面挡块　6—拉杆

图 6-34　环形曲木机操作示意图
1—金属夹板　2—弯曲方材　3—样模
4—工作台　5—端面挡块

（5）干燥定型：木材弯曲后具有较大的内应力，特别是经过水热处理的木材，回弹性较大，如果木材加压弯曲后立即松开，就会在弹性恢复的作用下而伸直。因此，必须对弯曲木材进行干燥处理，以保持弯曲零件尺寸与形状的稳定性。弯曲木材干燥定型的方式有定型架干燥定型，连同夹具一起干燥定型及在曲木机上干燥定型。定型架是一个具有跟弯曲木材相同形状的架子，把弯曲好的木材从样模上卸下来，插入定型架中，送入干燥室进行干燥。连同夹具一起干燥定型是指木材弯曲后用拉杆固定，并连同金属夹板与样模一起从曲木机上卸下，送入干燥室进行干燥。

（6）弯曲部件修整：最后对弯曲部件进行钻、铣、雕刻等一系列切削加工及表面修整，以满足工艺要求。

图 6-35 是波多黎各的设计师 Javi Olmeda 设计的一款红木咖啡豆咖啡桌，是设计师受到咖啡豆外形的启发而设计的。桌子由红木条弯曲成型而后进行拼接，所有木条并排得到一个巨型咖啡豆的造型。红木的颜色呈棕色，和咖啡豆颜色相似，用来做咖啡桌再适合不过。

图 6-36 所示的名为 Wooden Chair 的椅子是设计大师马克·纽森（Marc Newson）在 1988 年，为"小说之家"展览馆设计的。这张单椅原本是马克·纽森自己的公司——POD 所生产的，采用的是加拿大的枫木及澳洲特有的木材。后来马克·纽森想要突破材料上的限制，在换由制造商 Cappellini 接手生产之后，将这张椅子的材质改为山毛榉。

图 6-35 红木咖啡豆咖啡桌

图 6-36 Wooden Chair

Wooden Chair 整体的曲线设计类似于希腊字母 α 的形状,用蒸汽弯曲来制出柔和的线条形状,其中每一块山毛榉木都根据其半径的需要而单独加工。由 Cappellini 生产的 Wooden Chair,其椅背的角度比原来的版本更为倾斜,这样的调整能让人在坐下时更容易沉浸到放松的状态。

6.5 木材的二次加工

6.5 木材的二次加工

当木材通过成型工艺制作成各个构件以后,还需要将构件连接,并且对构件表面进行修护和装饰,才能形成最终的木制产品。所以木材的二次加工包括木材的连接及木材的表面处理。

6.5.1 木材的连接

大部分木制品由多个木质构件按一定的连接方式装配而成。木制品的连接方式很多,常见的有榫卯结合、胶结合、钉结合和板材拼接。

1）榫卯结合

榫卯是中国传统建筑、家具及其他器械的主要结合方式，是在两个构件上采用凹凸部位相结合的一种连接方式，被称作中式建筑、家具的"灵魂"。凸出部分称榫（或榫头）；凹进部分称卯（或榫眼、榫槽），这是由榫头插入榫眼构成的结合，其特点是在物件上不使用钉子，利用榫卯加固物件。木构件上凸出的榫头与凹进去的卯眼，简单地咬合，便将木构件结合在一起。由于连接构件的形态不同，由此衍生出千变万化的组合方式，使中式家具达到功能与结构的完美统一。

"榫卯"，按构合作用来归类，大致可分为三大类型：第一种主要是面与面的结合，也可以是两条边的拼合，还可以是面与边的交接构合，如槽口榫、企口榫、燕尾榫、穿带榫、扎榫等。第二种是作为"点"的结构方法，主要用于作横竖材丁字结合、成角结合、交叉结合，以及直材和弧形材的伸延接合，如格肩榫、双榫、双夹榫、勾挂榫、锲钉榫、半榫、通榫等。第三种是将三个木材构件组合一起并相互连接的构造方法，这种方法除运用以上的一些榫卯联合结构，还有一些更为复杂和特殊的做法，常见的有托角榫、长短榫、抱肩榫、棕角榫等。根据结合部位的尺寸、位置、构件在结构中的作用等的不同，榫卯有各种结合形式，如图6-37所示。

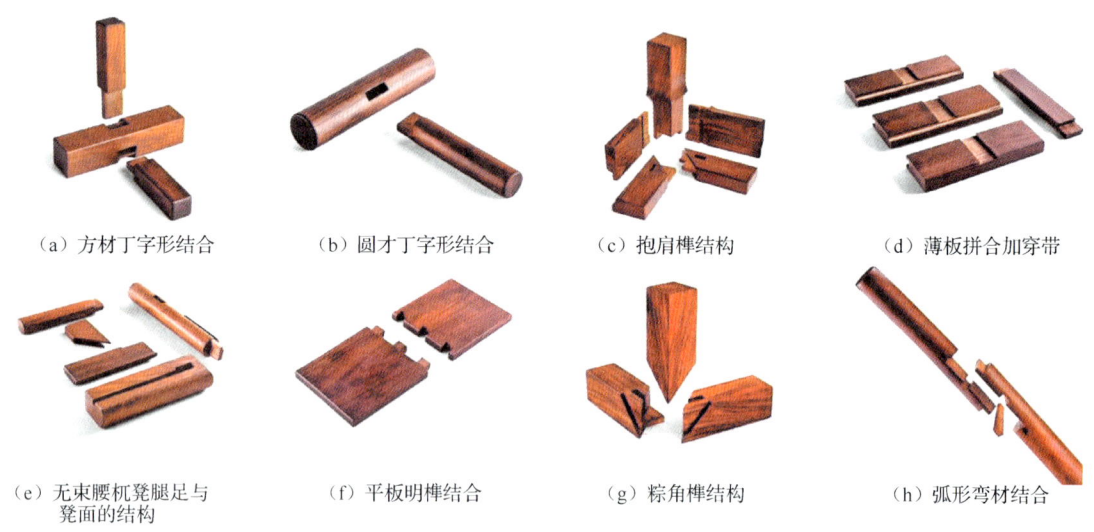

（a）方材丁字形结合　　（b）圆才丁字形结合　　（c）抱肩榫结构　　（d）薄板拼合加穿带

（e）无束腰杌凳腿足与凳面的结构　　（f）平板明榫结合　　（g）棕角榫结构　　（h）弧形弯材结合

图6-37　多种多样的榫卯结构

榫卯结合主要依靠榫头四壁与榫眼相吻合，因此榫头和榫孔在制作时，必须注意结合合理、配合密实。在装配时，榫头和榫眼四壁均匀涂胶，装榫头时不宜用力过猛，以防激裂榫眼；通孔装配后可加木楔，达到配合紧实的目的。

榫卯结合是中国传统工艺，至今仍然被广泛应用，其优点是各构件受力明确、构件简单、结构外漏、可多次拆装、便于检查。图6-38所示为由榫卯结构连接的实木电视柜，整个柜体没有使用一颗螺丝，全部由燕尾榫卯拼接，能使用得更加长久。榫卯是实木家具之魂，它不仅能让家具的结构十分稳固，并且也具有很好的外观装饰作用。这种结构的巧妙运用，不仅能让家具多次拆卸后保存完好，更显实木家具的艺术特性。燕尾榫是抗拉性最强的榫卯结构之一，它可以在任何类型的结构中使用，并且连接非常牢固，也最能体现家具的工艺水平。

图 6-38　由榫卯结构连接的实木电视柜

榫卯结构是中国传统文化的精华，必须将之继承与发扬光大，不仅要对其了解和掌握，还需要对其进行研究，更应该在现代的各种产品设计中因地制宜地加以利用开发，以设计出更多兼具传统文化与现代技术风格的产品。图 6-39 所示为现代感十足的榫卯结构家具产品。

图 6-39　现代感十足的榫卯结构家具产品

国外很多设计师也在发掘我国如此精巧的榫卯结构，并加以利用。如图 6-40 所示的 ZOWOO Sun Mao 蓝牙扬声器是由法国设计团队矩刻（JUKE）设计的。它的特点是应用传统的中国无钉木结构技术，即榫卯结合。木料材质给人亲和、自然之感，采用传统的榫卯结合后，可以让使用者感到舒适亲切，也增加了产品的趣味性。

图 6-40　ZOWOO Sun Mao 蓝牙扬声器

2）胶结合

胶结合（如图6-41）是木制品常用的一种结合形式，主要用于实木板的拼接及榫头和榫眼的胶合。其特点是制作简便、结构牢固、外形美观，产品形式不受手工工艺的局限。由于木材具有良好的胶合性能，当将胶液涂于刨削光洁的木材表面上并紧密压在一起时，除结合面会形成胶膜，胶液还沿结合面渗入木材的孔隙中，并在那里凝固，如同无数颗细小的胶钉钉入木材中，使结合面具有一定的胶合强度，因而使两个待结合表面的木材纤维牢固结合成一个整体。胶结合强度的大小除了与胶的质量及使用方法有关，还与木材的性质、胶缝厚度有关。就木材而言，质地松软的针叶树材和阔叶树材中的环孔材比质地坚硬的树材的胶合性能好。胶层厚度对胶合强度的影响是：胶层越厚，胶合强度越低。

图6-41 胶结合方式固定木材

木材胶结合时使用的黏合剂种类很多，木制品行业中常用的黏合剂有皮胶、骨胶及蛋白胶等。近年来使用最多的是合成树脂黏合剂，如聚醋酸乙烯酯乳胶液和热熔胶等。聚醋酸乙烯酯乳胶液简称RVAC乳液，俗称白乳胶。这种乳胶液的性能优于动物胶（见图6-42），因此在木制品行业已逐步代替动物胶使用。这种胶为水性乳液，使用方便，具有良好和安全的操作性能，不易燃、无腐蚀性，对人体无刺激作用。它在常温下固化快，不需要加热，并可得到较高的干状胶合强度，固化后的胶层无色透明，不污染木材表面。但这种乳胶液成本较高，耐水性、耐温性和耐热性差，易吸湿，在长时间静载荷作用下胶层会出现蠕变，故这种胶只适宜用于室内用木制品。动物胶也称皮骨胶，是一种热塑性胶。其胶层凝固迅速，有较好的胶合强度，使用方便、价格低廉，对各种作业环境适应性强，但不耐水、耐腐性差，有明显的收缩性。

图6-42 白乳胶和动物胶

3）钉结合

除了可以利用木螺钉将两块木材接合在一起，还有大量专用的连接元件用于木制品的结合，如图6-43所示。使用这些元件，可极大地提高木制品加工的机械化程度。螺钉与圆钉的结合强度取决于木材的硬度和钉的长度，并与木材的纹理有关。木材越硬、钉直径越大、长度越长、沿横纹结合,则强度越大;否则,强度越小。操作时要合理确定钉的有效长度和直径,并防止构件劈裂。图 6-44 所示为 Stamp table 的设计,利用桌面的条状凹陷造型,将原本对造型产生破坏的螺钉融入产品,作为桌面的点缀。

图 6-43　木材各类连接元件

图 6-44　Stamp table 的设计

4)板材拼接

木制品上较宽幅度的板材,一般都是采用较窄的实木板拼接而得到的。采用实木板拼接时,为减小拼接后的翘曲变形,应尽可能选用材质相近的板料,用黏合剂或既用黏合剂又用榫、槽、钉等结构,拼接成具有一定强度的较宽幅面板材。拼接方式有很多种,如表 6-3 所示。设计时可根据制品的结构要求、受力形式、黏合剂种类,以及加工工艺条件等选择。

表 6-3　实木板材的拼接方式

方　式	结 构 简 图	备　注
平拼		

续表

方 式	结构简图	备 注
企口拼		$b=\dfrac{1}{3}B$ $a=1\dfrac{1}{2}b$ $A=a+2\text{mm}$
搭口拼		$b=\dfrac{1}{2}B$ $a=1\dfrac{1}{2}b$
穿条拼		$b=\dfrac{1}{3}B$ （用胶合板条时可更薄） $a=B$ $A=a+3\text{mm}$
插入榫拼		$d=\left(\dfrac{2}{5}\sim\dfrac{1}{2}\right)B$ $l=(3\sim 4)d$ $L=l+3\text{m}$ $t=150\sim 250\text{mm}$
明螺钉拼		$l=32\sim 38\text{mm}$ $l_1=15\text{mm}$ $\alpha=15°$ $t=150\sim 250\text{mm}$
暗螺钉拼		$D=d_1+2\text{mm}$ $b=d_2+1\text{mm}$ $l=15\text{mm}$ $t=150\sim 50\text{mm}$ d_1——螺钉头直径 d_2——螺钉杆直径

6.5.2 木材的表面处理

按木制品的最终使用要求和视觉要求，一般都要进行表面处理。中国古代早已使用生漆、桐油涂饰木制品；明代家具除了涂饰，还有雕刻、镶嵌等装饰技术。20世纪40年代后，酚醛树脂涂料开始在一些国家采用，在这之后合成树脂涂料逐渐占主要地位。20世纪60年代陆续出现的新颖贴面装饰材料，又为木材表面装饰的进一步发展提供了条件。现代木材表面装饰处理工艺主要有表面涂饰、表面覆贴和表面机械加工三种。

1）表面涂饰

（1）表面涂饰的目的。

木制品制成后一般要进行表面涂饰，而涂饰可以起到保护及装饰木材表面的作用。表面涂饰分为透明涂饰和不透明涂饰两种，透明涂饰（见图6-45）能保持原有木材纹理，且使木材纹理更加清晰、饱满，具有立体感，其适用于材质优异、纹理美观、颜色相近或一致的中高档家具；不透明涂饰（见图6-46）能遮盖原有木材纹理，木制品表面被色漆或色漆制作的花纹图案所代替，多用于木纹不规则、本色深浅相差明显的普通家具，其能够提高木制品的外观效果。利用表面涂饰材料，可以起到提高木材的硬度、防水防潮、防霉防污的作用，从而提高木制品的寿命。

图6-45　透明涂饰

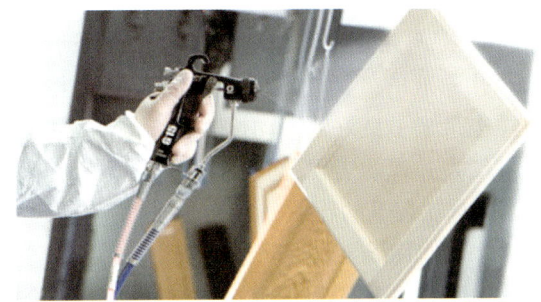
图6-46　不透明涂饰

（2）涂饰前的表面处理。

由于木材表面不可避免地存在各种缺陷，如表面的毛刺、纹孔、虫眼、节疤、色斑、松香及其分泌物松脂等，不预先进行表面处理，将会严重影响涂饰质量，降低装饰效果。因此，必须针对不同的缺陷，采取不同的方法进行涂饰前的表面处理。

去毛刺：木制品表面经刨削后，总有些不完整的木制纤维残留在表面，影响表面着色的均匀性，因此进行涂层被覆前一定要去除毛刺。一般木制品用砂磨法去除毛刺即可；高级木制品可用湿润的抹布擦拭表面，使毛刺膨胀竖起，待表面干燥后再用细砂纸砂磨；也可用火燎法去除毛刺。

脱色：不少木材含有天然色素，有时需要保留，可起到天然装饰作用。但有时因色调不均匀，带有色斑，或者木制品要涂成浅淡的颜色，或者涂成与原来材料颜色无关的色彩时，就要对木制品表面进行脱色处理。脱色的方法有很多，用漂白剂对木材漂白较为经济且见效快。一般情况下，常在颜色较深的局部表面进行漂白处理，使涂层被覆前木材表面颜色取得一致。常用的漂白剂有过氧化氢、次氯酸钠和过氧化钠等。

消除木材内的杂物：大多数针叶树木材中含有松脂，松脂及其分泌物会影响涂层的附着力和颜色的均匀性。在气温较高的情况下，松脂会从木材中溢出，造成涂层发黏。清除松脂常用的方法是用有机溶剂清洗，如用酒精、松节油、汽油、甲苯等，这些溶剂大多是易燃物品，使用时应特别注意安全。

（3）底层涂饰。

底层涂饰的目的是改善木制品表面的平整度，提高透明涂饰及模拟木纹的显示程度，获得纹理优美、颜色均匀的木质表面，为面层涂饰打好基础。

汉斯·瓦格纳（Hans Wegner），1914—2007，生于丹麦。1936年，在哥本哈根当地的工艺美术学校学习设计；第二次世界大战期间，进入雅各布森建筑事务所工作，主要负责室内和家具设计。他是迄今为止对丹麦家具设计具有重大意义的人物，一生创作了500多款椅子，被称为"椅匠中的椅匠"。他从来没有被风格所约束，也从来没有被卷入任何一种款式中，而是让木材、设计和赋有精湛工艺的制作工艺相互结合，以制作出精致的作品。在任何时候，他都亲自研究每个细节，尤其强调一件家具的全方位设计，认为"一件家具永远都不会有背部"。他是这样教别人买家具的:"你最好先将一件家具翻过来看看,如果底部看起来能让人满意,那么其余部分应该是没有问题的"。以优雅而精练外形著称的孔雀椅(Peacock Chair)(见图6-47)就是他设计的,灵感取自英国温莎椅。该设计将原木材料与绳子结合,打磨光滑并进行透明涂饰,透出原木的纹理和色彩,给人自然亲和的感受,充分体现了人性化特征。细条形的椅背,以及孔雀般的外形,不仅给人带来视觉上的愉悦,同样也带来了良好的灵动性。它突出的后现代线条不仅仅是外观的表现,其奢华的椅背设计也是一种符合人体工程学的壮举。

图6-47 孔雀椅

2)表面覆贴

木制品的表面覆贴是将面饰材料通过黏合剂粘贴在木制品表面而成一体的一种装饰方式,如图6-48所示。

用于木材及其制品表面覆贴的方法和材料很多,其中历史最久、应用最广的是单板和薄木贴面。单板由木材经旋切、半圆旋切、刨切等制成,其幅面较大且花纹美观。薄木厚度为2mm以下时,按厚度可分为厚薄木、薄型薄木和微薄木,厚度大于或等于0.5mm的为厚薄木,厚度在0.2~0.5mm之间的为薄型薄木,厚度小于0.2mm的为微薄木,微薄木一般比较少见。除了天然薄木,对某些纹理色调比较单调的木材还可通过组合薄木、集合薄木和染色薄木等方法人工制成,可使纹理多变、色调丰富。这些方法不仅可模拟美观的天然花纹,还可组拼成天然木材所没有的纹理。其他贴面材料还有三聚氰胺装饰板、树脂浸渍装饰纸、非浸渍装饰纸、塑料薄膜、金属箔材等,主要用于人造板表面覆贴。

图6-48 木材的覆贴

图6-49所示为木材覆贴边缘的处理方式。其中,可以用实木缘材、金属缘、塑料边材,通过胶粘或者金属钉等结合方式,对木材边缘进行覆贴。

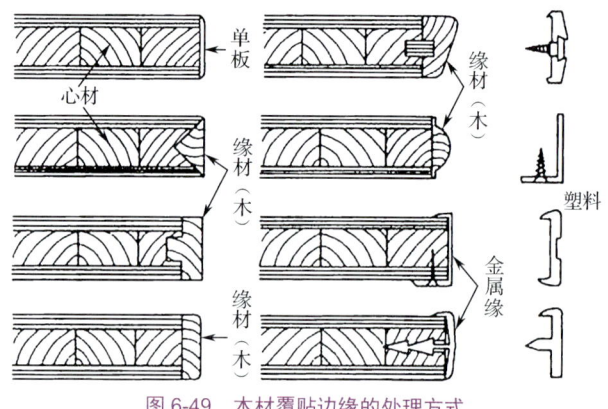

图6-49 木材覆贴边缘的处理方式

3)表面机械加工

表面机械加工即用切削工具或模具对木材制品表面进行装饰性加工的方法,是传统手工雕花方法的机械化，铣沟、刨槽、钻孔、压纹都是常见的表面机械加工方法。在建筑物、船舶和车辆内壁的表面装饰中，一定距离的平行沟槽非常多见，其能够起到增加表面阴影及隐蔽拼缝的作用。如果为了增强木材的吸音性能，可以在木材表面钻孔，孔距按声学驻波原理进行排列，有盲孔、半盲孔、穿孔等形式；也可按各种图案花纹排列钻孔，以增加美观。此外，还可通过铣削或模压方法制成具有立体效果的浮雕图案等。进行机械加工的木材表面，还应用适当涂料进行涂饰。

6.6 新型木材

6.6 产品设计中常用的木材

原生态木材虽然具有许多天然的性能优点，但是也天然地存在许多缺陷，如变异性（不同树种、不同生长环境、树干不同部位的木材，其构造和性能也各不相同）、各向异性（木材不同方向上的构造性能、物理力学性能、加工性能各不相同）、开裂、扭曲、变形等，给使用带来了许多不便。同时，对木材进行常规锯切后，难免留下许多不方便使用的剩余物，如锯屑、形状非规整的边皮料等，这严重地影响了木材的利用率。于是，人们对木材进行各种改性加工，或对木材的有效成分进行重组，制成了类似于木材的各种新型木质材料。

经过处理和加工后的材料，其性能与原材料的性能有所区别。但就其外观特征而言，有的较好地保留了木材的原有外观，有的则出现了较大的变化。一般来说，木材作为原材料，解体程度越大的，其外观性能与木材的差距也越大，反之亦然。如中密度纤维板（MDF）是将木材解体成纤维，再施胶和热压，制成一定厚度的板材；在板材表面，木材图案、花纹、导管孔以及导管孔沟槽等纹理特征已不复存在。而层积木是将一层层薄的木板用黏合剂胶合而成的，层积以后的材料仍然保留了最外层木材的外观性能，它们看起来与一般原生态木材没有区别。为了和普通民众的直观感觉相吻合，目前更倾向于将较为真实地保留了原生态木材外观特征的材料称为"新型木材"，而将失去了原生态木材外观特征的材料称为"木质材料"。

6.6.1 新型木材概述

图 6-50 塑合木

就现阶段的研究水平，我们常见的已经用于生产生活实践的新型木材品种主要有：塑合木、重组木、压缩木、金属木、层积木、细木工板、胶合板、指接板和单板（或薄木）及单板覆面复合板等。

1）塑合木

塑合木，如图 6-50 所示，是一种木塑复合材料（Wood Plastic Composites，WPC），因此也称木塑复合材。其是将有机单体注入木材的微细结构中，然后采用电子静电加速器的电子束照射或者 Co60 同位素的 γ 射线穿透（称为辐射法），也可借助引发剂和加热的作用（触媒法）以及其他方法（如超声波法、触媒-辐射法等），使有机单体与木材组分产生接枝共聚或均聚物所得到的复合材料。塑合木是1961年问世的，1964年被美国新闻通讯社列为十大科学成就之一。与天然木材相比，这种新型木材具有许多优良性能，其提高了木材的使用价值。

塑合木的力学强度比木材的大。一般来说，其比木材的抗冲击强度提高2~3倍，静曲强度则提高了4~5倍；硬度提高了4~6倍，有时高达9倍；抗压强度、抗剪强度、耐磨强度也均有提高。美国一家公司以丙烯酸为单体注入木材，并经γ射线照射后所制得的桌子，其桌面的耐磨强度比大理石的高5倍。

塑合木的吸水性、吸湿性相比于木材的大大降低，但其具有较好的体积稳定性。

塑合木的耐热性能高。在制造塑合木的过程中，若在单体溶液中加入某些滞火剂，如用偏氯乙烯类单体、磷酸氢二铵、硫酸二氢铵、有机磷等物质浸注木材，则可以大大改善塑合木的耐燃性能。

塑合木的表面形状较天然木材有所改变。经过塑化处理，可以使天然木材的粗糙表面变得更加光滑。如果在浸注单体中加入染料，还可以获得有色塑合木，其颜色可以根据需要而定。

塑合木的耐腐性能好。在木材结构中填充单体聚合物后可以大大降低木材空隙率，聚合物的存在改变了木材中木腐菌所需要的营养成分，使其不能像天然木材那样为木腐菌提供适宜的空气、水分和营养，不利于木腐菌的生长，从而改善了木材易腐朽、易虫蛀的缺点。

塑合木的耐候性能好。塑合木的吸水性能降低，由于木材干缩湿胀所引起的尺寸稳定性得到改善，不会因气候的差异而开裂破损，因而易于贸易交流，且适于远销海外。塑合木的加工性能与木材的基本相同，它可以刨、旋、切削、钉与胶合，对表面涂饰也无不利影响。

基于这种新型材料具有良好的尺寸稳定性、力学强度和耐腐性等诸多优点，塑合木具有很广泛的应用领域，广泛应用于建筑材料、工业材料、工艺材料、家具和文化体育用品领域。

2）重组木

重组木（Scrimber Wood）是在不打乱木材纤维排列方向、保留木材基本特性的前提下，将木材碾压成"木束"重新改性组合，而制成的一种强度高、规格大、具有天然木材纹理结构的新型木材。其完全可以代替实木硬木，且其性能优于实木硬木。图6-51所示为重组木地板。

重组木主要用作建筑结构材料。由于重组木产品的密度可人为控制，在保证一定强度和安全系数的前提下，可根据设计，最经济地选择截面尺寸，以节约原材料、降低成本。重组木可用普通的木材加工机械和工具进行锯、刨、钻孔、开榫、钉钉等，并可直接进行油漆等装饰。如在生产过程中加入各种填料、颜料和阻燃、杀菌等化学剂，能生产具有综合功能的结构用材，同时重组木握持紧固件的性能（如握钉力）也较好。从美国缅因州立大学实验室试验结果得知，重组木的性能不比钢筋混凝土的差，甚至某些方面比钢筋混凝土的还要好。缅因州立大学于1995年完成了世界第一座重组木大洋码头的建设，这座大洋码头坐落在缅因州巴尔港（见图6-52），长124英尺（约37.8m）。其使用重组木材，比钢质码头造价低25%的同时，桥梁本身的抗压能力完全达到了钢混建材的性能与水平。

图 6-51　重组木地板

图 6-52　缅因州巴尔港

图 6-53　压缩木

3）压缩木

压缩木（见图 6-53）是将木材进行热压处理而制成的质地坚硬、密度大和强度高的材料。压缩木制造主要有表面压密木材和整形压缩木材两种。将干燥的针叶树锯材的表层部分浸泡在水中预定的深度，当渗入定量的水以后，用微波辐射加热。由于木材的表层部分含有水分，从而使其得到软化，然后将其直接放置在热压装置上压缩、压密，再经干燥使压缩部分固定，就得到了表面压密的木材。为了提高表面压密木材的尺寸稳定性，利用水溶性的树脂代替浸入木材中的水，经过压密以后，由于树脂的固化，可使变形固定。这时最重要的就是树脂的性质，树脂应该能浸入木材细胞壁内，使木材塑化，并具有一定的防水作用。这些表面压密材的表面物理性质和装饰特性较好，因而可应用于家具和室内装修等领域。

木材的整形压缩技术应用木材可塑性原理，加热处理木材使之塑化后，经过压缩、整形处理，使木材从原木的圆柱形直接加工成方形木材。整形后的木材质地坚硬、密度大，强度和耐磨性提高，常用于建筑和装饰材料。

4）金属木

以熔化的合金或金属元素注入木材制得的"木材 - 金属"复合材称为金属化木材或金属木（见图 6-54）。其处理方法与用水或油注入木材的工艺相似，但其处理温度较高，处理工艺有所不同。一般材种均可采用此法处理，但注入量与注入深度比用水溶液或油溶液注入的变异更大。液化金属与一般溶液的注入不同，注入的金属只能进入细胞腔，所以金属注入量决定于细胞腔和细胞间隙的大小。在第二次世界大战期间，德国用含有 3% 润滑油的金属化木材代替愈创木（最致密材）做轴承，这种处理方式，虽然现在看来用途有限，但在当初，作为特种木材可能有相当好的利用价值。对用作轴承材料的压缩的金属化木材必须首先注意改善木材的导热性和耐磨性。为满足这一要求，在压缩前，必

图 6-54　金属木

须首先采用金属化填料对木材进行浸注处理，通常称这种处理为金属化处理。

金属浸注木材的方法有多种，如整体浸注、局部浸注、表面浸注、离心浸注、复合浸注（加压与浸注并用）、两元浸注和多元浸注等。采用哪种浸注方法，因处理木材的树种、尺寸及用途而定。图 6-55 所示为产品设计师希拉·沙米亚（Hilla Shamia）将金属木的制作流程和工艺融入设计中，将熔化的铝和木材结合在一起，制成的一套引人入胜的家具。其中，熔化的金属不仅渗入多孔木材中，而且还会使两种材料之间的接触点略微焦化。

图 6-55　金属与木融合的家具

5）层积木

图 6-56　层积木

顾名思义，层积木是由一定形状（短而薄或旋切的厚单板等）的板材、涂胶层积、施压胶合而成的具有层状结构和一定规格、形状的结构材料，如图 6-56 所示。通过层积得到的木质材料种类很多，具有代表性的是单板层积材和集成材（胶合木）。

单板层积材（LVL）是层积木的典型产品之一，其是将木材进行旋切，得到较薄的单板，再将多层单板按顺纹或大部分顺纹组坯胶合而成的。

早在 1907 年德国就开始生产集成材，并被用在建筑行业上，在第一次世界大战期间集成材就有了可观的发展。1934 年，美国开始采用层板胶合的三铰框架；1951 年，日本开始建造层板胶合的圆弧形拱；1956—1958 年，我国在北京、天津、哈尔滨等地采用了多种形式的胶合木建筑构件，如胶合木屋架和胶合木框架等，积累了宝贵的经验。1990 年北京亚运村康乐宫嬉水乐园的网状木屋顶就采用了我国自行研制的胶合梁。集成材是适应森林结构变化需要而产生的，其开发较早。它与单板层积材有许多相似之处，所不同的是集成材使用短而窄的锯制板材，进行层积胶压。集成材同样可消除木材中的缺陷对材料性能的影响，可有效利用小料，减少大断面材的弯曲和变形，其在性能方面优于 LVL 和成材。

6）细木工板

细木工板是指在胶合板生产的基础上，将小尺寸的木材在长度方向和宽度方向上进行纵向、横向拼接，拼接成大幅面的板材，再在两面覆盖两层或多层胶合板，经胶压制成的一种特殊胶合板，如图 6-57 所示。细木工板的特点主要由芯板结构决定。由于细木工板的芯材是

图 6-57 细木工板

由小尺寸的木板拼接而成的,所以它是木材"小材大用"的典型案例。制造细木工板可以充分利用小径级木材和木材加工的边角余料,因而可节约木材。一般用材质较差的木材(如杉木、杨木等)作为细木工板的芯板,而用材质较好的树种的单板作为细木工板的面板,这样可以提高细木工板的表面品质。

细木工板中的板芯由小尺寸木板拼接而成,拼接过程需要使用黏合剂,而且面部单板与芯板胶合时也需要使用黏合剂。如果使用的黏合剂含有有毒成分,则所制成的板材就难免被污染,而使用无毒水性黏合剂可以避免此污染。细木工板的结构特性决定了它比实木木板的尺寸稳定性好。细木工板的强度特性由多种因素决定,主要影响因素包括:面部单板的材种和厚度尺寸、芯板的材种和尺寸、芯板拼接和面板与芯板复合所使用的黏合剂品种。

细木工板的外观质量主要由面层单板的外观质量和芯板的加工拼接精度决定,外观纹理、花纹、表面平整度等由单板的树种和加工精度决定,板材整体平整度由芯板的尺寸精度决定。细木工板一般用于建筑结构材、墙面板、建筑模板、室内装饰内部结构材或外部饰面材料、家具制造用材、包装用材等,用途很广。

7)胶合板

胶合板(见图 6-58)是一种"传统的"新型木材。将木材原木旋切成"单板",将单板表面涂胶,再将单板按木材纹理方向纵横交织,加压状态下用黏合剂固化,利用这种方法获得的板材类型称为胶合板。

实木木材在纵向和横向方向上的强度特征有较大的差异。但胶合板组坯过程中各单板之间的木材纹理纵横交织,因而所获得的板材比实木板材的强度均匀性好,在各个方向上的强度特征趋于一致。为实行单板组坯过程中木材

图 6-58 胶合板

纹理的纵横交织,胶合板的组坯一般奉行"单数原则"和"对称原则",即胶合板单板层数为 3、5、7、…、$N+1$(N 为偶数)层,以中间层为轴线,两边的层数相等,且纹理方向一致。否则,加工出来的板材由于不对称结构会发生变形。胶合板的结构强度一般大于同树种的实木木材,尺寸稳定性也好于实木木材的。胶合板的结构强度与单板树种、单板厚度、单板层数、黏合剂的品种、制造工艺等因素有关。胶合板的外观质量主要与胶合板的面板有关,一般情况下,将表面特征好、花纹美观的单板作为面板。

胶合板常用于建筑结构材、墙面板、建筑模板、室内装饰内部结构材或外部饰面材料、家具制造用材、其他木制品制造用材、包装用材等。图 6-59 所示是芬兰 Marianne Marimekko(玛丽马克)茶盘托盘,托盘材质大部分为爱沙尼亚或瑞典的桦木胶合板,表面工艺为印刷贴纸。该设计通过简单的材质,生动的图案,表达了设计师对于自然和民间生活的观察与热爱。

图 6-59 芬兰 Marianne Marimekko（玛丽马克）茶盘托盘

8）指接板

指接板也是一种"传统的"新型木材。指接板由多块木板拼接而成，上下不再粘压夹板，由于竖向木板间采用锯齿状接口，类似两手手指交叉对接，使得木材的强度和外观质量获得了增强和改进，故称指接板（见图 6-60）。

指接板像实木板一样被直接使用。由于指接板的表面不做覆面而直接使用，使用时对单体的树种和材质有一定的要求。与细木工板的芯板集成相比，指接板集成的加工精度要求较高，否则板面会出现开裂、不平整等质量缺陷。指接板的强度特征由基材性质、黏合剂种类、加工质量等主要因素决定。指接板一般用于室内装饰表面装饰用材、家具制造、木制品制造、高档包装材料。

图 6-60 指接板

9）单板（或薄木）及单板覆面复合板

将木材进行旋切或者刨切，可以得到厚度较薄的板材。厚度小于 2mm 的一般称为薄木，大于 2mm 的称为单板。旋切出的薄木或单板呈带状，而刨切出来的薄木或单板呈片状。由于它们都较薄，因此可以敷贴在其他材料表面，它们自身也可以进行编制加工。利用它的形状特性，可以进行工艺美术创作。以其他木质材料制成的板材（如刨花板、纤维板、各种秸秆人造板等）作为芯材，在板面上用木材单板或薄木覆面，所制成的板材称为单板（或薄木）覆面复合板（装饰板）。由于板材的表面具有木材的外观，所以这里也将其列入新型木材之列。在木材科学学科中，常称此加工处理为"人造板表面二次加工"，这种类型的板材的强度特征由芯板的强度特征决定，其外观特征由贴面材料决定。此类板材的用途与指接板类似。

6.6.2 常见木质材料

常见木质材料指部分或完全失去实木外观特征的、由木质材料作为基材、通过各种加工手段制成的人造材料。常见的木质材料有刨花板、纤维板、人造木材等。

1）刨花板（Particboard）

刨花板也称颗粒板（如图 6-61），是将各种枝芽、小径木、速生木材、木屑等切削成一定规格的碎片，经过干燥，拌以胶料、硬化剂、防水剂等，在一定的温度和压力下压制成的一种人造板，其颗粒排列不均匀。刨花板虽然也称为颗粒板，但其与实木颗粒板不是同一种板材。实木颗粒板只是加工工艺与刨花板类似，但在品质上要远远高于刨花板。

图 6-61 刨花板

根据刨花板结构，可分为单层结构刨花板、三层结构刨花板、渐变结构刨花板、定向刨花板、华夫刨花板、模压刨花板等。单层结构刨花板是整体厚度上碎料的大小、密度均匀的刨花板。三层结构刨花板在厚度方向上明显分为两个表层和中间层三个层次，其中表层碎料粒度较小、密实度较高；中间层碎料粒度较大，密实度较低。渐变结构刨花板在板材的厚度方向上，碎料的粒度和密实度呈渐变状态排列，表层碎料粒度较小、密实度较大，芯层的碎料粒度较大、密实度较低。定向刨花板采用定向技术，将木片、碎料等原料在板中按一定规律定向排列。华夫刨花板是将粒度、密实度不同的原料构成交替规律的模式，类似华夫饼干一样的组坯。模压刨花板是按照最终使用的形态要求，在特制的模具上压制成型的刨花板。

还可根据生产实际的需要，使刨花板具有不同的密度（低密度一般为 $0.25 \sim 0.45 \text{g/cm}^3$，中密度为 $0.55 \sim 0.70 \text{g/cm}^3$，高密度为 $0.75 \sim 1.3 \text{g/cm}^3$，通常生产的密度多为 $0.65 \sim 0.75 \text{g/cm}^3$）、不同的耐水性（分为室内耐水类和室外耐水类）、不同的表面质量（砂光或未砂光）。可以用素板，也可以采用不同的表面装饰材料（如浸渍纸、装饰板、单板、PVC 贴面板等）对板面加以覆盖装饰。总之，刨花板的类型非常多，可以根据实际需要选购或定制各种刨花板。

此处介绍一下刨花板相对于其他板材的工艺特点：①由于刨花板内部为交叉错落结构的颗粒状，结构比较均匀，各部分和各方向的性能基本相同，相比各向异性的木材和其他木质材料而言，其横向承重力较好、加工性能好；②由于是颗粒构成，故刨花板的隔热、吸音和隔音性能也很好；③由于表面层一般粒度较细，所以刨花板表面平整，可以进行各种表面加工和装饰；④由于是集成重组加工而成，因此刨花板可以根据需要加工成大幅面的板材，且厚度规格误差小；⑤一些由较大片木材制成的刨花板，如定向刨花板，表面仍可见木材的纹理效果，具有木材的自然美特征；⑥由于可以进行特殊加工，赋予刨花板一些特别的性能，因而可以被制成一些特种材料；⑦相对于胶合板、纤维板等其他常见的人造板类型而言，刨花板制造过程中用胶量相对较小，环保系数相对较高；⑧刨花板边缘粗糙，容易吸湿，因此使用过程中的封边处理尤为重要；⑨由于内部为颗粒状结构，裁板时容易造成暴齿的现象，不易于铣型加工；⑩市场上的刨花板质量参差不齐，劣质的刨花板环保性很差且甲醛含量超标严重；⑪刨花板与其他类型的人造板相比，制品较为笨重。

图 6-62 所示为使用刨花板制作的橱柜。定向刨花板优良的物理力学性能决定了其可作为沙发、电视柜、床头柜、桌椅等家具的承重部位，也可用于板式家具中，制作柜子隔板、桌面板、门板等。此外，由于定向刨花板具有卓越的防水性能，因此其适用于厨房、卫生间等相对较为潮湿的空间。图示橱柜用刨花板作为基材，成本低、价钱便宜，适合现代化的加工手段和最佳的标准化组合方式，可以高效率批量生产，并且也兼顾美学，具有较高的装饰性。

图 6-62　使用刨花板制作的橱柜

2）纤维板（Fiberboard）

纤维板（见图 6-63）在市场上又名密度板。纤维板是一种以木质纤维或其他植物素纤维为原料，通过铺装使纤维交织成型，利用纤维自有的黏性或辅以黏合剂、防水剂等助剂，经热压制成的人造板。

图 6-63　纤维板

按产品密度纤维板可分为非压缩型和压缩型两大类。非压缩型产品为软质纤维板（密度小于 $0.4g/cm^3$），压缩型产品有中密度纤维板（MDF，或称半硬质纤维板，密度一般为 0.4～0.8g/cm^3）和硬质纤维板（密度大于 $0.8g/cm^3$）。

根据板坯成型工艺，纤维板可分为湿法纤维板、干法纤维板和半干法纤维板三种。湿法纤维板在制造过程中以水作为纤维运输的载体。其以水为介质，通过粗磨和精磨两道工艺将原材料的纤维支离分解，并添加黏合剂，在网状垫板上过滤水分，在热压机上热压成型，在纤维之间相互交织产生的摩擦力、纤维表面分子之间产生的结合力和纤维含有物产生的胶结力等的作用下制成的具有一定强度的纤维板。干法纤维板是以空气为纤维运输载体，不经精磨，一次分离纤维，通过施加黏合剂结合，板坯成型之前纤维要经干燥，热压成板后通常不再热处理，其他工艺与湿法纤维板的相同。半干法纤维板工艺介于湿法纤维板工艺和干法纤维板工艺之间，用气流成型，纤维不经干燥而保持高含水率，不用或少用胶料。

总的来说，纤维板材质均匀，纵横强度差小，不易开裂，加工性能好，锯切和铣削加工质量高；可根据要求设计一定的幅面规格，方便使用；其表面粒度细且均匀，表面平整度和表面质量较高，适用于表面装饰，但其吸湿性较强，封边处理较为关键。

各种不同的纤维板在性能上也存在较大的差异。软质纤维板一般用湿法制造，背面有网纹，可造成板材两面表面积不等，吸湿后产生的膨胀力差异可使板材翘曲变形。但其组织结构较为疏松、质轻、空隙率大，有良好的隔热性和吸声性，多用作公共建筑物内部的覆盖材料。软质纤维板经特殊处理可得到孔隙更多的轻质纤维板，这种纤维板具有吸附性能，可用于净化空气。中密度纤维板结构均匀，密度和强度适中，且有较好的再加工性；其产品规格灵活，是一种用途广泛的纤维板，多用于家具用材、机电产品的壳体材料、室内装饰用材等。硬质纤维板产品厚度范围较小，一般在 3～8mm 之间；强度较高，3～4mm 厚度的硬质纤维板可代替 9～12mm 薄板材使用，但硬质纤维板表面坚硬、钉钉困难、耐水性差，多用于建筑、船舶、车辆等。

图 6-64 所示为一款使用中密度纤维板（MDF）和简单的 Arduino 电路制作而成的台灯——Kerf 台灯。它的制作利用了材料良好的加工性，对中密度纤维板进行切缝、弯曲等，打造出的台灯外形精美独特，颇具自然美和和谐美。同时，它采用了一种交互式、开放式设计，可以进行定制和组装，以控制 LED。借助手部的移动，可以使用超声波传感器打开、关闭和更改其亮度。

图 6-64　使用中密度纤维板制成的 Kerf 台灯

3）人造木材

通常意义上讲，前面所介绍的一些新型木材、人造板等材料都可称为人造木材。它是区别于天然木材的一个名词。但木材加工领域中所说的人造木材另有所指，主要指采用秸秆、果实壳和芯等一些较为特殊的生物质原材料,加入黏合剂进行胶合制造的各种成型材料,其外观和性能类似于木材。

6.7 "学以致用"——木材在设计中的应用分析

1）哥伦比亚大学木结构公寓

图 6-65 所示为位于加拿大哥伦比亚大学校园,目前世界上最高的 18 层木结构公寓及其内部结构。该项目建筑面积 $2315m^2$,共使用了 $2233m^3$ 不列颠哥伦比亚（BC）省的木材,项目占地面积 $15120m^2$；所有木材共存储了 1753t 的二氧化碳,因使用木材而没有使用混凝土造成的碳排放达到 679t,合计减碳 2432t。大楼在设计阶段就评估了不同的施工体系,分别是预制混凝土、钢结构和木结构,因木结构在各方面都胜出,最后成为最佳选择。外立面的设计也考虑和周围建筑的匹配,采用了相近风格。外围护墙体系采用了 152mm 厚钢框架结构,玻璃纤维填充,热阻达到 R-16 级别。全部构件在工厂预制好后,再到现场吊装。

图 6-65　哥伦比亚大学木结构公寓及其内部结构

木结构部分采用了高度预制化的交错层压木材（CLT）和胶合木建筑构件作为建筑构成材料。从 2016 年 7 月初第一片 CLT 楼板安装开始计算,整个木结构部分只用了不到一个半月的时间就全部完成,体现了装配式木结构建筑快速施工的特点。我国未来城市中高层木结构建筑也可以借鉴及使用该技术体系。交错层压木材（CLT）类似大尺寸胶合板,但其使用木板而非旋切单板作为胶合层。交错层压木材可以分布和承受载荷,相互连接后,可提供高强度的建筑结构。由于交错层压木材本身即可实现墙骨柱、格栅和椽条的全部功能,因而应用该材料的建筑,可以取消传统的建筑框架。

2）Paimio Chair 扶手椅

以人为本、取法自然的北欧设计之父,芬兰国宝级建筑设计师——阿尔瓦·阿尔托（Alvar

Aalto）设计的 Paimio Chair 扶手椅（见图 6-66），充分利用了木材弯曲加工的工艺。Paimio Chair 扶手椅的设计考虑到病人需要阳光与温暖，舍弃了传统的钢材，使用多层桦木胶合板，并加压塑形，展现了天然素材的弹性与韧度。弯曲合板技术在当时可说是一大突破，此后，阿尔瓦·阿尔托以"弯曲合板"（Bent Plywood）技术，开发了一系列曲木座椅，不仅为木制家具带来了全新变革，更启发了伊姆斯夫妇（Charles and Ray Eames）的胶合板 Plywood 家具的应用，以及柳宗理"蝴蝶凳"等经典椅子作品的诞生。

图 6-66　Paimio Chair 扶手椅

3）红蓝椅

图 6-67 所示为风格派最著名的代表作品之——红蓝椅，它具有高度风格主义象征特点，是荷兰家具设计师里格里特·托马斯·里特维尔德（Gerrit Thomas Rietveld）（1888—1964）受《风格》杂志影响而设计的。里特维尔德的红蓝椅对包豪斯产生了很大的影响。红蓝椅于 1917 年设计，当时没有着色，着色的版本直到 1923 年才第一次展现于世人。

图 6-67　红蓝椅

风格派有时又被称为"新造型派"（Ner-plasticism）或"要素派"（Elementarism），总的来看，风格派是 20 世纪初期在法国产生的立体派（Cubism）艺术的分支和变种，其核心人物是蒙德里安和凡·杜斯堡。风格派从一开始就追求艺术的"抽象和简化"，艺术家们共同简化物象直至本身的艺术元素。因而，平面、直线、矩形成为艺术中的支柱，色彩亦减至红黄蓝三原色及黑白灰三非色。

1918年里特维尔德加入风格派，他将风格派艺术由平面推广到了三维空间，通过使用简洁的基本元素和三原色创造出了美学与功能俱佳的建筑与家具，以一种实用的方式体现了风格派的艺术原则。里特维尔德一生设计了大量的家具作品，其中红蓝椅无疑是20世纪艺术史中最富创造性和最重要的作品之一。红蓝椅是最具代表性的风格派的作品，在艺术史上人们难以找到第二件能如此完美地体现一种艺术理论的作品；同时，它也是对蒙德里安（PietMondrian，1872—1944）的作品《红黄蓝相间》（见图6-68）的立体化翻译。

图6-68　蒙德里安的《红蓝黄相间》

1—椅背；2—椅面；3a—左扶手结构外侧视图；3b—左扶手结构内侧视图；3c—左扶手顶视图；4a—右扶手结构外侧视图；4b—右扶手结构内侧视图；4c—右扶手顶视图；5a—前支撑结构外侧视图；5b—前支撑结构内侧视图；6a—后支撑下部结构外侧视图；6b—后支撑下部结构内侧视图；7a—后支撑上部结构内侧视图；7b—后支撑上部结构外侧视图

这把椅子整体都是木结构。它由机制木条和层压板构成，13根木条互相垂直，组成椅子的基本空间结构，各结构间用螺丝紧固而非传统的榫接方式；椅背为红色，坐垫为蓝色，木条漆成黑色；木条的端部漆成黄色，以表示只是连续延伸的构件中的一个片断而已。这把椅子最初被涂以灰黑色，后来，里特维尔德通过使用单纯明亮的色彩来强化结构，使其完全不加掩饰，再重新涂上原色，这样就产生了红色的靠背和蓝色的坐垫。

但红蓝椅在功能和体验上是不足的，对于使用者而言，这把椅子是不太舒适的，但它证明了产品的最终形式取决于结构。它的结构是可拆装、标准化的，这种标准化的构件为日后批量生产家具提供了可能性，是设计史上前所未有的突破和尝试，不仅深刻地影响了日后的设计界，推动了现代主义设计的发展，也对包豪斯产生了极大的影响，当然也影响了如今整个设计教育的发展。里特维尔德认为"结构应服务于构件间的协调，以保证各个构件的独立与完整。这样，整体就可以自由和清晰地竖立在空间中，形式就能从材料中抽象出来"。

红蓝椅既不是椅子中形式最美的，也不是坐着最舒服的，它甚至没有真正被量产过，但这些不会影响它成为现代主义形式探索的里程碑，它集中体现了风格派哲学精神和美学追求。红蓝椅对于整个现代主义设计运动产生了深刻的影响。

本章习题

1. 举例说明各自家乡最具典型特点的木材制品。
2. 讨论：不同的木材切面，适合家具的哪些部位？
3. 通常在砍伐一棵树时比劈开一堆木材还要费力气，试从木材的结构来分析原因。
4. 木材有哪些特性？如何在设计中利用木材的优点，避免缺点？举例说明。
5. 举例说明，生活中哪些木制品，应用了木材的哪些特性。
6. 通过网络或者书籍查找更多其他木材加工方法。
7. 试分析传统的木作工艺和现代加工方式各有哪些优缺点。
8. 描述明清家具的设计制作特点。
9. 描述木材表面贴敷工艺的优缺点。
10. 描述各类漆器工艺。
11. 例举生活中的一件木质品，判断它是使用哪种新型木材制成的。

小制作：

1. 使用20双一次性筷子和若干橡皮筋制作一个承力结构，形式不限。全班可以分为若干小组来制作，比较哪组结构能承受的压力最大。
2. 运用木材的热弯工艺，设计制作小物件。

课外作业：

调研原木家具与板材家具的价格与区别，阐述板材家具的意义。

第 7 章 增材制造

增材制造技术的出现，突破了传统制造的约束，解除了对设计师的许多束缚，使设计师的许多灵感更容易变为现实，也带来了产品造型与结构设计理念和方法的转变，成为提升产品结构性能、降低成本的重要手段。随着技术的发展，可用于增材制造的新材料越来越多，产品设计领域也有了发生巨变的可能性。

7.1 增材制造概述

7.1.1 增材制造的概念及基本原理

7.1-1 3D 打印技术概述

增材制造（Additive Manufacturing，AM）是一种新兴制造技术，美国测试和材料协会（ASTM）将其定义为：一种利用三维模型数据通过连接材料获得实体的工艺，通常为逐层叠加，是与通过去除材料成型的制造方法截然不同的工艺。这种新兴技术，以前被称为快速原型设计，也经常被通俗地称为 3D 打印。

增材制造具有明显的数字化特征，其集新材料、激光、高能束、计算机辅助设计/制造（CAD/CAM）、控制、精密伺服驱动等技术于一体。它依据计算机辅助设计数据，采用离散材料（液体、粉末、丝等）逐层累加制造实体零件。

尽管不同的增材制造系统在发展过程中使用了不同的技术，但它们的原理都基本相同，主要流程如下：

（1）使用计算机辅助设计/制造（CAD/CAM）软件建模，设计出零件的三维数字模型。在这个过程中，有一点十分重要，即构建的三维数字模型必须是实体模型，必须是一个明确定义了的封闭容积的闭合曲面。在利用工程设计软件（如SolidWorks、Catia、Creo、UG NX等）或工业设计软件（如Rhino、Alias等）构建复杂曲面数字模型时，一定要注意曲面是否闭合，闭合曲面数据必须详细描述模型内、外及边界；如果构建的是一个实体模型，则实体模型将自动生成封闭容积。封闭容积能确保模型所有的水平截面都是闭合曲线，这一点对增材制造十分关键。

（2）构建实体或曲面模型之后，要将模型转化为STL格式，该格式是由3D Systems公司开发的一种专门用于增材制造的文件格式。STL格式文件利用最简单的多边形和三角形面逼近、模拟模型表面，如果模型表面的曲度较大，则需采用大量三角形逼近，结果就是曲面部件生成的STL格式文件可能会非常大。当然，某些增材制造设备也能接受IGES格式的模型文件，以满足特定的要求。

（3）在上述两步的基础上，通过计算机软件程序执行STL格式文件分层切片算法，将模型分层为截面切片。通过打印设备将液体、粉末材料或丝状材料固化，能将这些截面系统地重现，然后层层结合制成最终的3D模型。不同的增材制造技术成型的途径也有所差异，例如，某些技术是将这些薄层切片通过黏合剂结合在一起形成3D模型。增材制造原理的流程图如图7-1所示。

一般而言，增材制造可以概括为四个基本部分：输入、方法、材料及运用。

（1）输入：用数字化信息描述3D实体，即构建3D实体的数字化模型。数字化模型可以通过两种方式获取：一种是通过计算机辅助设计软件，构建实体的三维数字模型；另一种是物理实体或零件的扫描模型，即利用逆向工程的方法获取数据，也就是利用坐标测量仪（CMM）或激光数字化扫描仪扫描捕捉实体模型的数据点。但直接通过扫描获得的3D数据模型会存在一定的误差或瑕疵，必须要在计算机辅助设计系统中对获取的模型进行重建。

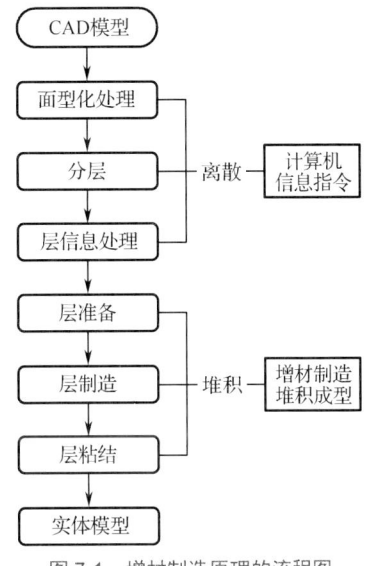

图7-1　增材制造原理的流程图

（2）方法：当前有超过几十家增材制造系统的大型供应商，每家供应商使用的方法大致可以归为以下几类：光固化类、剪切与黏连类、熔化和固化类、连接或黏结类等。

（3）材料：原材料有固态、液态或粉末几种形态。固态材料有多种形式，如颗粒、线材或层压片材。当前应用的材料主要包括纸、聚合物、蜡、树脂、金属和陶瓷等。

（4）应用：增材制造技术应用前景广阔，在设计、工程分析和规划、制造及模具方面都有应用，航空、汽车、电子产品、生物医学、个人消费品等行业都受益于增材制造技术。

7.1.2 增材制造与传统制造的区别

根据加工过程中材料总量的变化来区分，制造技术大致可分为以下三种形式：

（1）通过去除多余的材料方式进行加工，被称为减材制造，一般指利用刀具或电化学方法，通过去除毛坯中不需要的材料，获得所需要的零件或产品。

（2）保持材料的质量在成型过程中基本不变，也被称为等材制造，在成型过程中主要是材料的转移和毛坯形状的改变。如铸造、锻压、冲压、注塑等方法，主要是利用模具控形，将液体或固体材料变为所需结构的零件或产品。

（3）增材制造，它是利用液体、粉末、丝等离散材料，通过某种方式逐层累积制造复杂结构零件或产品的方法。增材制造与传统减材制造的差异如图7-2所示。

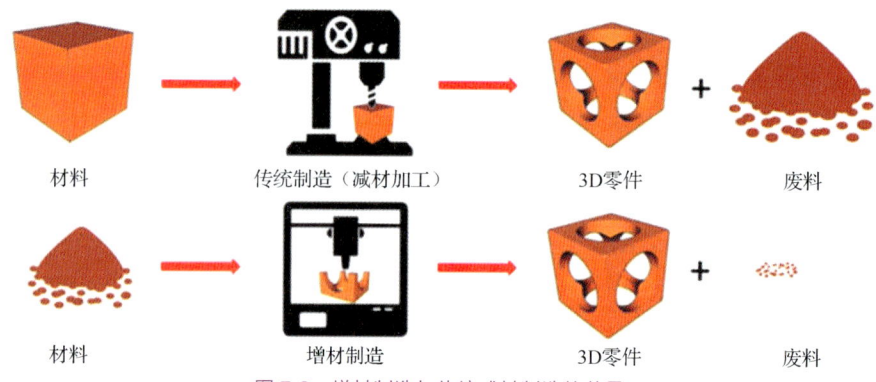

图 7-2　增材制造与传统减材制造的差异

前两种方法是目前制造领域中非常成熟的方法，也是被普遍采用的方法。但随着市场竞争的变化以及产品生命周期的缩短，企业想要在市场竞争中抢占先机，就必须缩短新产品研制和开发的周期。传统的减材制造和等材制造已不能很好地满足新产品快速开发的要求，而增材制造的出现很好地填补了这方面的空缺，也促成了制造业的重大变革。

在目前的技术条件下，增材制造主要用于制造样机或小批量样件。样机制造主要是将设计师的设计思想、产品模型迅速转化为三维实体样件，即将设计思想实体化，适用于快速开发新产品。在这个过程中，不需要开发模具、夹具和辅具，它的精髓在于耗时少。如果在新产品开发中采用增材制造技术制作样机，对产品设计进行验证，再采用传统制造方法进行大批量生产，就能避免不必要的返工，从而降低生产成本，缩短新产品试制周期。

7.1.3 增材制造的技术优点

传统的零件加工工艺大部分是切削加工，是减材制造，材料浪费多、利用率较低，有些大型零件的材料利用率甚至不足10%。虽然某些传统成型工艺近似于等材制造，但是需要特定的工装模具，且工艺流程长。而增材制造采用逐层累加方式制造零部件，材料利用率极高、流程短。增材制造的特点如下：

（1）制造快捷、方便。在过去的几十年中，产品在造型和结构上都日益复杂，以汽车为例，如今的车身造型与 20 世纪 70 年代相比，其相对复杂程度指数成倍增加，但相对项目完成时间不但没有相应增加，反而在逐渐减少。随着 CAD/CAM 以及计算机数控加工（CNC）技术的使用，项目完成时间缩短到 8 周，而增材制造系统使得项目完成时间在 2010 年可以削减至 2 周左右，如图 7-3 所示。从产品或零件数模到获取原型，大部分情况下仅需要几个小时或者十几个小时，比传统成型加工速度快得多。随着 3D 打印技术、设备的发展及成本的逐渐降低，许多产品尤其是日用品，甚至可以在家中进行制造，从而可以省去产品传统生产方式中零件制造、装配、配送、仓储、销售到最终客户手里的诸多复杂的环节。从产品构思直接到增材制造的模式也适合远程制造服务，企业可以用最快的速度响应用户的需求，能够快速抢占市场。

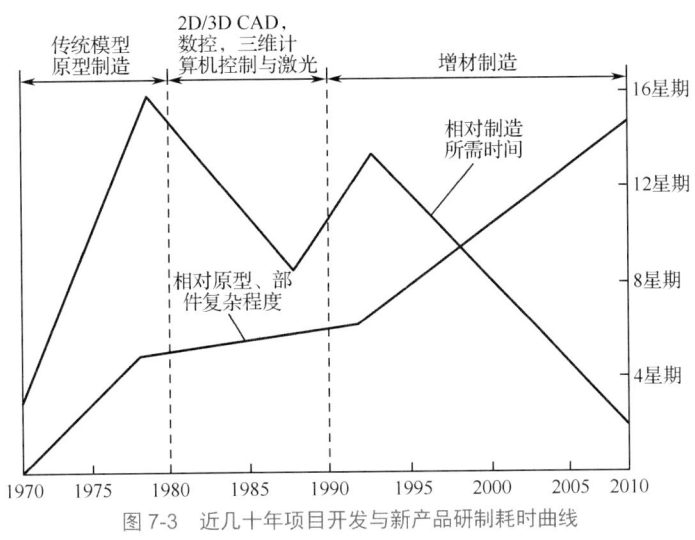

图 7-3　近几十年项目开发与新产品研制耗时曲线

（2）提高设计自由度。产品设计师可以在不影响设计时间及设计成本（或影响很小）的情况下提高零件的复杂性，可以采用更具美学特征和表面质感的复杂形状，同时确保功能性。由于不受制造过程的限制，设计师可以优化零件的设计，以满足客户的要求。此外，还可以尽量减少加工次数、减少废料，并通过零件的合并与组合，减少部件数量，从而减少在公差分析、装配图纸等方面所花费的时间。对零件设计的限制也将减少，甚至可以不用考虑拔模斜度、分型线或其他类似的约束。某些不适合机加工成型，或具有精细的大薄壁的部件，设计师也可以设计了。设计师还可尽量减少材料用量，并优化强度-重量比，而无须担心增加加工成本。另外，还可以将设计师从耗时颇多的制造可行性评估中解放出来，更加专注在产品的设计上。

（3）适合复杂结构产品制造。增材制造将三维实体转换为若干个二维离散层面或者连续的一维加工路径，极大地降低了制造的复杂度，制造过程不再受模具的限制。因此，只要能在计算机软件中设计出结构模型，就可以不受刀具、模具及复杂工艺条件的限制，再利用增材制造就可快速地将设计变为现实。由于制造过程几乎与零件的结构复杂度无关，因此可实现自由制造，可制造出传统方法难加工甚至是无法加工的非规则结构，如图 7-4 所示，还可实现零件结构的复杂化、整体化和轻量化制造。

（4）数字化驱动的添加式成型。所有增材制造工艺都是在计算机的辅助下，通过对实体模型进行切片处理，把三维实体的制造转换成一维层面的堆积和沿成型方向上的不断叠加实现的，其材料都是通过逐点、逐层以添加的方式累积成型的。这种通过材料添加来制造产品的加工方式是增材制造区别于传统机械加工方式的显著特征。

(5)经济效益高。不需要使用模具,利用CAD数模可以直接制作原型或部件,可以极大地缩短新产品的试制周期,可以大量节省模具费用;造型和结构的复杂程度不会影响成型,能够制造具有任意复杂形态或结构方式的原型或部件。直接在三维数字模型驱动下采用特定材料堆积成型,能够显著缩短产品的开发与试制周期,符合小批量、多品种、快速迭代改型的现代制造模式,节省模具成本的同时也显著提高了时间效益。

(6)适合个性化定制。传统大规模批量生产需要大量设备、工装和工艺技术准备环节,与此相比,增材制造在快速生产和灵活性方面极具优势。从设计到制造,中间环节少、工艺流程短,特别适合珠宝、生物医学、文化创意等个性化定制,如图7-5所示。

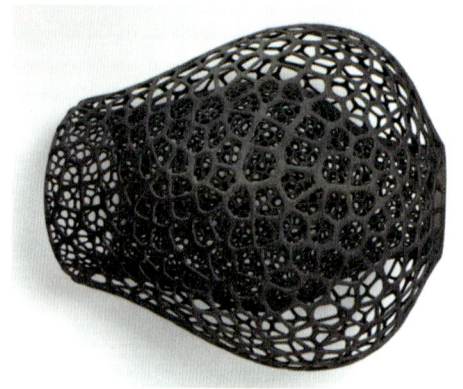
图7-4 增材制造复杂镂空结构

图7-5 基于个性化定制的珠宝的增材制造

(7)应用领域广。除了原型制造,增材制造还非常适合应用于新产品开发、单件及小批量零件制造、不规则或复杂形状零件制造、模具设计与制造、产品的造型设计评估、产品的装配检验、快速逆向工程等领域,也适合于难加工材料的制造。增材制造不仅可以广泛应用于制造业,在材料科学与工程、医学与生物工程、工业设计、文化艺术以及建筑工程等领域也有广阔的应用前景。

7.1.4 增材制造的工艺分类

7.1-2 3D打印机技术分类(一)

7.1-3 3D打印机技术分类(二)

如果按照加工材料的类型分类,增材制造工艺可以分为金属材料成型、无机非金属材料成型、高分子材料成型以及生物材料成型等。如果按照增材制造过程中的热源方式分类,可以分为高能束流制造方式和一般热源制造方式,高能束流主要包括激光束、电子束、等离子或离子束等,一般热源主要指光固化、喷涂黏结、熔融沉积等。高能束流制造方式主要面向金属材料,在工业领域最为常见,尤其在航空航天工业领域用于对单件、大尺寸高性能合金的直接制造。

美国测试和材料协会(ASTM)将增材制造分为七类:材料挤压工艺、光固化工艺、粉末床融化工艺、黏合剂喷射工艺、材料喷射工艺、层积工艺、定向能量层积工艺等。

(1)材料挤压工艺:使用材料为塑料丝或者泥浆(建筑打印领域)等,通过加热在喷嘴处将材料以液态的形式挤出,逐层打印,最终在成型台面形成3D实体模型。该工艺设备价格低廉,系统构造原理和操作简单,支撑去除简单,无须化学清洗,可用于桌面打印办公环境,且打印出来的制件结构性能较高,代表性的工艺有熔融沉积成型(FDM)等。

（2）光固化工艺：使用材料主要为光敏树脂，利用光敏树脂在激光、紫外线的照射下发生固化反应，凝固成产品的形状。该工艺成型过程自动化程度高，成型制件具有较高的尺寸精度和表面质量，代表性的工艺有立体光固化成型（SLA）等。

（3）粉末床融化工艺：使用材料主要为塑料粉末、金属粉末、陶瓷粉末、砂等，通过有选择性地融化粉末床中的材料，逐层打印，最终成型制件实体。该工艺可用材料广泛，打印的过程不需要考虑支撑情况，制作工艺比较简单，代表性的工艺有选择性激光烧结（SLS）、选择性激光熔融（SLM）、电子束选区熔化（EBSM）等。

（4）黏合剂喷射工艺：使用材料主要为塑料粉末、金属粉末、陶瓷粉末等，通过喷射黏合剂使其逐层挤入材料粉末床上，最终成型制件实体。该工艺所用材料广泛且支持全彩打印，粉末在成型过程中起支撑作用，且成型结束后比较容易去除，代表性的工艺有三维打印成型（3DP）等。

（5）材料喷射工艺：使用材料主要为树脂、蜡等。该工艺可以打印出高质量、细节清晰的3D模型，可以成型全彩色制件，以及含有多种不同材料的制件，代表性的工艺有多喷嘴成型（MJM）等。

（6）层积工艺：使用材料主要是纸张、塑料及金属等，其将片状材料利用化学黏合方法或者超声焊接、钎焊的方式压合在一起，多余的部分被层层切割，并在最终制件成型后剥离取出。该工艺打印成本较低，代表性的工艺有分层实体制造（LOM）等。

（7）定向能量沉积工艺：使用材料主要是金属粉末、金属丝材、陶瓷粉末等，其利用激光或者电子束将材料在制件表面上熔融固化。此工艺容易实现大尺寸制件加工，且配合机械手，加工自由度较高，可以在同一种制件上采用多种材料进行加工处理，代表性的工艺有激光金属沉积（LMD）等。

目前，较为常见的增材制造工艺有：立体光固化成型（SLA）、选择性激光烧结（SLS）、熔融沉积成型（FDM）、选择性激光熔融（SLM）、电子束选区熔化（EBSM）、三维打印成型（3DP）、分层实体制造（LOM）、激光立体成型（LSF）、电子束熔丝沉积（EBFF）、电弧增材制造（WAAM）等。

7.2 增材制造材料

7.2 3D 打印材料及应用

7.2.1 增材制造常用材料状态分类

材料是增材制造的物质基础，不同的制造工艺对成型材料有不同的要求，但相同的一点是，应有利于快速、精确地成型。增材制造的材料根据实体制造原理、技术和方法的不同细分为液态材料、丝状材料、薄层材料和粉末材料等。不同的制造工艺采用不同状态的成型材料，见表 7-1。

表 7-1 不同状态增材制造材料与工艺

材料状态	成型工艺	成型材料
液态材料	立体光固化成型（SLA）	光敏树脂
	数字光处理（DLP）	光敏树脂
	聚合物喷射（PolyJet）	光敏树脂
丝状材料	熔融沉积成型（FDM）	热塑性塑料、低熔点金属、食材
	电子束熔丝沉积（EBFF）	钛合金、铝合金
	电弧增材制造（WAAM）	铝合金、钛合金、镍合金、不锈钢等
薄层材料	分层实体制造（LOM）	纸、金属薄膜、塑料薄膜
粉末材料	三维打印成型（3DP）	陶瓷、金属、塑料
	直接金属激光烧结（DMLS）	镍合金、钴合金、铁合金、碳化物复合材料、氧化物陶瓷材料
	电子束选区熔化（EBSM）	钛合金、不锈钢
	选择性激光熔融（SLM）	镍合金、钛合金、钴铬合金、不锈钢、铝等
	选择性激光烧结（SLS）	热塑性塑料、金属、陶瓷
	选择性热烧结（SHS）	热塑性塑料
	激光近净成型（LENS）	钛合金、不锈钢、复合材料等
	激光立体成型（LSF）	金属、陶瓷、塑料、复合材料

7.2.2 常见的增材制造材料

增材制造使用的材料种类较多，目前，主要的增材制造材料有工程塑料、光敏树脂、金属材料、陶瓷材料、复合材料以及其他材料。

1）工程塑料

工程塑料指用来制作工业零部件或产品外壳的塑料，具有高强度、高硬度、耐冲击、抗老化等特点，目前常见的工程塑料有以下几类。

ABS，用作增材制造材料时通常呈丝状，具有无毒、无味、价格低廉的优点。运用该种材料打印出来的零部件的机械强度能够达到生产级 ABS 的 70%，也能够达到大多数原型部件的机械强度要求。ABS 是熔融沉积成型的首选工程塑料。同时，它和可溶性支撑材料混合使用时，能够提供更为多样的颜色选择。例如，Stratasys 公司研发的 ABS plus 材料在 FDM 技术的辅助下能提供象牙色、黑色、蓝色等九种颜色的选择。

PC（聚碳酸酯），被广泛应用于医疗器械、航空航天、汽车制造等领域，是白色工程塑料。其机械强度比 ABS 还要高出 60% 左右，在耐磨性、耐高温性、抗冲击性等方面表现优异。使用 PC 材料制作的零部件，可以直接用于工业生产。

PA（聚酰胺），俗称尼龙，具有高抗疲劳性、强耐化学性，可用作重复卡口、按压嵌件等。尼龙材料凭借其优异的韧性、耐磨性等特点，在航空航天、汽车和消费品等领域得到了普遍应用。Stratasys 公司生产的 FDM Nylon 12 零件具有出色的断裂伸长率和优异的抗疲劳性，适用于重复闭合、卡扣式和抗振动部件。

PLA（聚乳酸），使用可再生的植物资源如玉米淀粉和甘蔗作为原料，具有良好的生物可降解性，使用后能被自然界中的微生物完全降解，是一种环保材料。PLA易受热受潮，不适合长期户外使用或在高温环境使用。

2）光敏树脂

光敏树脂是在紫外线（UV）照射下会固化的液体树脂，其具有良好的流动性和瞬间光固化特性。表7-2是3D Systems公司开发的Accura系列光敏树脂。使用光敏树脂制作而成的产品光滑而精致，适用于制作产品原型。光敏树脂与通常使用的热塑性塑料不属于同一类别，但是光敏树脂在机械特性、热性能和视觉特性方面与热塑性塑料相差不大，它的缺点是对紫外线很敏感，且耐用性相对差一点。

表7-2 3D System公司开发的Accura系列光敏树脂

材料型号	材料类型	特 点
Accura25	制模聚丙烯材料	柔软精准，有美感
Accura48HTR	抗温抗湿塑料	可用于温度和湿度较高的环境
Accura55	制模ABS	精细美观、性能优良、黏度低、加工便捷、材料成型率高，可大大提高零件加工的效率和质量
Accura60	制模聚碳酸酯塑料	具有超高的清晰度，可用于制造汽车车灯和其他汽车零部件，也可用于熔模铸造
Accura e-Stone	耐久牙科制模材料	用于制造牙科模型
Accura Sapphire	珠宝设计生产材料	新型增材制造材料，用于珠宝设计和批量生产
Accura Bluestone	工程纳米复合材料	精密稳定，用于制造高性能零部件
Accura CastMAXTM Composite	刚性陶瓷增强复合材料	具有优良的耐热性、耐磨性

3）金属材料

金属零部件3D打印是目前3D打印技术的研究重点，3D打印中所使用的一般是粉末状金属，并且要求其纯净度高、含氧量较低、粒径分布较窄。目前工业领域常用的3D金属打印材料有钛合金、钴铬合金、不锈钢等金属粉末材料，珠宝首饰领域常用金、银等贵金属粉末作为3D打印材料。表7-3为增材制造常用的金属材料及主要用途。

钛合金因具有密度低、比强度高、抗腐蚀性好等突出优点而被广泛用于制造各种航空产品结构件。采用3D打印技术制造的钛合金零部件强度高、尺寸精确，而且其零部件的机械性能优于锻造工艺的。

钴铬合金属于高温合金，其强度高，抗腐蚀性能和机械性能都非常优异，但成型加工难度大，采用传统工艺成型加工成本高，已成为航空工业应用的重要3D打印材料。

不锈钢是较为廉价的金属打印材料，经3D打印出的高强度不锈钢制品表面略显粗糙，会存在麻点。

表7-3 增材制造常用的金属材料及主要用途

金属种类	主要合金和编号	主要用途
钢铁材料	不锈钢（304L、316L、630、440C）、麻时效钢（18Ni）、工具钢、模具钢（SKD-11、M2、H13）	医疗器材、精密工具、成型模具、工业零件、文艺制品

续表

金属种类	主要合金和编号	主要用途
镍合金材料	超合金（IN625、IN718）	涡轮、航天零件、化工零件
钛与钛合金	钛金属（CPT）、钛合金（Ti-6Al-4V 合金）、Ti-Al 合金、Ti-Ni 合金	热交换器、医疗植入体、化工零件、航天零件
钴合金	Co-Gr 合金、Co-Gr-Mo 合金、超合金（HS188）	牙冠、骨科植入体、航天零件
铝合金	Al-Si-Mg 合金（6061）	自行车部件、航天零件
铜合金	青铜（Cu-Sn 合金）、Cu-Mg-Ni 合金	成型模具、船用零件
贵金属	18K 金、14K 金、Au-Ag-Cu 合金	珠宝、文创制品
其他特殊合金	液晶合金（Al-Cu-Fe 合金）、多元高熵合金、生物可分解合金（Ma-Zn-Ca 合金）	处于研发阶段的合金材料，主要用于工业零件、精密模具、汽车零件、医疗器材等
导电墨水	Ag 等	电子器件

4）陶瓷材料

陶瓷材料具有优良的性能，是航天航空、汽车、生物医学等行业的常用材料。用于 3D 打印的陶瓷材料是陶瓷粉末和黏合剂粉末所组成的混合物，两种粉末的不同配比会对打印生成的零部件性能产生不同的影响。

陶瓷 3D 打印技术利用激光作用在粉末混合物上时，混合物内部会发生交联固化作用的原理，通过逐层叠加打印形成陶瓷部件。应用 3D 打印技术制成的陶瓷部件，其致密度接近 100%，且具有极高的强度和硬度。陶瓷材料能够打印出形态逼真、色彩丰富、质感独特的产品，特别适合制作工艺品、建筑和卫浴产品。

5）复合材料

纤维增强复合材料具有优异的力学性能，在各工业领域应用广泛，但由于制造工艺的限制，具有复杂构型的结构无法使用复合材料制造。3D 打印技术的快速发展，有助于将复合材料加工成具有复杂几何形状的结构部件，从而拓展复合材料的应用范围，这对于高端装备的制造具有重要意义。

6）其他材料

除了上述材料，彩色石膏材料、橡胶材料、生物材料、食品材料等也可用作 3D 打印材料。彩色石膏材料的色彩清晰，是一种全彩色的打印材料，一般应用于玩偶、动漫、建筑等领域。橡胶材料非常适合于制作防滑及表面柔软的部件，常用于消费电子、医疗设备和汽车内饰等。美国宾夕法尼亚大学利用生物材料打印出了人造肉，同时还有尚处于概念阶段，用人体细胞制作的生物墨水和同样特别的生物纸，生物墨水在计算机的控制下喷到生物纸上，能打印成各种器官。此外，将加热的砂糖作为打印材料，可以在 3D 打印机上做出各种形状的美味甜品。

7.3 增材制造的一般工艺流程

由于技术路线不同，增材制造呈现为不同的类别。虽然技术路线有差异，但是增材制造的基本流程是一致的，即将三维实体离散成二维层片，逐层打印后叠加形成三维实体。增材制造工艺主要包括前处理、分层叠加成型、后处理三个阶段，这三个阶段又细分为若干个步骤：

（1）建立三维模型。首先要通过计算机辅助设计软件或 3D 扫描等方式构建三维数字模型，如果构形轮廓不规则，还需要对三维图形进行加工，如添加支撑以确保打印不会出问题，也可以用专业的 STL 修复软件解决这类问题。通常三维模型采用 STL 格式存储，以便分层软件进行识别和进一步分层。STL 文件中应该包含有零件的尺寸、颜色、材料以及其他有用的特征信息。

（2）数据处理。将绘制好的三维数字模型，按 Z 轴垂直放置，然后采用相关的增材制造软件将其切成二维层片，切割平面与 Z 轴垂直。切片的厚度对制件质量及成型时间有重大影响，由于是逐层叠加制造，加工过程中不会按模型的连续面线制造，而是采用台阶式的离散数据取代连续的轮廓线。因此，切片厚度越小，台阶越不明显，精度也就越高，但是切片厚度太薄，会极大增加成型难度和成型时间。所以，切片厚度需要根据具体要求来设定。

（3）参数设置。加工前，必须要对增材制造设备进行参数设置。部分增材制造设备使用的是专门的材料，需要设置的参数非常少，如改变分层厚度参数。但有些增材制造设备加工前需要设置较多的参数，如选择材料种类、设定扫描速度及设置低污染打印模式等，用户可以通过操作软件来设定这些参数。数据处理完成后，开启设备进行检测，若发现模型有错误则应及时返回修改。

（4）加工。加工过程中，系统会根据切片时设定的每层厚度确定各层的高度，并按照切片获得的二维平面图形进行加工。一层打印完成后，成型平面就下降一层，继续打印成型，以此类推。在加工过程中，只要温度、速度、填充密度等参数设置合适，就能确保层与层之间具有良好的黏结性能，就可保证逐层叠加成型。

（5）后处理。加工完成后，需要将零件周边的多余材料清理干净，同时将零件与制造平台分开。加工完成后的零件表面会有明显的逐层堆积纹理，也可能存在某些表面缺陷，这些问题可以通过后处理来解决。一般的后处理方式有打磨、浸喷树脂、瞬时高温气流、溶剂蒸汽等。

7.3.1 三维建模

建立三维数字模型的方法有很多种，但大致有两种：使用计算机辅助设计软件建立模型、使用三维扫描设备扫描获取模型。

（1）使用计算机辅助设计软件建立模型。增材制造的最大价值是面向新产品开发，即制造新设计的产品原型，实现设计者的创作意图，而不是重复打印同一个制件。使用计算机辅助设计软件建立设计模型后，通过增材制造设备制造快速原型，可以快速验证设计的合理性、可行性，这才是增材制造的真正价值所在。

目前，可用于三维建模的软件种类繁多，但主要是工程设计类软件和工业设计类软件。工程设计类软件主要有 Ctia、SolidWorks、Creo、UG NX、AutoCAD 等，工业设计类软件主要有 Alias、Rhino、Maya、3dsMax 等，这些软件都可以绘制三维数字模型，只需要最后输出 STL 格式的文件即可。计算机辅助设计软件输出的模型文件格式众多，但 STL 格式为增材制造行业通用的文件格式。

（2）使用三维扫描设备扫描获取模型：除了使用计算机辅助设计软件建立三维数字模型，还可以利用逆向工程技术，使用三维扫描仪等设备获得模型的三维数据。三维扫描是集光、机、电和计算机于一体的高新技术，主要用于对物体空间形态、结构进行扫描，以获得物体表面的空间坐标参数。该方法能够将实物的立体信息转换为计算机能处理的数字信息，可以创建实际物体的数字模型，为实物数字化提供了相当便捷的手段。

7.3.2 数据处理

（1）数据转换。目前，大部分增材制造系统所使用的都是 STL 格式的数字模型。STL 格式是和成型工艺相配合的一种计算机格式，已成为当前增材制造的技术标准。特别复杂的曲面形态需要采用数量较多的三角形面逼近，STL 文件就会很大。STL 格式是目前最流行的 3D 打印文件格式，大多数 3D 打印设备都支持该种文件格式。

另外，在使用三角形面来近似模拟三维实体时，会存在曲面误差，如缺失颜色、纹理、材质、点阵等属性。2013 年，美国材料与试验协会（ASTM）和国际标准组织（ISO）推出了一种可提供产品详细特性且可互换的文件格式 AMF。AMF 是基于 XML 的文件标准，这种文件格式包含零件的所有相关信息，包括打印成品的材料、颜色和内部结构等。

（2）三维模型的切片处理。切片是将模型以片层的方式来描述的，即对模型做降维处理，无论多么复杂的模型，降维后的每一个层片都是平面矢量组。切片是为分层制造做准备的。

（3）成型方向的选择。将模型的三维文件导入增材制造设备后，可以在设备中通过相应的操作命令旋转模型,选择不同的加工成型方向。不同的成型方向会对模型的品质（如尺寸精度、表面粗糙度、强度等）、材料成本和制作时间产生很大的影响。

成型方向对模型质量的影响。一般情况下，不管采用哪种增材制造方法，模型 XY 方向的尺寸精度会比 Z 方向的更高，因为增材制造过程中模型 Z 方向更容易翘曲变形。因此，必须将精度要求较高的轮廓尽可能放置在 XY 平面上。例如，影响 SLA 工艺精度的主要因素是台阶效应、Z 向尺寸超差和支撑结构的影响；SLS 工艺由于无基底支撑结构，如果模型具有大截面则容易卷面，会导致模型产生歪扭或其他问题；FDM 工艺应尽可能减少斜坡表面以及外支撑和外伸表面之间的接触带来的影响，从而提高成型精度；影响 LOM 工艺精度的主要因素是台阶效应和剥离废料导致工件变形的问题。

成型方向对材料成本的影响：不同的成型方向会导致材料的消耗量不同，材料的消耗量包括模型本身所需的材料以及制作支撑结构的材料。如果原材料可回收再使用，如 SLS 工艺，则所有成型方向消耗的材料几乎都相同；如果废料部分不能回收使用，如 LOM 工艺，则材料消耗量与成型方向有关，因为不同成型方向产生的废料量不同。

成型方向对加工时间的影响。模型的成型时间包括前处理时间、叠加成型时间和后处理时间三部分。前处理时间只占总制作时间的很小部分，后处理时间的长短与模型的复杂程度及采用的成型方向有关。后处理时间的长短取决于成型时是否采用支撑结构,无支撑结构的成型，后处理时间与成型方向无关。

7.3.3 参数设置

在使用增材制造设备加工时，常常会发现 CAD 模型存在错误，可以使用比利时 Materialise 公司的 Magics 专业软件修复模型错误。用户将三维模型输入 Magics 软件，后者可以输出用于增材制造加工和生产的格式文件。

在确认模型文件无误后，软件程序会对模型文件进行分析，将模型切片分层。在此过程中，可以将输出文件的分层厚度定义在 0.12 ~ 0.5mm 之间。为了提高模型精度，一般都会将分层厚度定义为最薄的厚度，约 0.12mm，但支撑结构部分可以厚一些。

此外，还要根据制造设备的操作指南来设定几何对象、摆放方位、空间搭配、薄壁参数、固化深度以及支撑结构等参数。

7.3.4 加工

根据模型的大小和数量，模型打印加工过程可能会耗费数小时。打印加工一般分为脱机打印加工和联机打印加工两种。

脱机打印加工：将存储模型代码的存储卡插到制造设备卡槽中，选择要打印的模型代码，单击开始按钮，待温度升高到指定代码内设置的温度后，机器自动开始打印模型，直到结束。

联机打印加工：当设计三维模型的计算机和增材制造设备处于相同空间内时，可以用数据线将增材制造设备和计算机连接起来，再进行联机打印加工。

7.3.5 后处理

加工完成的制件在表面精度或机械强度等方面可能存在某些不足，例如，表面不够光滑、因 STL 格式文件造成的小缺陷、制件的薄壁和某些特征结构（如孤立的小柱、薄筋）强度、刚度不足等。

因此在成型完成后，一般都要对制件进行适当的后处理，主要包括剥离、修补、打磨、抛光和表面涂覆等，其中去除废料和支撑结构，称为剥离；修补、打磨、抛光是为了提高表面精度和降低表面粗糙度；表面涂覆是为了改变表面颜色，提高刚度、强度和其他性能。

（1）剥离：将增材制造过程中产生的废料、支撑结构与制件分离，部分成型工艺并不产生废料，但若有支撑结构，必须在成型后剥离。剥离主要有三种方法。

① 手工剥离。操作者用一些较简单的工具，通过手工的方式使废料、支撑结构与制件分离，是最常见的剥离方法。

② 化学剥离。如果制件与支撑结构采用不同的材料制成，而某种化学溶液能溶解支撑结构但不会损伤制件时，可以使用该种化学溶液使支撑结构与制件分离。这种方法的剥离效率高，制件表面较清洁。

③ 加热剥离。如果支撑结构为蜡，而成型材料的熔点又比蜡高时，可以用热水或合适温

度的热空气使蜡制的支撑结构熔化并与制件分离。

（2）修补、打磨和抛光。如果制件表面有较明显的缺陷需要修补时，可以用热熔性塑料、乳胶与细粉料混合而成的腻子填补，然后用砂纸或其他打磨工具进行打磨、抛光。特别是采用纸质基材制造的制件，可以先在表面涂一层增强剂，再打磨、抛光。例如，用氨基甲酸涂覆的纸基制件，易于打磨，耐腐蚀、耐热、耐湿，且表面光亮。

常用的抛光工序有砂纸打磨、珠光处理和化学抛光。

① 砂纸打磨：可以采用手工打磨或者专业设备，如砂带打磨机打磨。砂纸打磨不适合处理尺寸微小的制件。如果制件有精度和耐用度要求，则不能过度打磨，过度打磨会使得零部件变形而报废。

② 珠光处理：通过对需要抛光的制件高速喷射珠状研磨介质达到抛光的效果。珠光处理速度比较快，处理后产品表面光滑，有均匀的亚光效果。珠光处理采用的介质一般是经过精细研磨的热塑性塑料颗粒。

③ 化学抛光：ABS材料的制件可用丙酮蒸气进行抛光（见图7-6）。PLA（聚乳酸）要使用专用的PLA抛光油，不能用丙酮蒸气抛光。由于化学抛光是以腐蚀表面作为代价的，因此要掌握好度。

图7-6　ABS增材制造物品用丙酮蒸气抛光前后对比

（3）表面涂覆。对于增材制造制件，喷刷涂料、电镀等是较为典型的涂覆方法。

① 喷刷涂料：在增材制造制件表面可以喷刷多层涂料，如可以使用罐装喷射环氧基油漆、聚氨酯漆等，这种方法操作方便，还可以使制件有较好的附着力和防潮能力。其他常用的涂料还有液态金属和反应型液态塑料等。液态金属是金属粉末（如铝粉）与环氧树脂的混合物，在室温下为液态，加入固化剂后，能在几小时内硬化，有金属光泽和较好的耐温性。反应型液态塑料由液态异氯酸酯和液态多元醇树脂组成，前者用作固化剂，在室温（25℃左右）下按一定比例将两者混合并产生化学反应后，化学反应生成物能在约一分钟后迅速变成凝胶状，然后固化成类似ABS的聚氨酯塑料，将其涂刷在制件表面上，能显著提高制件的强度、刚度和防潮能力。

② 电镀：通过电镀工艺可以在增材制造制件的表面涂覆镍、铜、锡、铅、金、银、铂、钯、铬、锌以及铅锡合金等，涂覆层厚可达 20～50μm。如果增材制造制件不导电，则在电镀前，必须先在制件表面喷涂一层导电漆。

7.4 增材制造常见工艺介绍

7.4.1 熔融沉积成型（FDM）

FDM 是将各种热熔性的丝状材料加热熔化，然后通过由计算机控制的喷嘴按分层截面数据进行二维填充，生成薄层截面形状，且薄层截面层层叠加形成三维实体。

FDM 过程中，热熔性材料通过加热喷嘴喷出后，与前一个层面熔结在一起，一个层面沉积完成后，工作台按设定的参数下降一个分层的厚度，再继续上面的流程，直至完成整个实体零件。喷嘴喷出的热塑性材料细丝的标准直径为 1.75mm 或 3mm，一般通过线轴供应。

FDM 工艺在制作原型时需要制作支撑结构，为了节省材料成本和提高制作效率，新型的 FDM 设备采用双喷头（见图 7-7），一个喷头用于制件成型，另一个喷头用于支撑结构成型。

FDM 的过程（见图 7-8）是通过供料辊，将实心丝状原材料进行缠绕，由电动机驱动辊子旋转，将丝材送进喷头出口，最大送料速度为 10～25mm/s，一般推荐速度为 5～8mm/s。喷头的前端装有电阻式加热器，将丝材加热至半液体状态，然后通过喷头喷涂至工作台面，被挤出的材料会迅速凝固，形成截面轮廓。喷头在 XY 坐标系内沿着软件指定的路径生成分层截面。一层打印完毕后，再开始打印下一层，循环反复，直至加工结束。

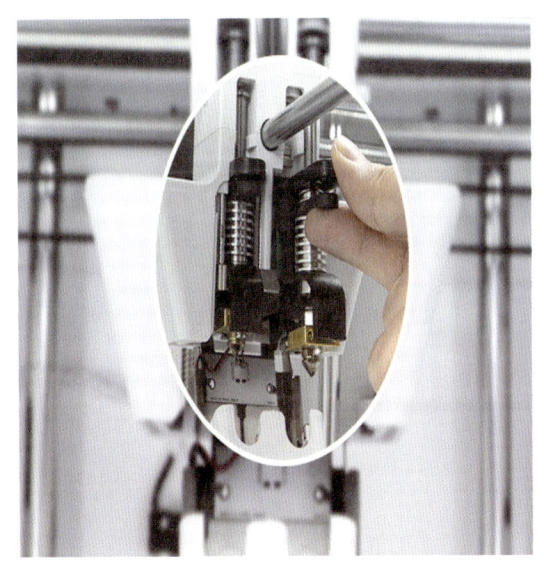

图 7-7 双喷头 FDM 设备

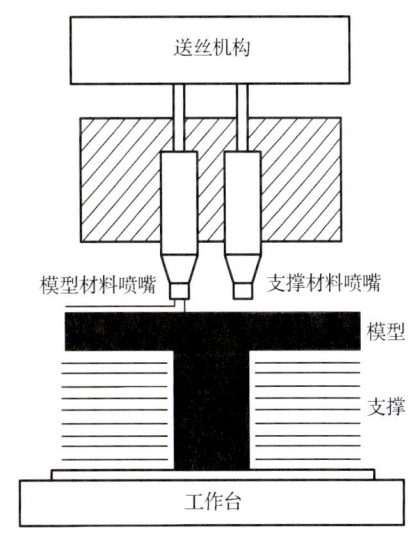

图 7-8 双喷头 FDM 示意图

FDM 工艺具有如下优点：

（1）污染小，材料可以回收。

（2）成型材料广泛，包括丝状蜡、ABS、改良后的尼龙、橡胶等热塑性材料丝，也可采用复合材料，如热塑性材料、金属粉末、陶瓷粉末或纤维材料的混合物，做成丝状后也可以使用。

（3）可以成型复杂结构的零件，常用于成型具有很复杂的内腔、孔的制作。通过使用可溶于水的支撑材料，可以非常方便地剥离制件与支撑结构。

FDM 工艺同样具有一定的缺点，主要如下：
（1）需要设计制作支撑结构。
（2）工件表面比较粗糙。
（3）加工所需时间较长，因为喷头通过机械运动的方式工作，速度有一定限制，所以加工时间较长。

7.4.2 三维打印成型（3DP）

三维打印成型基于堆积制造的模式，实现三维实体的快速制作。3DP 可用材料较为广泛，设备成本较低，并且可小型化到办公室桌面级。3DP 工艺的运动方式与喷墨打印机的打印头类似，所不同的是喷头喷出的是黏合剂、熔融材料或光敏材料等。

3DP 工艺过程（见图 7-9）是首先按照设定的层厚进行铺粉，随后喷头按指定路径在铺好粉层的区域喷洒黏合剂，黏结完成后，成型缸的托盘下降 0.1mm 左右，然后供粉缸的托盘上升，推出若干粉末，由辊压机将粉末推到成型缸，并将粉末铺平、压实。喷头再次在计算机的控制下，按成型数据有选择性地喷射黏合剂来制造新的层面。如此反复循环，最终打印完成制件。辊压机铺粉时，多余的粉末会被集粉装置收集，成型缸中未被喷射黏合剂的区域仍为干粉末，在成型过程中能起支撑作用，成型结束后，可以被回收再利用。

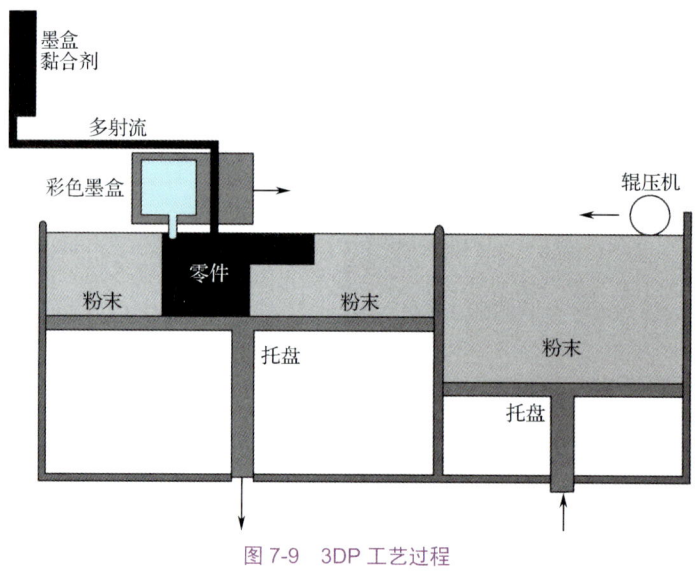

图 7-9　3DP 工艺过程

采用 3DP 工艺几乎可以制造任何形状的制件，但由于是用黏合剂（如硅胶）将制件的截面"印刷"在粉末材料上，因此，所造制件的强度较低，且必须对其进行后处理。

3DP 工艺的优点是成型速度快、成型材料价格低，适合做桌面级的增材制造设备。如果在黏合剂中添加颜料，还可以用 3DP 工艺制作彩色原型，这是该工艺最具竞争力的优点。

3DP 工艺的缺点是成型部件的强度低，并且原型件结构松散，需要进行后处理。如果使用石膏粉末等作为成型材料，则粉末的粗细会影响制件的表面粗糙度，总体来说，工件表面会比较粗糙。

7.4.3 分层实体制造（LOM）

分层实体制造工艺一般采用激光作为加工能量源，它首先对薄层材料（一般称为薄材）进行加工，之后将其层叠成型。薄材都具有一定的厚度，薄材的厚度与分层切片的厚度一致。

采用 LOM 工艺时，先将薄层材料单面涂覆一层热熔胶，再利用热压装置将材料表面提升到一定温度，使薄材之间相互黏结。随后，激光器按照模型切片分层数据将材料切割出该层形状的内外轮廓。一层加工完成后，工作平台下降一个分层厚度，将新的薄层材料黏附在刚完成的制件断面上，通过热压辊使新的材料与已成型部件黏合到一起，之后激光器继续切割出新一层切片的形状轮廓。如此周而复始，直到制件加工完成。LOM 过程如图 7-10 所示。

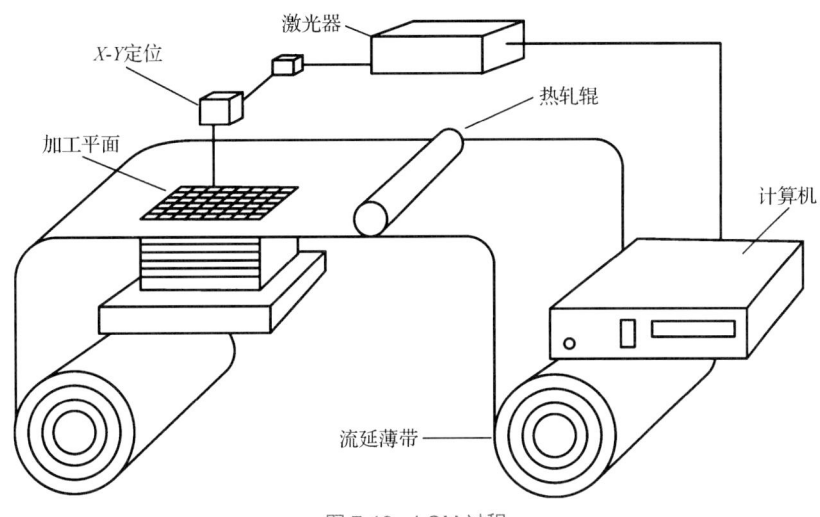

图 7-10 LOM 过程

LOM 材料一般由薄片材料和热熔胶两部分组成。薄片材料主要包括纸质片材、陶瓷片材、金属片材、塑料薄膜和复合材料片材等。LOM 工艺要求基体薄片材料具有良好的抗湿性、良好的浸润性、抗拉强度高、收缩率小和剥离性能好。LOM 工艺采用的纸质片材一般由纸质基底涂覆黏合剂、改性添加剂组成，成本较低，基底在成型过程中不发生状态改变，所以翘曲变形小，适用于大、中型零件的制作。LOM 工艺采用的陶瓷片材一般为流延薄材，或者是轧膜薄片，但目前用于陶瓷领域的 LOM 设备还比较少。

LOM 工艺主要具备如下特点：

（1）材料适应性强，可切割纸、塑料、金属箔材及复合材料等。

（2）成型速率高，成型过程中激光只须切出截面形状的内外轮廓即可。

（3）价格低廉，LOM 工艺使用的小功率 CO_2 激光器价格低廉且寿命长，成型材料一般用涂有热熔胶及添加剂的材料，制件价格低。

（4）几何尺寸稳定性好，成型过程无材料相变，内应力小，不存在收缩或翘曲变形，无支撑结构。

LOM 工艺不用制作专门的支撑结构，但成型完成后需要将网格状废料剥离，通常采用手工剥离的方法。在剥离过程中，需要保证成型件的完整和美观。废料去除后，为了提高成型件的性能和便于表面打磨，需要对成型件进行表面涂覆处理。表面涂覆可以提高成型件的强度和耐热性，改善其抗湿性，并能延长成型件的寿命。

7.4.4 立体光固化成型（SLA）

立体光固化成型是用特定波长与强度的激光按控制程序指令在光固化材料表面逐点扫描，使之由点到线，由线到面按序凝固，完成一个层面的固化后，升降台在垂直方向移动一个层片的高度，再次进行扫描作业，如此通过逐层扫描，层层叠加构成一个三维实体。SLA 技术使用的打印耗材为光敏树脂，主要用于制造模具、模型等。如果在原料中加入其他成分，可以用 SLA 打印模型代替熔模精密铸造中的蜡模。

SLA 工艺过程如图 7-11 所示。首先设计模型，运用 CAD 软件设计所要打印的模型，利用离散程序对模型进行切片处理；其次设置扫描路径，用得到的数据控制激光扫描器和升降台；再次打印模型，用数控装置控制激光扫描器按设计好的扫描路径照射液态光敏树脂表面，使特定区域内的一层光敏树脂固化生成部件的一个截面，激光扫描器随着升降台的移动逐层扫描光敏树脂，直至完成部件打印；最后，进行后期处理，打印完成后从光敏树脂液体中取出模型，对模型表面进行处理，以达到需求的部件。图 7-12 所示为 SLA 设备。

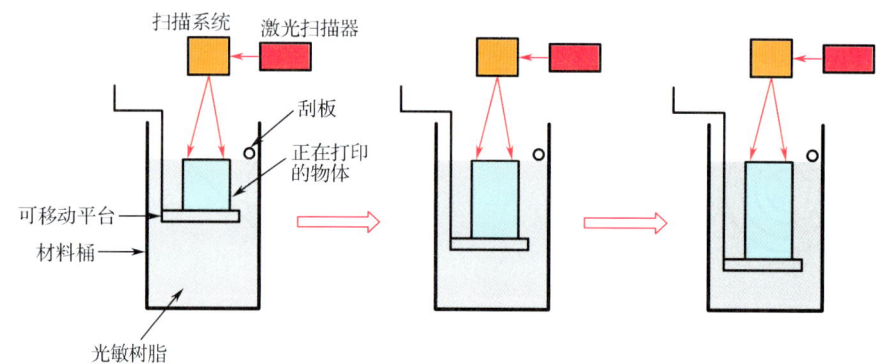

图 7-11 SLA 工艺过程

SLA 技术的优点是技术成熟、加工速度快、产品生产周期短，并且可以联机操作、远程控制，有利于生产的自动化。其不足之处是 SLA 系统造价高，使用和维护成本过高，由于打印耗材为液体，对工作环境要求严格，且操作系统复杂。

7.4.5 选择性激光烧结（SLS）

图 7-13 所示为选择性激光烧结成型设备。选择性激光烧结的加工过程如下：利用铺粉滚筒在成型缸活塞上平铺一层粉末材料，并加热至恰好

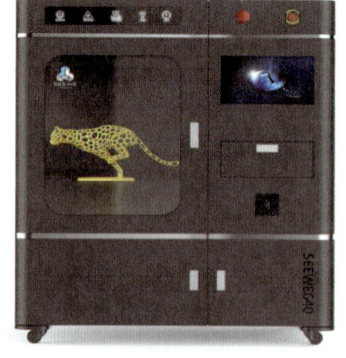

图 7-12 SLA 设备

低于该粉末烧结点的某一温度，系统控制激光束按照该层的模型切片截面轮廓在粉末上扫描，使粉末的温度升至熔化点，之后进行烧结。当一层截面烧结完成后，工作台下降一个层的厚度，

铺粉滚筒再在上面铺上一层均匀密实的粉末，之后进行新一层截面的烧结，并与下面已成型的部分实现黏结，直至完成整个模型。在成型过程中，未经烧结的粉末对模型的空腔和悬臂部分能起到支撑作用。当部件烧结完成并充分冷却后，从成型室将其取出，用毛刷和专用工具将制件上多余的粉末去掉后，需针对部件进行进一步的处理（见图 7-14）。

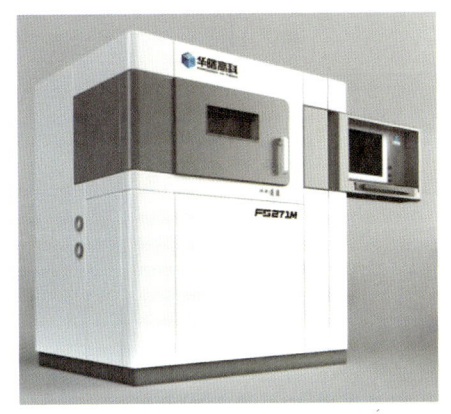

图 7-13 选择性激光烧结成型设备

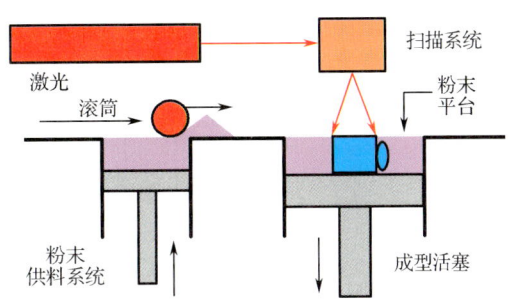

图 7-14 SLS 成型工艺示意图

SLS 使用的是粉状材料。从理论上来讲，任何可熔的粉末都可以使用，目前常用的材料包括塑料粉末（尼龙、聚苯乙烯、聚碳酸酯等）、金属粉末及陶瓷粉末三类。由于金属粉末激光烧结时的温度很高，为防止金属氧化，烧结时必须将金属粉末密闭在充有保护气体（氮气、氩气等）的容器中。陶瓷粉末在烧结时要在粉末中加入黏合剂，黏合剂有无机黏合剂、有机黏合剂和金属黏合剂三种。

SLS 具备如下优点：成型材料具有多样性，且价格便宜；对部件形状几乎没有要求；由于下层的粉末自然成为上层制件的支撑，故 SLS 具有自支撑性；可制造任意复杂的形体，成型不受传统机械加工中刀具无法到达某些型面的限制；材料利用率高，未烧结的粉末可以重复利用。

当然，SLS 也存在不足之处，主要有：设备成本高昂；制件内部疏松多孔、表面粗糙度较大、机械性能不高；制件质量很大程度上受粉末的影响，提升不易；可制造零件的最大尺寸受到限制；成型过程消耗能量大，后处理工序复杂。

7.4.6 选择性激光熔融（SLM）

选择性激光熔融在加工过程中用激光使粉体完全熔化，能直接成型而不需要黏合剂。具体而言，就是在一个铺满金属粉末的槽内，由计算机控制一束大功率的二氧化碳激光选择性地扫过金属粉末表面，在激光所过之处，表层的金属粉末完全熔融结合在一起，而没有照到的地方依然保持粉末状态，整个过程需要在一个充满惰性气体的密封舱内进行，如图 7-15 所示。SLM 技术解决了传统技术制造复杂形状金属零件难度大的问题，能直接成型出近乎全致密且力学性能良好的金属零件，成型后零件的精度和力学性能都要比 SLS 工艺制作的好。

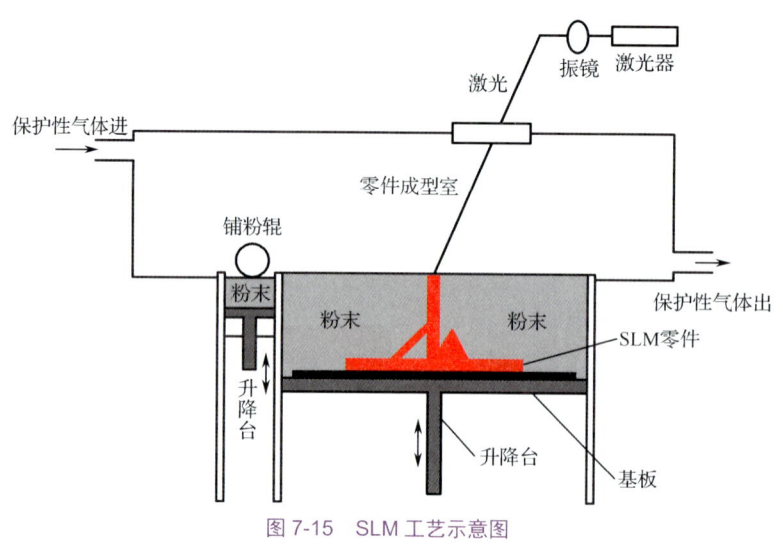

图 7-15 SLM 工艺示意图

7.4.7 电子束选区熔化（EBSM）

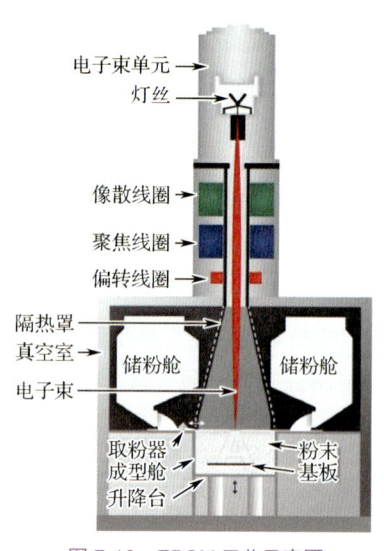

图 7-16 EBSM 工艺示意图

电子束选区熔化是一种采用高能高速的电子束选择性地轰击金属粉末，从而使金属粉末熔化成型的增材制造技术，其类似于选择性激光烧结和选择性激光熔融工艺。EBSM 技术的工艺过程如下（见图 7-16）：在真空环境的平台上铺展金属粉末；之后，电子束在计算机的控制下按照截面轮廓的信息有选择地轰击金属粉末，在电子束的轰击下金属粉末被熔化在一起，并与下面已成型的部分黏结，层层堆积，直至整个零件全部熔化；最后，去除多余的粉末便可得到所需的三维制件。电子束的能量利用率高、熔化穿透能力强，因此可加工材料广泛。

EBSM 技术具备如下优点：

（1）电子束移动方便，不需要机械运动机构驱动扫描，可实现快速偏转扫描功能。

（2）在真空环境下成型，不需要担心金属在高温下的氧化问题。

（3）不需要预热。由于在真空状态下成型，热量只通过辐射方式散失，因而热量能得到保持；在成型过程中，温度常维持在 600～700℃，因此不用预热装置就能实现预热的功能。

（4）力学性能好。在真空状态下成型，成型件内部不存在气孔，内部组织呈快速凝固状态，组织非常致密，基本可达到 100% 的相对密度，因而其力学性能甚至比锻压成型试件的都要好。

（5）成型件没有其他杂质。在真空环境中成型，能保持原始的粉末成分。

（6）成型过程可采用粉末作为支撑，一般不需要额外设计支撑构架。

EBSM 技术也存在如下缺点：

（1）耗时长，成型效率较低。由于在真空环境中成型，前期需要花很长时间抽真空，准备时间很长，且抽真空能耗较大。成型结束后，不能马上打开真空室，热量只能通过辐射散失，降温时间相当漫长。

（2）整机设备比较笨重。由于真空室的内壁必须高度耐压，设备甚至需采用厚度 15mm 以上的优质钢板焊接密封成真空室，增加了整机设备的重量。

（3）为保证电子束发射的平稳性，成型室内清洁度要求高。在成型前，必须彻底清洁真空室；成型后，不可随便打开真空室，这给工艺调试带来了很大的困难。

（4）由于采用高电压，成型过程会产生较强的 X 射线，需采取适当的防护措施。

7.4.8 激光立体成型（LSF）

激光立体成型的基本原理是：首先，在计算机中生成零件的三维数字模型；其次，将该模型按一定的厚度分层切片，即将零件的三维数据信息转换成一系列的二维轮廓信息；再次，采用激光熔覆的方法按照轮廓轨迹逐层堆积材料，最终形成三维实体零件或需进行少量加工的毛坯。成型过程中必须防止金属氧化，因此成型室中必须充满惰性气体，其过程如图 7-17 所示。

LSF 技术具备如下优点：

（1）材料的力学和耐腐蚀性能较高。激光束扫描粉末材料时，由于材料从熔化到凝固耗时较短，可以获得细小、均匀、致密的组织，从而提高了制件的力学和耐腐蚀性能。

（2）制造速度快、省材料、成本低。LSF 技术制作的零件或近形件，后续加工量很小，在很大程度上节省了材料。同时，零件的加工周期短。

（3）可在零件不同部位形成不同的成分和组织，从而实现零件材质和性能的最佳搭配，还可以合理控制零件的性能。

（4）可以加工高熔点、难加工的材料。

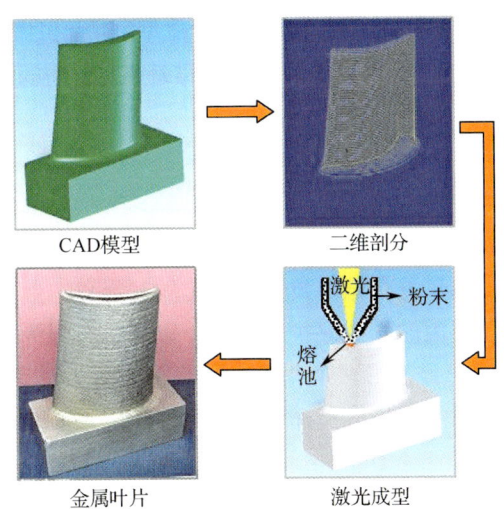

图 7-17 LSF 工艺示意图

7.4.9 电子束熔丝沉积（EBFF）

电子的质量远大于光子，相对于激光束，电子束的动能更大，当高速电子束轰击金属粉末时，容易出现吹粉现象，影响成型质量。而电子束熔丝沉积技术采用丝材替代粉末，避免了吹粉问题。电子束熔丝沉积技术利用真空环境的高能电子束流作为热源，直接作用于工件表面，在前一沉积层或基材上形成熔池。送丝系统将丝材从侧面送入，丝材受电子束加热熔化，形成熔滴，工作台的移动使熔滴沿着一定的路径逐滴沉积进入熔池，从而形成新的沉积层，随着熔池金属逐层凝固堆叠，实现致密的冶金结合，直至零件完全按照设计的形状成型。图7-18所示为EBFF成型设备。

图7-18 EBFF成型设备

该技术有成型速度快、材料利用率高、无反射、能量转化率高等特点，成型环境为真空，特别利于大中型钛合金、铝合金等高活性金属零件的成型制造；但该技术精度较差，需要后续表面加工。EBFF可替代锻造技术，可大幅降低成本和缩短交付周期。

7.4.10 电弧增材制造（WAAM）

电弧增材制造技术是一种建立在电焊技术基础上的智能化、数字化的连续堆焊技术，其原理是使用焊接工艺中普遍应用的气体保护焊技术，以高温电弧为热源，熔化作为原材料的丝材，再进行一层一层堆叠，最后形成所需的致密金属零件，如图7-19所示。由于以电弧为载能束，因此该技术的热输入高、成型速度快，适用于大尺寸复杂构件低成本、高效快速成型。

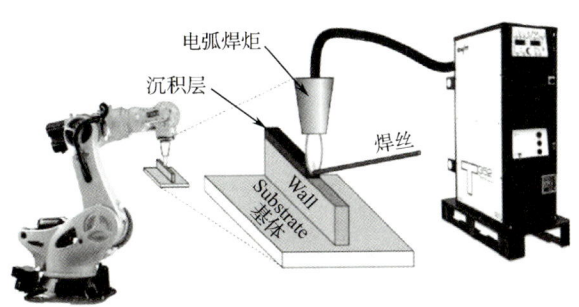

图 7-19　WAAM 工艺过程示意图

与以电子束为热源的增材制造相比，WAAM 具有沉积速率高、丝材利用率高、整体制造周期短、制造成本低等优势。与以激光为热源的增材制造相比，WAAM 可成型的材料丰富，因为对金属材质不敏感，可成型对激光反射率高的材质，如铝合金、铜合金等。通常情况下，WAAM 对于钢材、铜合金、铝合金、镍合金、镁合金和钛合金均可成型。与 SLM 技术相比，开放式的 WAAM 增材制造系统具有制造零件尺寸不受设备成型缸和真空室大小限制的优点，可成型大尺寸零件，还可对受损工件进行修复处理。图 7-20 所示为采用 WAAM 加工成型的金属部件。

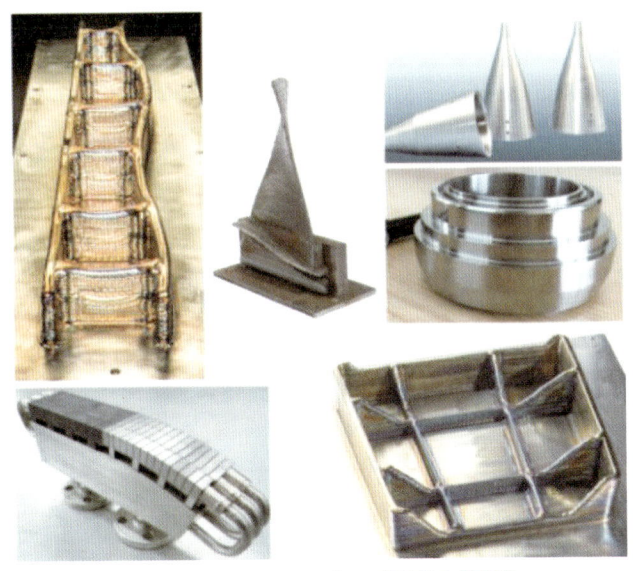

图 7-20　采用 WAAM 加工成型的金属部件

不同的增材制造具有不同的特征，其输出热源、打印材料形式、工作环境及技术特点各不相同，表 7-4 罗列了部分增材制造的特点。

表 7-4　部分增材制造的特点

技术特点	3D 打印技术				
	SLM	EBSM	LSF	EBFF	WAAM
输出热源	激光	电子束	激光	电子束	电弧
材料形式	粉末	粉末	粉末	丝材	丝材
工作环境	惰性气体	真空	惰性气体	真空	大气环境

续表

技术特点	3D打印技术				
	SLM	EBSM	LSF	EBFF	WAAM
零件尺寸	中小型	中小型	大中型	大中型	大型
复杂程度	很复杂	很复杂	较复杂	较复杂	较复杂
表面质量	优异	良好	一般	差	很差
后续加工	几乎零加工	几乎零加工	少量加工	少量加工	后续加工较多
制造效率	低	低	高	高	高
成型精度	高	高	良	中	差
专用模具	无	无	无	无	无

7.5 "学以致用"——增材制造应用案例分析

1）骨骼植入物

3D Systems公司和Rita Leibinger Medical合作研发的骨科膝盖植入物TTA RAPID已经被成功植入近10 000条有十字韧带问题的狗身上。该植入物是一种精密的3D钛金属打印产品，是用钛粉通过3D打印技术制作出来的。植入物有多种尺寸，利用彩色编码来区分（见图7-21），辨识直观方便，可适应各种大小的狗。

狗的膝关节的股骨与后肢的胫骨连接在一起，十字韧带如果出现问题，会导致狗的膝关节失稳，会极大地限制狗的活动范围，甚至还会使其很难行走和跑动。兽医会将尺寸合适的钛植入物作为一个楔体置入狗的后肢胫骨（见图7-22），这个经过改良的植入物可间接地在膝关节处重组机械力，从而重建膝关节的动态稳定性。

图7-21 TTA RAPID植入物

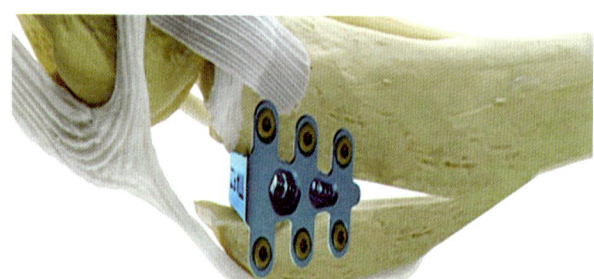

图7-22 安装在狗后肢胫骨上的植入物

TTA RAPID植入物成功的关键在于它复杂的敞形结构，该结构只能通过3D打印制造。钛金属打印结构可促进骨骼快速向内生长，从而为膝关节提供更大的稳定性，能使狗更快复原，并且简化了狗后肢手术的流程。安装该产品后，狗在术后六周就能恢复走路、跑动等运动能力。

2）航空航天部件

由于航空航天部件具有几何形状复杂、难加工、材料多、按需生产以及需要严格控制部件重量等特点，采用传统的铸造、锻造或机械加工方式往往费时费力，甚至无法加工。但3D打印技术不需要模具，能适应各种材料的特性，非常适用于制造航空航天部件。

3D打印技术在国内外的航空航天领域应用都很广泛。中航工业北京航空制造工程研究所早在2016年就研发了大型电子束熔丝沉积快速成型装备，最大可加工1500mm×500mm×2500mm的零件，可将成型效率提高50%以上，具备大型航空钛合金结构的加工能力。图7-23所示为采用3D打印技术制造的航空部件。美国航空航天局（NASA）使用3D打印技术，打印了"火星漫游者"的70个组件，包括防火通风管和壳体、摄像机安装架、大型舱门、一个用作前保险杠的大型部件，以及许多定制的固定装置。贝尔直升机公司使用3D打印技术为V-22鱼鹰飞机制造聚碳酸酯电线导管，将制造时间从6周减少到2.5天。

3) DNA概念鞋

大规模工业化生产能极大降低产品成本，标准化虽然可以照顾绝大多数用户的需求，但也抹杀了个性化需求。"量体裁衣"式的设计和生产仍是少数人的独享服务。如果要兼顾批量化和定制两方面的因素，就必须引入创新性的产品设计、制造方式，实现大规模定制。

美国西雅图的Pensar设计工作室利用3D打印技术设计开发了"DNA概念鞋"。利用3D打印技术制造运动鞋，可以根据用户的运动方式进行设计，真正做到个人定制。Pensar的设计师认为只有按照客户足部的解剖学和生物力学数据进行设计，才能制造出舒适的鞋。他们在设计时采集客户足部的匹配数据，分析客户行为，并采用快速成型技术，从而找到了大规模定制的生产方式。首先，购买者需要穿上一双装有压力传感器和加速计的测试鞋到户外跑一圈，之后上传测试数据，经过算法处理后，便可量身定制一个3D模型，甚至可以根据算法设计一双鞋来改进用户的运动方式。在计算机上完成模型设计后，就可以通过3D打印机打印出完全适合客户足部和运动方式的鞋，如图7-24所示。

图7-23 采用3D打印技术制造航空部件

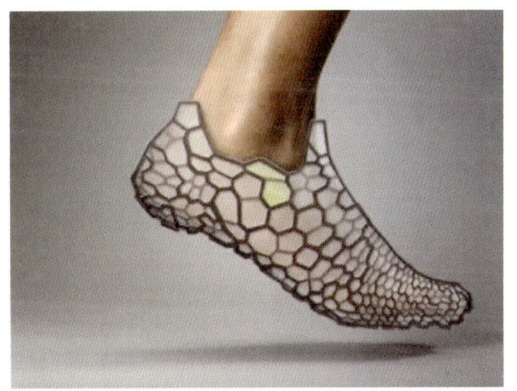

图7-24 DNA概念鞋

4) 珠宝设计

在珠宝设计过程中应用3D打印技术能够快速、直接、精确地打印、制作传统首饰加工方式难以制作的隐藏结构及立体多层三维结构，还能使首饰产品具有不容易被抄袭的内部结构。

设计师孙乐崴、郝亮等利用轴承滑动结构设计戒指，他们将戒指分为内环、外环两层结构，其纵截面结构示意图如图7-25（a）所示，并分内外两层进行嵌套设计［见图7-25（b）、图7-25（c）］。设计师对内外两层的空隙部分进行设计，保证不在空隙部分增加额外的支撑，因外环部位的弧度普遍大于45°，能提供自支撑结构，同时可减小内外两部分间的跨度间隙；戒指内环和外环的间隙为 0.02 ～ 0.50 mm，内环的上边缘和下边缘设有滑轨，外环的上边缘和下边缘卡在滑轨内，从而将内环和外环嵌套在一起，内环能沿滑轨与外环发生相对转动。

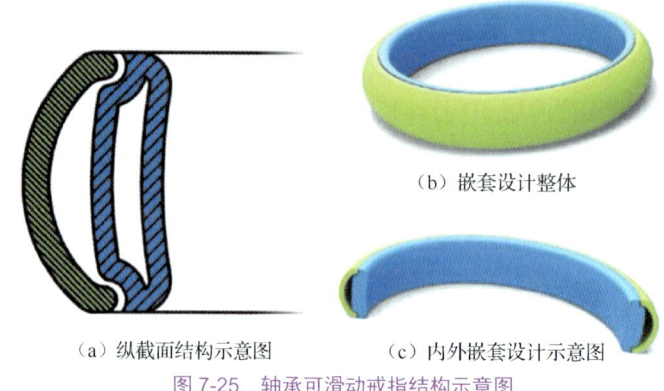

（a）纵截面结构示意图　　（b）嵌套设计整体　　（c）内外嵌套设计示意图

图 7-25　轴承可滑动戒指结构示意图

设计师在内外两层分别设计了不同的纹样，外环设计镂空结构，内环设计图案和镶嵌宝石，佩戴时可透过镂空部分看到内环中的不同纹饰。图 7-26 所示为孙乐葳等设计的一件轴承可滑动结构的戒指成品，其外环与内环嵌套在一起，通过转动内环可以使纹样交替从外环的镂空结构中显露，进而得到具有不同纹样的趣味性戒指。

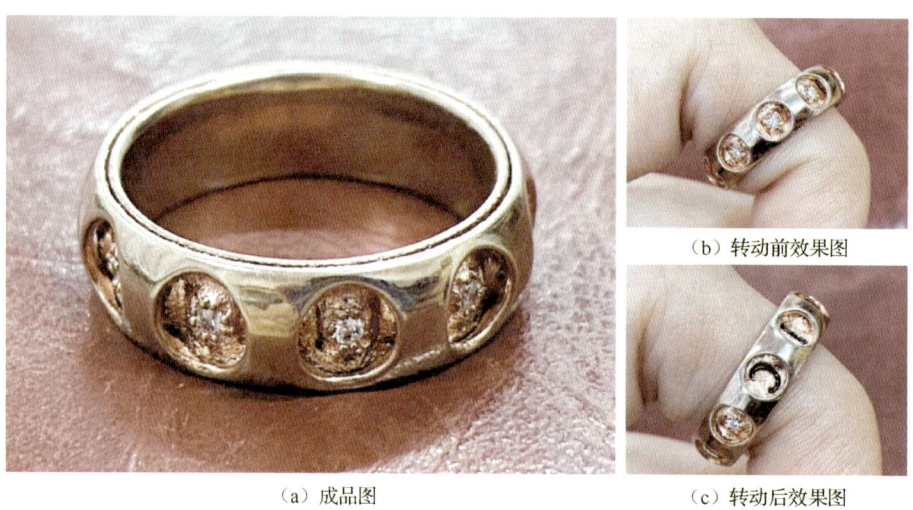

（a）成品图　　　　　　　　　　　　　　　（b）转动前效果图

　　　　　　　　　　　　　　　　　　　　　（c）转动后效果图

图 7-26　轴承可滑动结构的戒指

本章习题

1. 增材制造的原理是什么？
2. 能用于增材制造的材料主要有哪些？
3. 简述 FDM 的工艺过程及其优缺点。
4. 简述 3DP 的工艺过程及其优缺点。

5. 简述 LOM 的工艺流程及其特点。
6. 简述 SLA 的工艺流程及其优缺点。
7. 能用 SLS 工艺成型的材料主要有哪几类？SLS 工艺的优缺点有哪些？
8. 简述 SLM 工艺的加工过程。
9. 简述 EBSM 工艺的优缺点。
10. 简述 LSF 的技术原理及其技术优点。
11. 简述 EBFF 的技术特点。
12. 简述 WAAM 的技术优势。
13. 与传统技术相比，在设计、生产过程中采用 3D 打印技术有哪些优势？
14. 结合自己的理解，阐述 3D 打印技术在产品设计领域的应用前景。

第8章 仿生轻质功能材料概述

一代材料,一代技术,一代装备。材料领域的创新往往是其他领域创新实践的重要前提之一。在材料的设计过程中,大自然给设计师提供了学习借鉴的广阔平台。自然界中多姿多彩的生物体为了生存和繁衍,进化衍生出与其生存环境相适应的形态、结构和功能,给人类理解、研究和应用它们独特的材料属性、功能原型和控制技巧留下了无穷无尽的探索空间和灵感源泉。师法自然,仿生学作为一门综合性交叉学科,将生物体的结构、功能及其作用原理移植于工业产品的创新设计之中,为技术和设备的创新提供了新原理和新方法。

本章旨在通过仿生的视角,提炼总结多物种、跨尺度的结构功能原理,多维度、多视角地展现仿生学在材料与产品设计方面的应用和发展。本章归纳总结了仿生设计在工业设计中的应用,着重从宏观到微观的跨尺度视角去观察和理解生物结构与功能的关系,探索仿生设计原理与制造实现方法,展示从功能表象到数理科学的逻辑推演方法,以期从仿生学科交叉领域促进工业设计方法体系的创新发展。

8.1 仿生设计概述

经过38亿年的生命进化,众多生物已深谙与自然界和谐相处的生存之道。自然界万物的多样性中隐约存在着相通之处,对于如何成为其中的一份子,大自然有着厚重的使用说明书以及所遵循的生命准则,如飞檐走壁的壁虎、翩翩起舞的蝴蝶和蜻蜓、出淤泥而不染的荷叶、遒劲葱翠的竹林等。图8-1所示为自然界中多姿多彩的生物系统。

图 8-1　自然界中多姿多彩的生物系统

物尽其用，生命循环不浪费任何材料，组成自然界生物的材料处方只使用元素周期表中的一小部分相对安全的元素，并且采用温和优雅的方式维系着生命的运行。生物在自己的体内或者周围制造材料，"低温、低压、低毒"是生命体中化学反应的特点。生物体微尺度下并且有序的化学反应完全不同于我们人类的合成化学，它为人类的仿生造物化学树立了典范。图 8-2 所示为生命微观尺度下的新陈代谢与人类的合成化学反应对比。

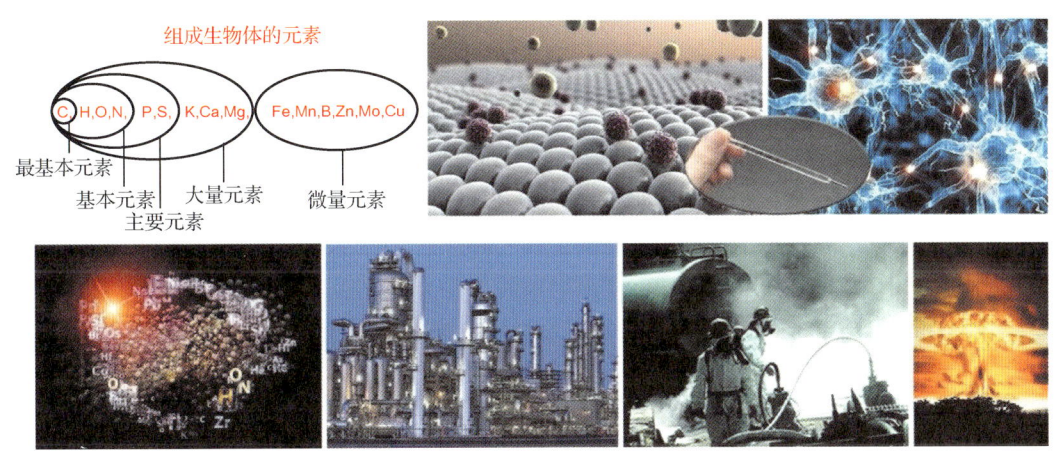

图 8-2　生命微观尺度下的新陈代谢与人类的合成化学反应对比

蜘蛛丝的强度大约是同等质量钢丝的 5 倍，铅笔芯粗细的蜘蛛丝足以拉动一艘万吨级的远洋货轮，韧性是钢的 10 倍。蜘蛛丝是一种由天然高分子——蛋白质组成的材料，通过蜘蛛腹部的丝腺分泌形成，在室温下经由蛋白分子与表面水化层的协同反应，蜘蛛丝就从液态溶液变成强韧的固态纤维。珊瑚礁的形成也只是利用了海水中非常普通的物质，其运作机制也很简单，软体动物将蛋白释放到海水中用以制造基础模板，模板中带有许多电荷，吸引海水中同样带电的盐离子以及碳酸根离子，聚集并产生结晶，从而完成自组装合成过程。而碳酸根离子的产生源自大气中二氧化碳的溶解。二氧化碳，我们往往称之为温室气体，避之唯恐不及，但是生命把它当成建筑的材料，植物利用它进行光合作用才能制造出糖、淀粉、纤维。这种充分借助周边环境造物的设计理念也为我们工业设计提供了仿生成型的思路（见图 8-3）。

图 8-3　蜘蛛丝、珊瑚礁、树叶等生物体的成型方式

仿生学作为一门独立的学科，为技术和设备的创新提供了新原理、新方法和新途径。生物经过数亿年的生命演化与协同进化，形成了许多优异的几何结构、巧妙的材料拓扑、简约而有效的控制方式和优异的表面结构。这些结构、材料、表面及其运动控制的方式，使动物的运动平稳性、灵活性、健壮性、环境适应性及能源高利用率等方面优于现代机电系统，成为许多人造系统设计的典范。现代仿生科学研究生物体与外界的相互作用，以及由这种相互作用而引发的生物信息、生物材料、生物力学、生物表面、生物机构学等方面的演化规律，并从这些规律中汲取解决工程技术问题的新理念、新原理和新方法，其是生命科学、材料科学、力学、工程科学等多学科交叉融合的创新发展领域蓬勃发展的学科。

8.2　仿生设计艺术形态基础

　　大自然是物质的世界，形状的天地。自然界的无穷信息传递给人类，启发了人类的智慧，丰富了人类的才能。自然界中有各种各样的生物，都有自己独特的形态特征，如蝴蝶翅膀的图案、骆驼高高的驼峰等。仿生设计是设计师塑造产品形态的重要方法之一，体现了设计师对自然的尊重与理解，并形成了"绿色、生态、系统化"的设计思想。在现代工业设计中，自然形态的应用非常广泛，如在建筑设计、交通工具设计、通信类产品设计、家用电器设计、日常用品设计、公共设施设计等领域。

　　图 8-4 所示为典型的仿生建筑设计案例。北京国家体育场，俗称鸟巢，其形态如同孕育生命的"巢"和摇篮，寄托着人类对未来的希望。设计师对这个场馆没有做任何多余的处理，把结构暴露在外，因而自然形成了建筑的外观。印度莲花寺是一座由内至外共三层白色大理石包围起来的巨大的巴哈伊寺庙，这座运用几何原理精密计算出的莲花寺，高 34.27m，底座直径 74m，由三层花瓣组成，全部采用白色大理石建造。底座边上有 9 个连环的清水池，烘托着这巨大的"莲花"。位于阿布扎比的 Aldar 总部大楼外形非常独特，设计灵感源于扇贝，是中东地区第一座采用钢铁网格支持的圆形建筑物。

　　图 8-5 所示为典型的仿生家具设计案例。丹麦设计大师雅各布森设计的蚂蚁椅是现代家具设计的经典之一，这把椅子结构简单，形状酷似蚂蚁，在胶合板上做出了粗细有致的"躯体"，并用细长的钢管模拟了蚂蚁的腿足。简单的线条分割加上层压板的整体弯曲，使得这把椅子的形态得到全新的诠释。蛋椅也是由雅各布森设计的，它采用了壳体结构，整体造型如同半个鸡蛋。壳体结构是生物存在的一种典型的合理结构，虽然壳体的外壁很薄，但其结构的独特形态可将物体表面的受力迅速地分散开，使整个壳体表面受力均匀，稳定性极高。蝴蝶凳

由日本设计大师柳宗理设计，整体造型很像是一只正在扇动翅膀的蝴蝶。"蝴蝶凳"的组件只由两块成型胶合板构成，两块胶合板通过一个轴心对称地连接在一起。蝴蝶凳独具匠心的构造，是抽象形态仿生中的经典之作。

图 8-4　典型的仿生建筑设计案例

图 8-5　典型的仿生家具设计案例

提到"声音"的仿生设计，这款小鸟水壶 9093 kettle（又称阿莱西水壶）可谓是经典中的经典。它是意大利厨卫品牌 Alessi 历史上最好卖的产品之一，也是后现代艺术的代表作。该水壶的最大特色是壶嘴上停立着一只塑胶小鸟，水烧开时能发出欢快的鸟鸣声［见图 8-6（a）］。SOYTUN 酱油碟整体用搪瓷纯手工制作，中间凹槽可以添加酱油，两侧的平台可以放芥末酱和筷子。这款设计最具创意的就是 SOYTUN 鱼骨状的外形，几个 SOYTUN 酱油碟摞在一起仿佛重现了一条鱼的主骨［见图 8-6（b）］。穿山甲背包的设计灵感来自拥有大型角质鳞片的哺乳动物——穿山甲。包包的外壳是可伸缩的关闭层，有磁性的材料使它们可以一节套住一节。包的内部有大型的拉链口袋和多个小型的功能口袋，包的肩带有衬垫且可调节［见图 8-6（c）］。开花（Bloom）吊灯的设计灵感来自花朵的形状和结构，该吊灯灯罩由六片可以活动的花瓣组成，整个灯罩可以张合，像是一朵倒挂的花。在光传感器的作用下，吊灯花瓣的开放可通过环境的亮度来控制：白天灯处在关闭状态，天黑时花开始开放，天越黑，花开越盛。在花瓣开合的同时，也控制了吊灯本身的亮度，一举两得［见图8-6（d）］。Fruition存钱罐积累了足够的财富就会掉落，看到自己积攒的"硕果"掉落该多让人欣慰啊！"水果"由硅胶和磁铁制成，安全可靠，可以反复使用［见图8-6（e）］。AJORí大蒜调味瓶设计是一种用于组织和储存调味料、香料和各种烹饪调味品的创意解决方案，其灵感来自大蒜球茎的优雅形状。这款厨房配件可容纳六个容器，可存放固体、液体、粉末状等多形态调料，还有一个托盘，可以将它们归置在一起，中间一个实木的手柄，方便移动［见图8-6（f）］。

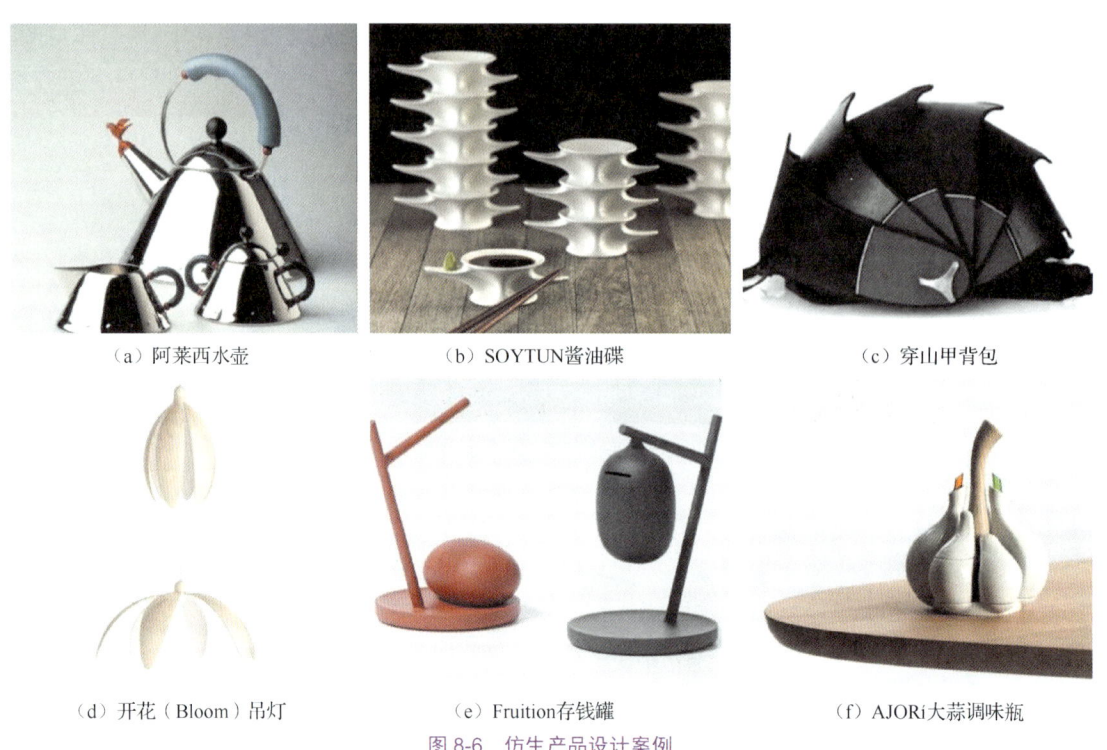

（a）阿莱西水壶　　　　（b）SOYTUN酱油碟　　　　（c）穿山甲背包

（d）开花（Bloom）吊灯　　（e）Fruition存钱罐　　　　（f）AJORí大蒜调味瓶

图8-6　仿生产品设计案例

形态仿生是在动物、植物、微生物、人类等所具有的典型外部形态的认知基础上，寻求对产品形态的突破与创新，强调对生物外部形态美感特征的抽取整理，以及对人类审美需求的表现。具体可以从以下两个方面入手。

1）抽象与概括

仿生设计产品在形式上表现为简化性，而在传达本质特征上表现为高度的概括性，并且通过形态抽象变化，用点、线、面的运动组合来表现生物特征以及产品美感。

2）联想与想象

逼真的生物形态的展现缺乏趣味性。通过联想与想象，利用抽象形态或用简单的形体反映事物独特的本质特征可有效增加产品功能、形态及结构的可能性。

形态仿生设计通过对多姿多彩的自然生物的模拟与再创造，带来了丰富多样的产品设计。此外，形态仿生设计以它特有的设计观念与设计方法，不断去探索人与自然的关系，体现了人类对现实世界的好奇心和对现实世界形象的执着追求，不但在物质上，更在精神上追求传统与现代、自然与人类、艺术与技术、主观与客观、个体与大众等多元化的设计融合和创新。在今后的设计潮流中，形态仿生设计必将成为工业设计发展过程中的新亮点。

8.3 仿生结构力学

自然界中的动植物经过45亿年物竞天择的优化,其结构与功能已经达到近乎完美的程度,因此,自然界是人类各种科学技术原理发明的源泉,给设计师提供了很多的结构解决方案。例如,从鸟类飞行发明了飞机;从昆虫的单、复眼发明了复眼照相机;从青蛙的眼睛发明了电子蛙眼,用于检测飞机起落、跟踪人造卫星。

很多生物都具有有一定强度、刚度和稳定性的结构,本节将介绍仿生结构色、仿生轻质结构、仿生超强韧纤维。

8.3.1 仿生结构色

自然界中五彩斑斓的颜色是怎么产生的呢?其主要途径是色素,即化学色,但有些生物或矿物质经过进化选择了结构色,又称物理色。

化学色指通过生物体内所含的色素对光的吸收所引起的颜色;而物理色则指精细的微结构光在生物体微结构中产生反射、散射、干涉或衍射形成的颜色。纺织印染废水排放量大、难处理;相比之下,这种通过微结构形成的颜色具有更多的优点:环保,减少了化学色素的应用,可取代传统纺织业的化学染料,永不褪色;高饱和度;虹彩效应——从不同方向观测的颜色不同。

结构色的产生有四种机理:单层薄膜干涉、多层薄膜干涉、光子晶体以及光栅衍射。光的单层薄膜干涉如图8-7所示,生活中经常看到的例子是油膜在水面的颜色。不同颜色的光在不同入射角度、不同的油膜厚度发生干涉,就造成了油膜的丰富色彩。

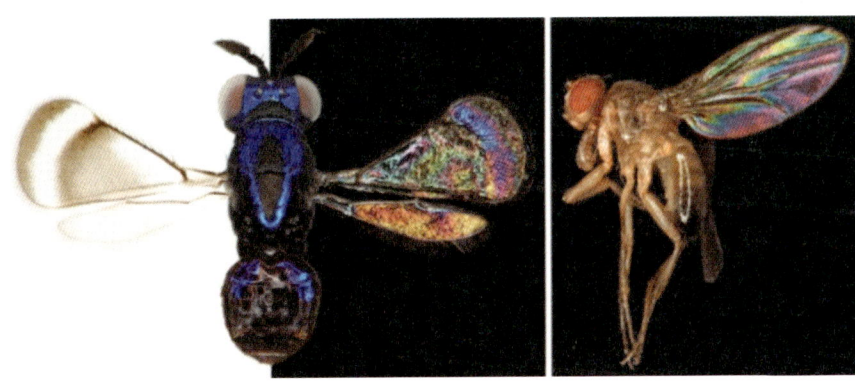

图 8-7 光的单层薄膜干涉

光的多层薄膜干涉如图8-8所示,而多层薄膜是由两种折射率不同的物质交替叠加而形成的。生物体中的多层薄膜结构基本有三种形式:多层层堆结构、啁啾层堆和混沌层堆。

图8-8中,多层层堆结构:每个层堆由均匀层组成,每个层堆对某一特定波长进行调制;啁啾层堆:不同折射率的薄膜层堆时,薄膜厚度沿膜的垂直方向减少或增加;混沌层堆:薄膜厚度随机变化。

图 8-8 光的多层薄膜干涉

光子晶体造成的结构色如图 8-9 所示。所谓光子晶体就是由两种折射率不同的物质周期性排布形成的微观结构，如变色龙通过肌肉收缩和舒张对皮肤表面光子晶体结构进行调控，从而变色。

图 8-9 光子晶体造成的结构色

光栅衍射造成的结构色如图 8-10 所示，光栅结构通常采用激光直写、全息干涉、离子/电子束光刻、数控加工（CNC）等方法制备。光栅线条间距通常为几微米甚至几百纳米，通过调控光栅周期、角度、深度、折射率、占空比等参数，实现对光的衍射、散射从而形成结构色。

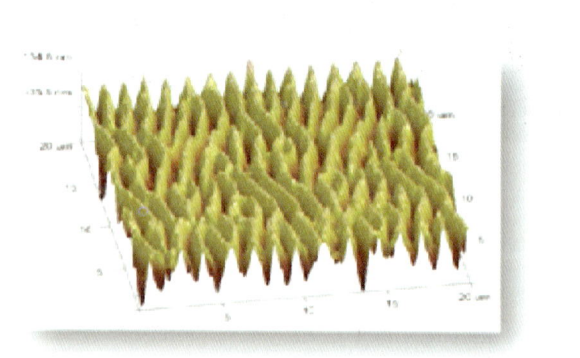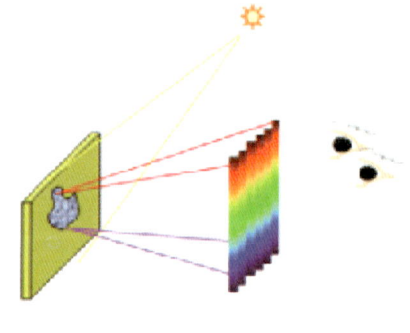

图 8-10 光栅衍射造成的结构色

以蓝色大闪蝶翅膀为例（见图 8-11），显微镜下的鳞片顶端外缘呈椭圆形，鳞片排列紧密，呈屋脊状依次排开，错落有致，且有好几层分叉。每层分叉都是一层角质层，厚度在几十至几百纳米之间，这些角质层本身都是透明的，相邻的角质层之间隔着空气层，一层角质层一层空气层，交替排列。角质层产生的效应和肥皂泡类似，透明的肥皂泡在阳光下会呈现彩虹般的炫彩，这是因为肥皂泡表面的薄膜会发生薄膜干涉。阳光照向透明的薄膜时，一部分光直接在外表面被反射，称为先头部队；还有一部分光先折射进入薄膜，在内表面被反射，再折射出薄膜，称为断后部队。射出薄膜后，先头部队和断后部队的两束光相遇，会发生干涉。此时，如果两束光走过的路程差是其波长的整数倍，光波就会叠加，信号会增强，称为相长干涉。

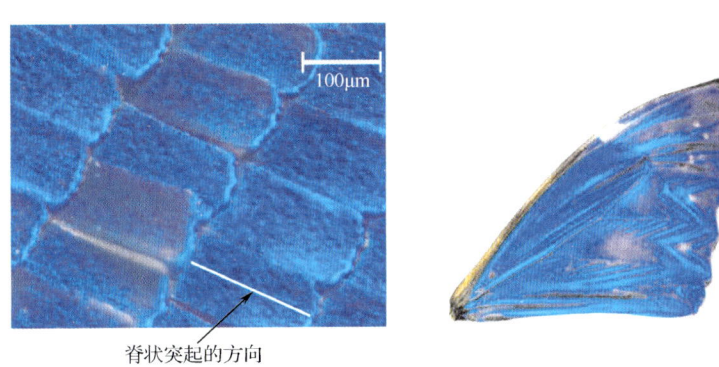

图 8-11　蓝色大闪蝶翅膀

从扫描电镜（SEM）照片可以看到，鳞片上沿纵向分布着平行的沟槽结构；从透射电镜（TEM）照片可以看出，其截面形状也是一种多层结构，截面结构类似塔状，层数约 8 层（见图 8-12）。

通过对自然界生物的观察与研究可以发现，结构色在我们生活中的很多方面都有应用前景。如纺织品：由于在着色过程中没有色素或者染料的参与，不存在褪色现象，不需要耗费大量水资源进行漂洗，同时也避免了富含色素、染料与印染助剂的废水排放造成的资源浪费，为生态绿色污染整治提供了新思路；军事：可通过对电磁波频率（波长）、振幅、偏振、自旋和轨道角动量等性质的调控，使它在隐身、伪装、三维成像、头盔式显示、人工智能、虚拟增强和虚拟现实、光信息处理等方面展现出重要的军事价值；包装：无墨印品通过一种基于表面微纳结构产生的光的反射、折射、衍射、散射等现象，来表达图像文字的色彩、反差、动态、立体等信息，也就是结构色，这种微结构承载在玻璃、塑料乃至金属板材上，可以局部或全部代替传统油墨印刷工艺。

（a）光学照片

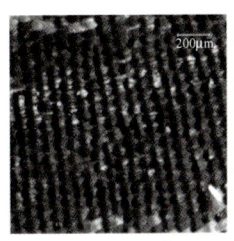
（b）SEM 照片

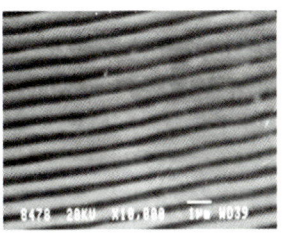
（c）TEM 照片

图 8-12　光学照片、SEM 照片与 TEM 照片

8.3.2 仿生轻质结构

在轻质结构材料领域，随着我国大飞机、高速铁路等大型高新技术产业的飞速发展，对材料的强重比、刚重比、耐损伤等性能提出了更高的要求。轻质高强耐损伤一直是轨道交通、汽车船舶以及航空航天材料和结构研制追求的目标。

目前，轻质结构材料主要采用轻合金材料，如钛合金、铝合金、镁合金以及泡沫金属、蜂窝结构、皱褶结构、纤维增强复合材料等轻质结构材料。前者允许的工作温度较低，而且提升空间有限；后者可用材料的选择范围较广，强度、刚度、传热、材料拓扑等均可变化，但制造工艺复杂。总体来看，轻质结构在几何构形设计方面仍需要成体系的创新设计理念，在多功能分析方面开展的工作有待进一步深入。结构多功能的实现需采取多功能一体化设计和多目标优化方法。仿生技术是实现这种多功能优化的重要途径。

在轻质结构的仿生学研究领域，国内外已经开展了广泛的研究工作。如 Mattheck 受骨骼、树、植物根茎自适应生长的启示，用拓扑优化的软杀法（SKO）对轻质结构的构形进行优化计算。McKittrick 等研究了龙虾、螃蟹等的外骨骼的纤维层状微结构、纤维缠绕方式及其力学性能，并就其断裂机制进行了讨论（见图 8-13）。他们的研究工作为开发新型轻质、力学性能优良的复合材料奠定了基础。欧宝和奔驰汽车的研发人员模仿树木、骨骼材料的分布，设计出汽车零部件和汽车底盘，实现了材料的拓扑分布（见图 8-14）。

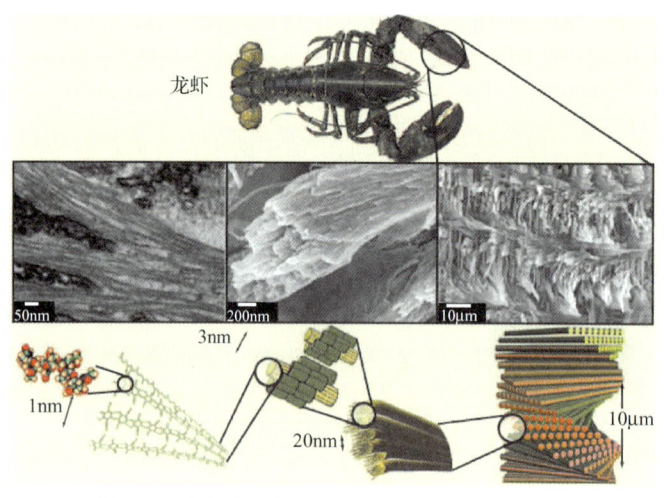

图 8-13　龙虾外骨骼的甲克素层板结构和微管道

图 8-14　奔驰仿生汽车结构设计

贝壳和珍珠在断裂前能经受较大的塑性变形，其具有优异的高韧性，因此国内外的众多学者纷纷开展贝壳韧化机制的研究，并采用多种办法研制仿贝壳叠层结构材料，如图 8-15 所示。Harris 与英国 Reading 大学的 Jeronimidis 教授合作，模仿鸟的头骨设计了轻质高强壳结构（见图 8-16）。Speck 等人研究发现空心根茎的植物在轻质结构应用中具有变刚度潜质。Barthelat 研究了决定动物骨骼刚度、强度和硬度的主要因素，并在此基础上探索了制备仿骨骼轻质、高刚/硬度、兼具自愈合结构材料的方法。Borsellino 等人测评了芯体为仿羽毛和蜂窝结构的两种用于汽车工业的三明治层板结构在静力弯曲、平压和侧压载荷作用下的机械力学性能。Masselter 等模仿捕蝇草的叶片开发了仿生电缆引入线系统，并做出了功能样机。在仿生轻质结构的研制方面，德国纺织技术与工艺学研究所（ITV）在对芦苇和灯心草的根茎断面微结构及其力学性能分析的基础上,将植物根茎的生长法则应用到此类轻质结构的制造工艺上,利用热固-编织拉挤成型工艺制备出了一种新型的轻质复合材料(见图8-17)。

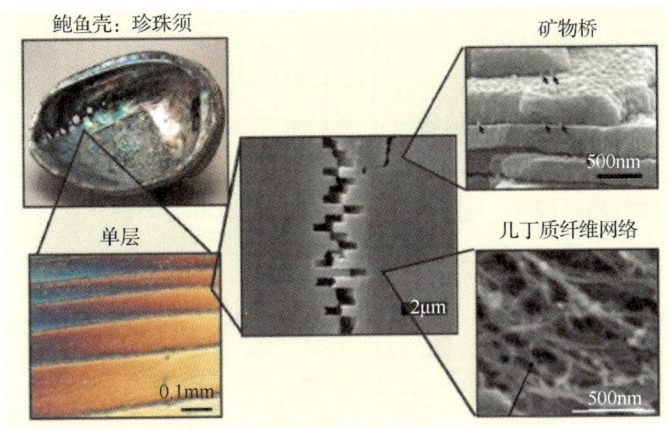

图 8-15 贝壳微结构及其韧化机制图

图 8-16 Harris 的仿生轻质高强壳结构

 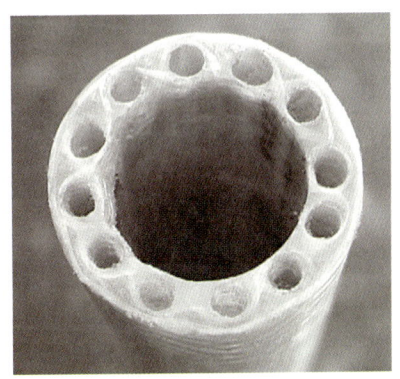

(a)荷兰灯心草叶茎断面微结构　　　　(b)德国 ITV 制备的仿生轻质结构

图 8-17 荷兰灯心草叶茎断面微结构及其仿生结构制备

在轻质多功能材料中,泡沫金属是一种典型的代表,其是一类孔隙率达到 90% 以上,具有一定强度和刚度的多孔金属。如图 8-18 所示，这类金属孔隙率高、表面积大，具有三维连通的骨架结构，并且保持了母体金属的理化特性。泡沫金属的制备方法分为粉末冶金法、金属沉积法、渗流铸造法、熔融金属发泡法。其中，熔融金属发泡法主要制造闭孔的泡沫金属，主要用于夹层结构材料。开孔泡沫金属的制备方法中，相对于其他几种，金属沉积法更易制得孔结构规则、孔隙率高达 95% 的泡沫金属。理论上来讲，凡是可以用于电镀的金属，均可通过金属沉积法制备成泡沫金属。常见的泡沫金属以 Cu、Ni、Fe 等金属或者相应的多元合金为骨架。国内长沙力元、北京金艾伯特、上海众维等公司在泡沫金属产业化方面取得了不错的成绩，但下游有附加值的泡沫金属衍生产品，性价比有待提高。经过近些年科研人员的努力，泡沫金属越来越多地应用于模板、过滤、催化载体、电池电极、散热等方面。

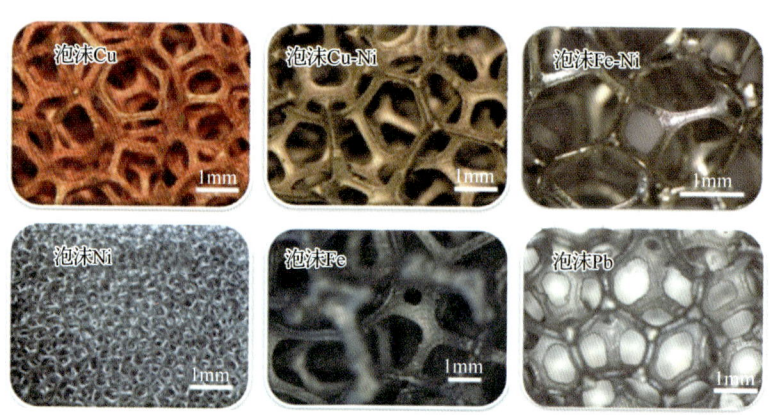

图 8-18　泡沫金属种类及其形貌

8.3.3　仿生超强韧纤维

蜘蛛经过 4 亿年的进化使其所吐出的丝实现了结构与功能的统一。天然蜘蛛丝是世界上最结实坚韧的纤维之一，在强度和弹性上都大大超过了人类制成的钢和凯夫拉纤维，且其即使拉伸 10 倍以上也不会断裂。据科学家计算，一根铅笔粗细的蜘蛛丝束，能够使一架正在飞行的波音 747 飞机停下来。与人造纤维相比，蜘蛛产生的纤维对人类与环境是友好的。蜘蛛丝还具有耐低温、可进行信息传导、能反射紫外线，以及良好的吸收振动性能和较高的干湿模量等性能，如图 8-19 所示。

蜘蛛丝的直径为几微米（人的头发约为 100μm），具有典型的多级结构。它是由一些原纤的纤维束组成的，原纤是几个厚度为纳米级的微原纤的集合体，微原纤则是由蜘蛛丝蛋白构成的高分子化合物。天然蜘蛛丝由于具有轻质、高强度、高韧性等优异的力学性能和生物相容性等特性，因此在航空航天（飞机和人造卫星的结构材料、复合材料、宇航服装）、军事（坦克装甲、防弹衣、降落伞）、建筑（桥梁和高层建筑的结构材料）、民用（从空气中实现可观含量的淡水收集）等领域具有广阔的应用前景，已成为当今纤维材料领域的热门课题（见图 8-20）。

图 8-19 蜘蛛丝

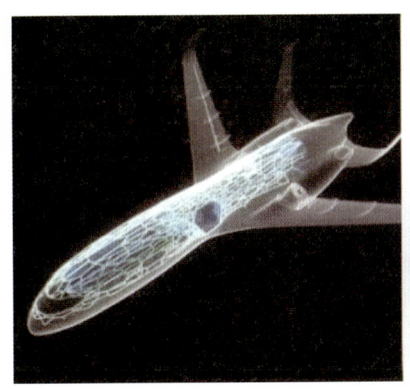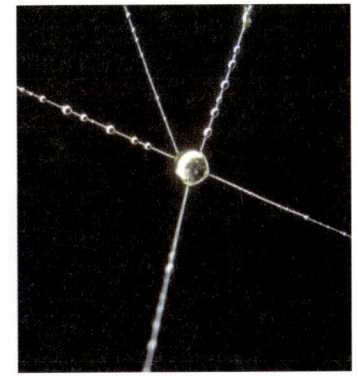

图 8-20 超强韧纤维的应用

  Baughman 研究小组通过纺丝技术成功地将单壁碳纳米管（直径约 1 nm）编织成超强碳纳米管/聚乙烯醇复合纤维（含 60% 碳纳米管）。这种碳纳米管复合纤维具有良好的强度和韧性，其拉伸强度与蜘蛛丝的相同，但其韧性高于目前所有的天然纤维和人工合成纤维材料的韧性，比天然蜘蛛丝的高 3 倍，比凯夫拉纤维的高 17 倍。

  蜘蛛丝具有良好的力学性能，主要是因为它含有许多纳米尺寸的结晶体，这些微小的结晶体呈定向排列，分散在蜘蛛丝蛋白质基质中，起到了很好的增强作用。Mckinley 研究小组通过模仿蜘蛛丝的特殊结构，将层状堆叠的纳米级黏土薄片（Laponite）嵌入聚氨酯弹性体（Elasthane）中，制备了一种同时具有良好弹性和韧性的纳米复合材料。

  自然界某些生物体中（如昆虫角质层、下颌骨、螯针、钳螯、产卵器等）含有极少量的金属元素（如 Zn、Mn、Ca、Cu 等），以增强这些部位的刚度、硬度等力学性能。例如，一些昆虫身上最坚硬的角质层部位（如切叶蚁、蝗虫和沙蚕的颚等），其 Zn 的含量特别高。Knez 研究组采用改进的原子层沉积处理技术，不仅在蜘蛛牵引丝表面沉积上一层 Zn、Ti 或 Al 的氧化物涂层，而且一些金属离子会透过纤维并与蜘蛛牵引丝蛋白进行反应。少量金属元素的加入极大地提高了天然蜘蛛丝的抗断裂或变形能力，增强了蜘蛛丝的韧性。

  在轻质结构的仿生学研究方面，生物结构多是层级结构，这种结构在满足强/刚度和断裂韧性的条件下能最大限度地减轻结构质量，节约能源。但多层级生物结构具有优越力学性能的原理机制还有待研究人员进一步深入研究；不同层级间界面的信息传递以及层级结构优化设计求解仍是目前仿生层级结构多功能设计的瓶颈。此外，这种具有多尺度、复杂几何形态的轻质结构材料的制备以及规模化生产还有赖于加工制造技术领域的发展和提升。

8.4 仿生表面界面技术

自然界中的生物系统表现出许多独特的性质，如壁虎可以在垂直墙壁、天花板等不同表面快速爬行，表现出全方位的运动能力；海洋贻贝类生物通过足丝分泌出黏附蛋白，在潮湿的水环境下展现出超强的黏附（附着）能力；水滴在羽毛、荷叶表面随意地滚动等，模仿这些特征可以设计出带有独特功能的新型生物界面材料。

8.4.1 仿生黏附表面与界面

众多具有全空间黏附能力的生物，其黏附功能单元均具有末端膨大的结构特征，表现出了优异的黏附性能，在无损搬运、仿生爬壁、太空操作等诸多领域展现出广阔的应用前景。在自然界中，从植物界的爬山虎到非细胞生命形态的病毒；从海洋中的章鱼、贻贝到陆地上的苍蝇、蜘蛛、壁虎等（见图8-21），从它们的黏附功能单元形貌可以直观地发现，"末端膨大"是这类生物功能单元的主要结构特征，而末端膨大的形态与黏附功能之间有着密切的相关性。

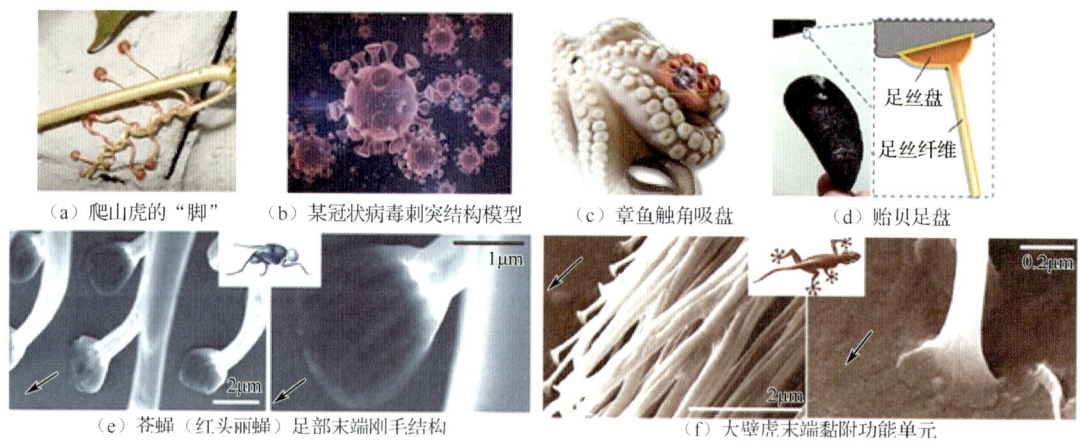

(a) 爬山虎的"脚"　　(b) 某冠状病毒刺突结构模型　　(c) 章鱼触角吸盘　　(d) 贻贝足盘

(e) 苍蝇（红头丽蝇）足部末端刚毛结构　　(f) 大壁虎末端黏附功能单元

图 8-21　自然界中生物黏附功能单元具备的典型末端膨大结构形貌

德国基尔大学的 Gorb 教授等人研究发现，需要表面持久静态黏附的生物体进化趋向于蘑菇状末端结构，而短时动态的黏附体系往往依赖于压舌板状的黏附末端。压舌板状黏附末端单元往往需要轻微的剪切力，才能产生可观的定向界面黏附，并且黏附应力随角度变化，使得生物体主动的黏脱附行为控制变得容易，但是这种主动的控制策略也使其仿生应用变得复杂。相比而言，蘑菇状末端结构在黏附过程中一般不需要额外的预紧力辅助，且接触界面的分离倾向于从蘑菇状末端的中心向四周传递，在大气或水中甚至会形成一定的负压腔，产生额外的负压吸力，从而增强抵抗脱附的能力。生物黏附体系的结构特征为仿生黏附技术提供了生物学模板，在关注黏附功能鲁棒性的应用设计中，末端膨大的蘑菇状微纳仿生结构展现出了广阔的应用前景。

基于生物体黏附体系微观形态和黏附机制，近20年来国内外已有千余篇关于仿生黏附微结构的研究报告。图8-22展示了几种典型的仿刚毛阵列，从黏附性能的各向异性上可以区分为法向黏附型［见图8-22（a）～（d）］和切向黏附型［见图8-22（e）～（h）］，制造方法主要涉及硅基光刻模板模塑成型、金属模板模塑成型、软模板模塑成型、二次蘸取末端成型、多孔金属氧化物模塑成型、纤维涂布成型、电场辅助成型、3D打印成型等技术。这些技术在微纳尺度上实现了对末端形貌的调控，为推进仿生黏附技术的工程应用奠定了良好的基础。

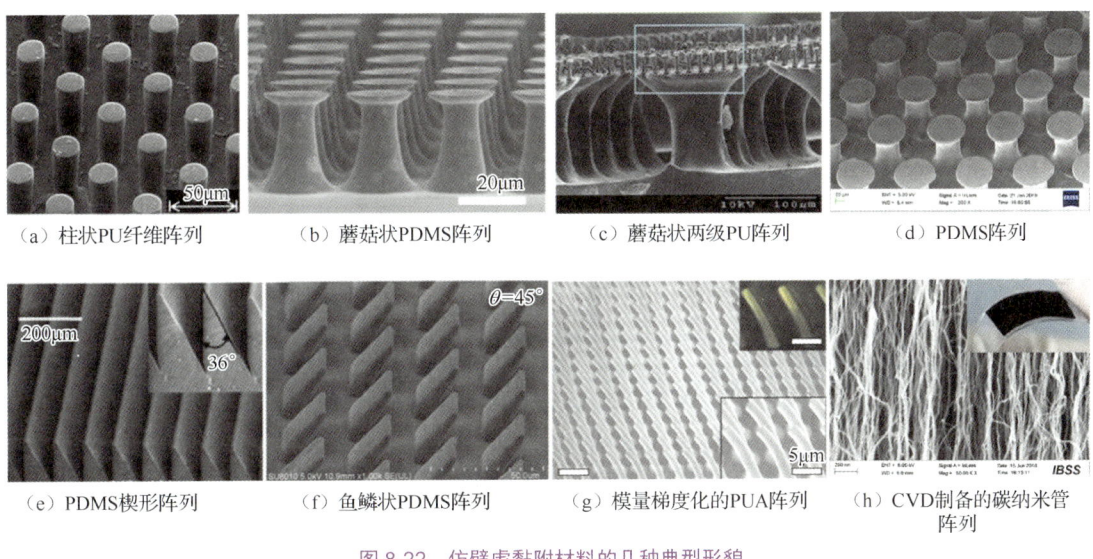

（a）柱状PU纤维阵列　（b）蘑菇状PDMS阵列　（c）蘑菇状两级PU阵列　（d）PDMS阵列

（e）PDMS楔形阵列　（f）鱼鳞状PDMS阵列　（g）模量梯度化的PUA阵列　（h）CVD制备的碳纳米管阵列

图8-22　仿壁虎黏附材料的几种典型形貌

如图8-23所示，仿生黏附技术产业化在2007年由德国Gottlieb Binder GmbH公司依托Gorb团队技术发起试点；2009年卡内基梅隆大学Metin Sitti教授创立了nanoGriptech公司，通过硅基光刻模塑、二次蘸取末端成型等技术实现了仿生黏附结构的制造；2013年美国马萨诸塞大学Alfred Crosby团队成立了新材料公司Felsuma，推广"纤维背衬+柔性聚合物"组合式仿生设计技术；韩国研究团队依托其强大的半导体技术背景，在仿生微结构制造方面也取得了突飞猛进的进展；我国在仿生黏附材料研究方面，西安交通大学、清华大学、南京航空航天大学等多家单位近年来也相继开展了卓有成效的工作，并在2019年由南京航空航天大学姬科举团队完成了国内首家仿生黏附材料产业化基地建设，发展了系列化的仿生表、界面材料及其器件，并成功应用于航空航天、国防等关键功能部件，为推进仿生黏附技术的工程应用奠定了良好的基础。

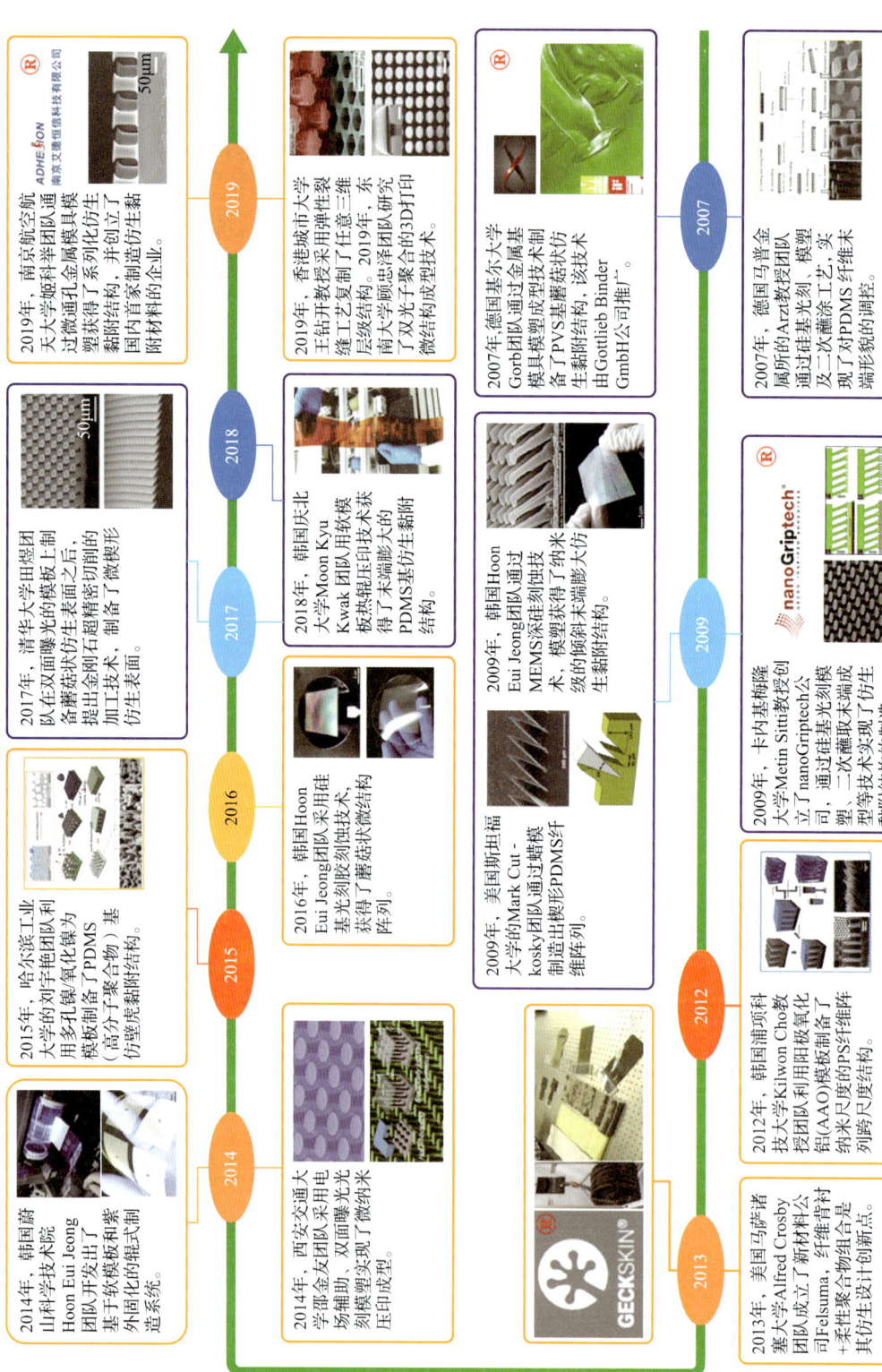

图 8-23 仿生黏附材料国内外发展概况

8.4.2 仿生表面特殊浸润性能

自然材料的多尺度微/纳米多级结构赋予了其表面特殊的浸润性能，如植物叶表面的自清洁性、滚动各向异性；昆虫翅膀的自清洁性、水黾腿的超疏水性等。通过对生物体表面的结构仿生，可以实现结构与性能的统一。

自然界中的某些植物叶表面具有超疏水性和自清洁性，最典型的是荷叶表面（见图8-24）。研究发现，荷叶表面的微/纳米多级结构和低表面能的蜡质物使其具有超疏水性，这使其能轻易地使水滴在表面形成水珠，水珠在荷叶表面具有较大的接触角及较小的滚动角，通过重力作用自然滚落，同时带走叶面上的污染物，达到自洁。荷叶的这种性质，又被称为荷叶效应。

蝴蝶翅膀由微米尺寸的鳞片交叠覆盖，每一个鳞片上又分布着排列整齐的纳米条带结构，而每个纳米条带由倾斜的周期性片层堆积而成。这种特殊的微观结构导致蝴蝶翅膀表面具有各向异性的浸润性（见图8-24）。

图8-24 荷叶和蝴蝶翅膀

水黾可以在水面上自由行走［见图8-25（a）~（b）］，其腿部数千根同向排列的多层微米尺寸刚毛［见图8-25（c）~（d）］，使水黾的腿能够在水中划出多倍于己的水量，从而使其具有非凡的浮力且永不沉没。

固体表面的特殊浸润性包括超疏水、超亲水、超疏油、超亲油，将这4种浸润性进行多元组合，可以实现智能化的协同、开关和分离材料的制备。

影响固体表面浸润性的因素主要有两个：一是表面化学组成（表面能），二是表面微观结构（粗糙度）。仿生超疏水性表面可以通过两种方法实现：一是在粗糙表面上修饰低表面能的物质；二是利用疏水材料来构建表面粗糙结构。

浸润性的一些常见的表征方法包括接触角、滚动角及黏附力等。一般来说，低表面能和粗糙结构是构成超疏性能的两大因素，然而对于疏油性能而言，必须要有特定的凹角形态，包括悬垂结构、负坡度、倒梯形及蘑菇结构（见图8-26）。

对于制备技术，根据超双疏性的两大机理，可以归纳总结为三大类型，即"先结构化再修饰""先修饰再结构化"以及"原位一步法"。基于超双疏表面优异的性能以及不断增长的需求，各种新型的应用应运而生，主要包括液滴操控、防冰、流体承载装置、图案化等（见图8-27）。

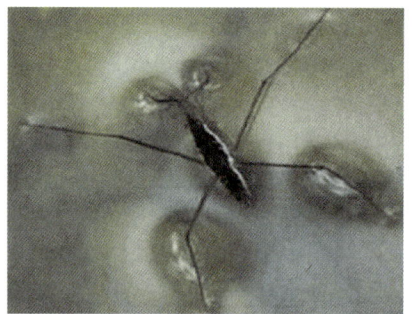
（a）水面漂浮的水黾

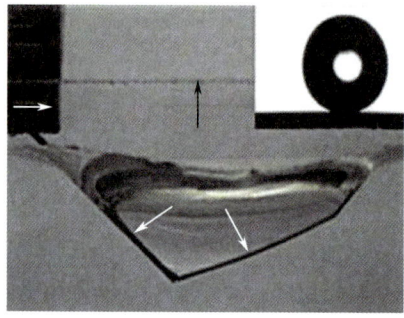
（b）水黾足部与水面的接触照片

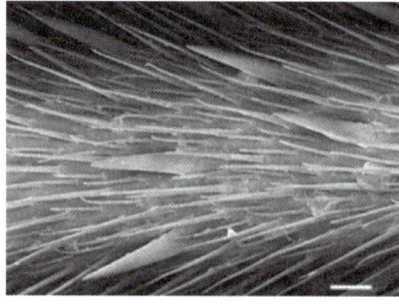
（c）水黾腿部的纤毛簇状结构

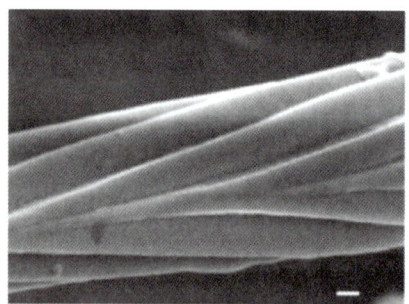
（d）水黾腿部纤毛显微照片

图 8-25　水黾与其结构

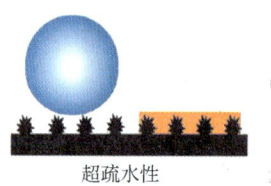
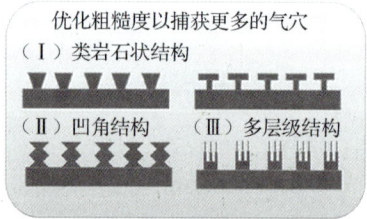

图 8-26　几种典型适用于构筑超双疏性表面的结构

图 8-27　仿生超双疏性表面构建及相关应用

8.5 "学以致用"——仿生爬壁机器人案例分析

爬壁机器人是机器人技术的一个重要分支，它既能牢固地附着在墙壁上，又能灵活地移动。随着科学技术特别是机器人技术的飞速发展，爬壁机器人被越来越多地应用于泛在的危险环境中，如高层建筑的清洁与检测、油气管道的维护、国土安全的监测与搜救、航天器在轨服务等，为人们提供了便捷的服务，提升了城市安全，也实现了危险任务的无人化与自动化。同时，高机动运动灵活性与多功能负载集成化的应用需求也驱使着爬壁机器人朝小型化、微型化方向发展。

相比于地面作业的机器人，爬壁机器人在竖直维度甚至全空间运动能力实现的关键是界面附着技术的发展与应用。已有爬壁机构的附着系统往往选择单一的附着机制实现界面连接，如"负压吸附""机械锁合""静电吸附""磁吸附"等（见图8-28）。实践表明，基于以上单一附着机制下的爬壁机构虽然能够实现界面可控附着，然而其应用的局限性也较为明显。如负压吸附对附着表面光洁度的要求，以及负压风扇的高能耗与高噪声问题；钩爪对敏感表面的损伤，以及对光滑表面的失效；静电吸附的高电压需求，以及磁吸附对表面材质的针对性等，这些附着方式对目标表面的局限性极大地限制了爬壁机器人的使用范围。

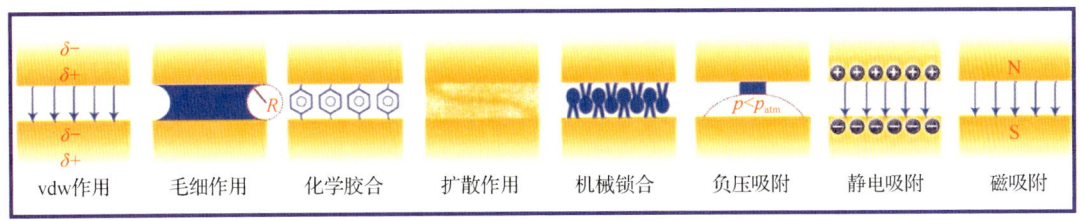

图 8-28 附着机制的多样性

图 8-28 中，$\delta+$ 和 $\delta-$ 表示瞬时偶极，R 表示弯液面的曲率半径，p 表示气压，N 和 S 表示北极和南极。

研究表明，由于自然环境下目标附着表面的复杂多样性，依靠单一的附着机制往往不足以提供生物体稳定的附着和快速运动的能力。几乎所有具有全空间运动能力的生物均拥有两种及以上的界面附着策略，且生物体型越大，越需要多种附着方式协同作用来提升界面附着力以平衡自重。生物高鲁棒性的附着调控特性依赖于生物脚爪精细的跨尺度附着结构，以及附着结构所呈现的机制之间的协同作用。面对爬壁机器人工程应用中的界面附着技术问题，人们研究了多机制协同的仿生附着技术，特别是微尺度下的仿生附着技术，探讨了尺度效应对不同附着机制之间协同作用的影响，设计并制造出具有多机制协同作用能力的仿生微纳结构，形成更加高效、稳定、普适的仿生附着系统，从而提升仿生爬壁机器人的界面环境适应性，加快促进仿生附着技术服务国防的同时，服务于智慧城市、安全城市全空间运维硬件系统的构建。

在自然环境中，很多生物拥有多种界面附着策略（见图8-29），刚毛和钩爪便是其中的典型组合。在基底表面颗粒的尺寸远大于钩爪尖端尺寸的情况下，在接触界面上会大概率地出现刚毛和钩爪协同作用的情形。在附着力方向上，刚度更大的钩爪分担了大部分的运动载荷，实现范德华力黏附与机械嵌合机制协同作用的附着高鲁棒性，为高适应性的仿生附着结构提供了设计思路。

图 8-29　几种典型生物及表面特征尺度范围

在仿生附着技术的发展过程中，仿生的目的很大程度上决定了仿生对象的选择原则。对于仅需要长久静态附着的需求，胶基的生物附着体系（如贻贝、藤蔓等）常常被选作原型模板；而对于附着/脱附循环的应用场景（如爬壁机器人、工业抓手等末端效应器），能够在其生存空间中自如攀爬移动的苍蝇、蜘蛛、壁虎、树蛙、章鱼等常常被选作生物学模板。图 8-30 是以干附着技术为特征的仿生爬壁机器人及夹持装置，不难发现，这类仿生爬壁机器人往往只能适应相对光滑的表面，具有较大的表面应用局限性。

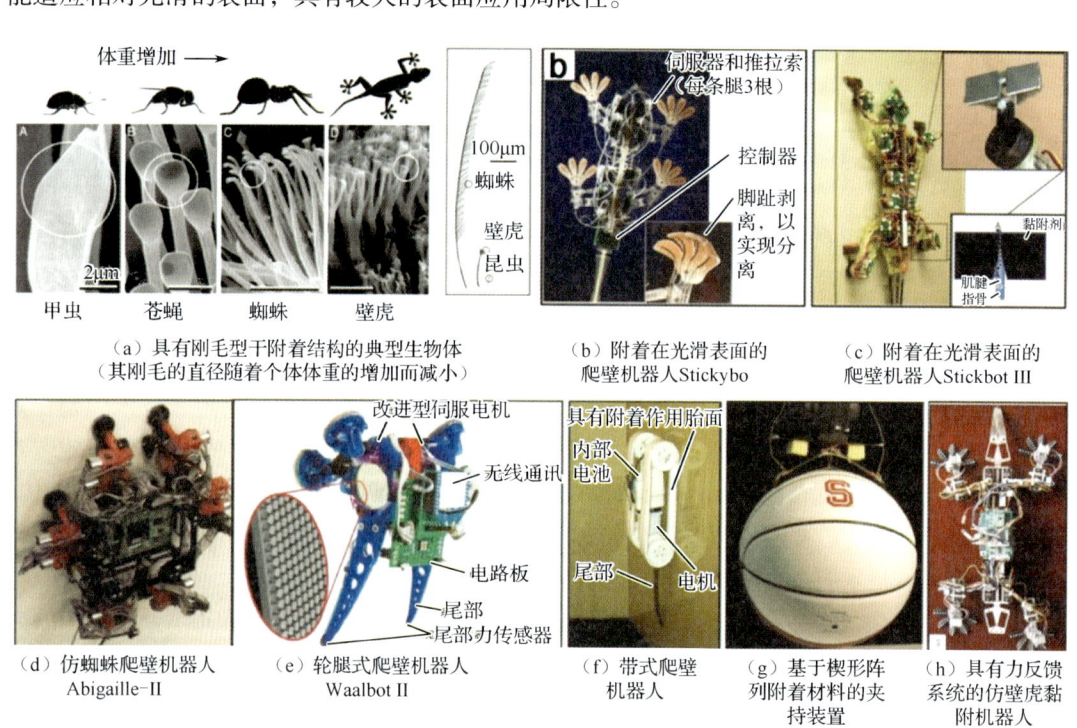

图 8-30　以干附着技术为特征的仿生爬壁机器人及夹持装置

以范德华力作用为特征的单一附着机制往往不能适应粗糙的表面，研究发现，几乎所有的昆虫都使用两种及以上的附着机制来实现稳定灵活的可控附着，且其能产生足够大的附着力。尤其是以蝗虫、蚂蚁、苍蝇等为代表的全空间运动昆虫利用多种附着机制协同来实现在不同属性表面上的稳定附着，并解决了运动机动性和附着稳定性之间的冲突。由此可见，昆虫优异的附着性能不仅与其精细的附着系统相关，还与不同附着机制之间的协同作用相关。图 8-31 为展示了基于其他附着机制的仿生附着系统应用案例，包括单一的机械锁合钩爪附着、湿黏附、负压吸附、磁吸附和静电吸附，均展示出了单一附着机制的独特作用能力和适应场景，也为多机制协同附着结构提供了设计的基础。

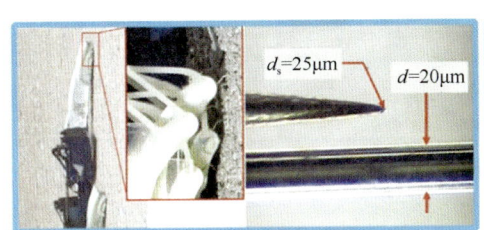
（a）仿蟑螂机器人 SpinyBot（其钢针做成的钩爪与粗糙表面形成机械锁合）

（b）树蛙脚趾基于毛细作用机制的湿黏附特性

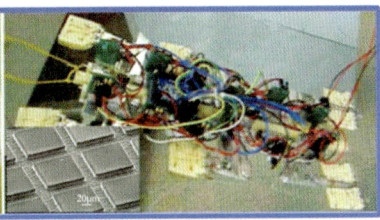
（c）仿树蛙爬壁机器人

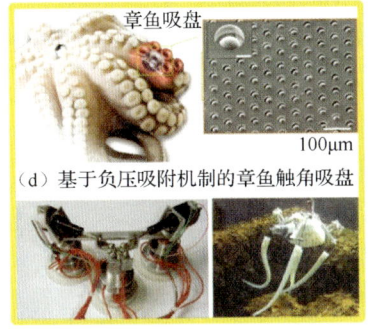
（d）基于负压吸附机制的章鱼触角吸盘

（e）基于负压吸附机制的章鱼黏附材料、吸盘装置　（f）基于负压吸附机制的仿触角运动装置

（g）以磁性吸引为特征的轮式爬壁机构

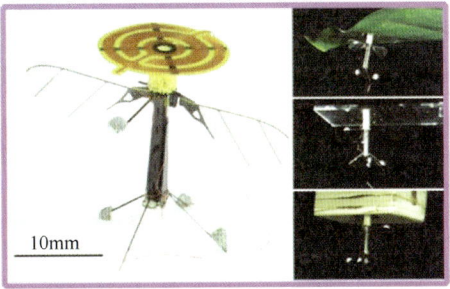
（h）以静电引力为特征的可黏附悬停飞行装置

图 8-31　基于其他附着机制的仿生黏附系统应用案例

目前，已有仿生附着机器人利用两种或多种方式来完成附着和脱附（见图 8-32）。Paschal 等的研究团队利用 3D 打印技术和模具制造技术制备出硅胶波纹软管来模仿海胆的软足结构，如图 8-32（a）所示，该软管增加了仿生管足结构的自由度及灵活性，并通过磁铁吸附在金属表面上，利用液压驱动实现脱附，呈现了负压吸附与磁性吸附的协同增强附着机制。北京航空航天大学文力课题组利用复合材料 3D 打印鲫鱼头部微结构，制备仿生软体吸盘结构，利用激光加工制作了碳纤维硬质小刺（底部直径 270μm），并将其嵌入复合材料的样机鳍片中，如图 8-32（b）所示，鳍片上硬质小刺（机械锁合）以及软组织（负压吸附）的协同作用使鲫鱼能够稳定附着在多尺度的粗糙表面上。美国西北大学的 Lee 等人将壁虎的干黏附能力（利用微观结构范德华力黏附）和贻贝的湿黏附能力（利用黏附蛋白与表面形成化学键黏附）结合在一起，研发出一种双机制协同的仿生附着结构，如图 8-32（c）所示。该仿生结构通过将模仿贻贝足丝黏合蛋白成分制造的薄聚合物，覆盖在仿壁虎纤维柱阵列上，使其在湿态和干态展现出较好的可逆附着特性。

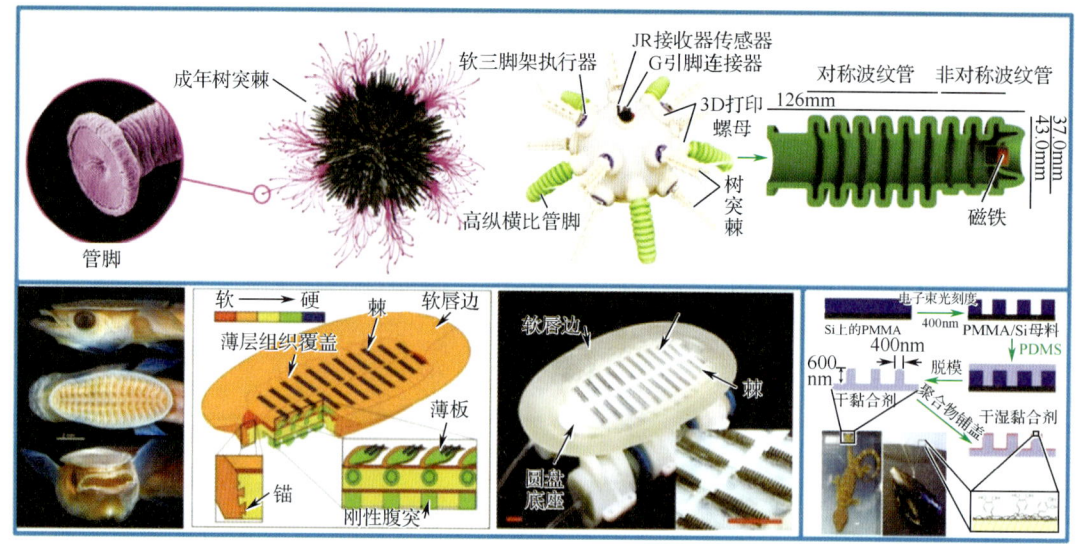

图 8-32 利用两种及以上方式来完成附着和脱附的仿生附着机器人

南京航空航天大学江苏省仿生功能材料重点实验室经过 10 多年的研究，借助于先进的仿生黏附材料，研制了系列化的仿生爬壁机器人，形态上主要以壁虎为仿生对象，集成自动化控制、材料科学、机械工程等学科的发展成果，展现了仿生机器人在全空间多维度附着与运动的能力，为危险环境的无人化作业提供了良好的技术基础（见图 8-33）。

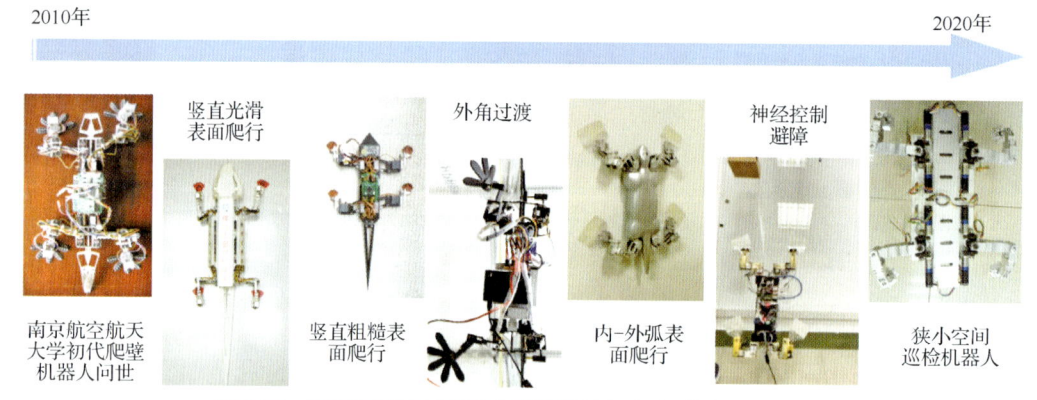

图 8-33 南京航空航天大学仿生团队研制的系列化仿生爬壁机器人

通过分析可以看出，自然界全空间运动的生物体面对生存的附着表面进化出与之相适应的附着系统，这些附着系统往往展现出跨尺度的多机制协同效应，是生物体实现高鲁棒性附着的结构基础，也是仿生附着系统走向工程应用的关键部件。然而，跨尺度的多机制协同是一种典型的尺度效应带来的力学特性的变化，尺度效应与机制之间协同的映射关系尚缺乏相关研究，附着机制之间协同的结构尺寸边界仍不明确，尤其是和材料本征力学特征相关联的多机制协同设计原则仍待补充完善。仿生爬壁机器人经过不断更新迭代，相信在不久的将来，借助高效、稳定、普适的仿生附着系统，一定能够服务于国防科技硬件运维系统的发展。

人口、资源、环境是经济和社会发展的三大瓶颈。发展替代人完成单调、危险、高强度工作或人无法完成的工作，发展资源、能源节约的产业和产品，发展环境友好的工业工程、环境材料和环保技术是引领科技进步、造福人类的重要途径。从民生和产业发展角度来看，仿生设计与功能材料的研究与发展，必将为我国的特种装备与智能制造、新材料等行业的发展做出贡献。仿生设计学作为人类社会生产活动与自然界的契合点，使人类社会与自然达到了高度的统一，正逐渐成为设计发展过程中新的亮点；仿生为材料、结构、功能创新设计提供了多姿多彩的艺术范例，当我们面对社会发展过程中的具体问题时，往往答案就在身边。

本章习题

1. 生活中有哪些仿生的例子，它们分别模仿了生物的什么特性？
2. 阐述自己喜欢的某个仿生设计案例，分析其与生物原型之间的联系。
3. 结构色在工业设计上有什么优势？选择任意一个结构色的产生机理，构思其应用场景。
4. 采用轻质结构和直接运用轻质材料相比，有什么区别？
5. 以模仿蜘蛛丝制造超强韧纤维为例，你认为结构仿生就是照搬自然界吗？它有什么意义？
6. "予独爱莲之出淤泥而不染，濯清涟而不妖""那支赤红的壁虎夜夜来，灯罩上微薄的温暖，给它一些秘密的冬天的欢喜"分别体现出了什么原理？
7. 自然界中还有哪些值得借鉴的表面特性？
8. 通过本章的学习，仿生设计对你有什么启发？

实验：

以自然界中任一生物为原型，利用抽象与概括或联想与想象的方式，思考其可以转化为什么产品？简单绘制草图。

第9章 新材料

随着现代科学技术的发展，对材料性能的要求越来越高，也越来越全面。除了要求材料具有高强度、高模量、耐高温、低密度，还对材料的韧性、耐磨性、耐腐蚀性、电性能等提出了种种特殊的要求。传统材料已经不能满足技术发展的需求，新材料的研发很好地弥补了这些不足，并为产品创新设计的发展提供了突破口。

9.1 新材料概述

9.1.1 新材料的概念

新材料指新出现的或正在发展中的、具有传统材料不具备的优异性能和特殊功能的全新材料，或采用新工艺、新技术合成的具有各种特殊机能（光、电、声、磁、力、超导、超塑等），或者比传统材料在性能上有重大突破（如超强、超硬、耐高温等）的一类材料。

按照性质和用途，新材料可以分为结构材料和功能材料两大类。

结构材料指以力学性能为主要要求、用以制造各种机器零件和工程构件的一类材料，是机械制造、建筑、交通运输、能源开发等行业的物质基础。这类材料正向更高强度及能在更苛刻介质或条件（高温、高磨损、高腐蚀、高辐照等）下工作的方向发展，其中以金属、陶瓷和复合材料为代表。

功能材料则是利用物质独特的物理、化学特性或生物功能发展起来的材料，这类材料正向多样化、高灵敏度、高精度和高稳定性方向发展,如超导材料、形状记忆材料、纳米材料等。

新材料与传统材料之间并没有明显的分界线,新材料是在传统材料基础上发展而来的。传统材料经过组成、结构、工艺和设计上的改进,其性能得到了提高或产生了新的功能,从而发展成为新材料。新材料技术则是按照人的意志,通过物理研究、材料设计、材料加工、试验评价等一系列研究过程,创造出能满足各种需要的新型材料的技术方法。新材料是国民经济发展的物质基础,是国防和重大工程项目建设的条件保障,也是现代高技术突破和产业发展的先导,任何一种高新技术的突破都必须以该领域的新材料技术突破为前提,而新材料的突破往往会引发人类划时代的变革。

21世纪科技发展的主要方向之一是新材料的研制和应用,新材料的研究是人类对物质性质认识和应用向更深层次的探索。

9.1.2 新材料的研发趋势

在我国863国家高技术研究发展计划中,新材料是七大重点领域之一,经过40余年的努力,其已在许多方面取得了显著进展,一大批新材料已成功应用于国防和民用工业领域。在新技术的驱动下,通过创新组合方式、运用具有新形态和新性质的各种材料进行新制品的开发,会产生令人振奋的效果。

一般认为,新材料的研究与开发主要包括四方面的内容:

(1)新材料的发现、研制。

(2)已知材料新功能、新性质的发现和应用。

(3)已知材料功能、性质的改善。

(4)新材料评价技术的开发。

可以看出,新材料的研究与开发主要围绕着材料本身的功能和性质展开。但是,一种新材料的出现是否对人类文明产生深刻影响,是否能满足人类生活的需求,仅仅考虑功能和性能不够,还必须考虑新材料的产业化、产品化,这样才能使人们享受到实惠,才能对人类文明产生促进作用。

基础材料,如金属、木材、玻璃、陶瓷、塑料等常见材料由于其性能的限制,不能在更多的领域中应用,因而对这些材料的性能进行改良、开发是新材料开发的途径之一。应进一步探索材料的组成、结构和性能,以提高或替代原有材料的特性为具体目标,使材料扬长避短,从而使其获得期望的功能特性,进而扩大材料的使用范围。

在未来一段时期内,对新材料的需求总体上将呈现如下几个重要趋势:

(1)对材料数量和种类的需求在相当长时间内将持续增加。

(2)更加重视材料的性能、可靠性和成本。

(3)对能源材料、生物材料、环境材料的需求越来越迫切。

(4)在追求更高性能的同时,往往要求材料具有多种功能。

(5)更少依赖资源、能源,减少对环境的污染和破坏。

美国国家科学技术委员会起草的材料基因组计划白皮书提出,要实现材料领域发展模式的转变,把新材料研发和应用的周期从目前的10~20年缩短为5~10年,通过材料结构功能一体化、功能材料智能化、材料与器件集成化,加快材料的应用速度,并增加可应用的材料品种。科学交叉融合越来越深入,其在材料创新中的作用也越来越重要。

9.2 新材料与产品设计

9.2.1 新材料对产品设计的影响

科技的快速发展，促进了材料、工艺、技术的不断革新，而新的材料和工艺技术往往会带来产品设计的革新和突破，对产品设计领域的发展有着重要的影响。新材料、新工艺对于产品设计师而言，既是挑战也是机遇；新材料、新工艺的出现，往往会打破人们以往的认知，给产品设计带来颠覆性的影响。

新材料对产品设计的影响主要体现在以下几个方面。

（1）在产品进一步电子化、集成化和小型化的趋势下，新材料的使用有可能突破传统结构，催生新的产品设计风格。因此，设计工作应与新材料的开发建立一种互相融合的关系。

（2）产品外观形象更具有未来感。新材料的使用，对产品外观可以起到新颖、美观以及独特的装饰作用，使设计本身变得更具时代感。

（3）材料在与功能相适应的同时，还要有良好的触觉质感和更好的可操作性。通过新材料的使用，设计应最大限度地赋予产品新的魅力。

（4）设计应进一步应用传统材料的新特性，使之在现代生活中具有新的意义。

图9-1所示为日本AgIC公司研发的银墨导电笔，内含一种银记号笔墨水，它具有导电功能，在特制纸张上画上线条，便能将纸张变成电路板。AgIC公司还推出了喷墨印制电路的按需制造服务，用于为企业和个人电路设计者试制柔性电路板。与原来的柔性电路板相比，新的柔性电路板虽然在精度及电阻值等方面存在缺点，但其试制成本可降至原来的1/5，两个工作日就能交货，并且支持试制大尺寸柔性电路板。

图9-1 银墨导电笔

这项新技术的特别之处在于它能在几米宽的纸张上印出电路，不仅纸张能折叠，而且其上的墨水可用涂改液消除。银记号笔墨水的另一个特点是干燥速度快，并能以喷墨打印机打印。银记号笔墨水的出现为电子产品设计提供了更多的思路。

新材料、新工艺给产品设计带来了更多的可能性，也给设计师带来了更广阔的发挥空间。

产品外观设计效果的实现受当前材料、工艺、技术等客观因素的制约，这也限制了设计师想象的空间。而新材料、新工艺的出现，大大拓展了设计师想象的空间，使设计师有了更多的方法来实现自己想要表达的产品外观效果。当然，设计师应善于学习，及时了解最新的材料和工艺，并能够灵活运用到设计中。

值得注意的是，设计的需求也能推动材料、工艺、技术的革新。设计师的想象力是无限的，当设计受限于当前技术时，设计师就会想方设法寻求材料或技术上的突破，以实现自己想要的设计。

9.2.2 新材料的应用

20世纪60年代高纯硅半导体材料技术的突破，使得大规模和超大规模集成电路得以实现，也使人类进入信息化时代。航空航天技术的快速发展，得力于新材料技术的不断进步，如轻质高强的碳纤维复合材料，已发展成现代飞机制造的主要结构材料，从而引发了航空制造业从设计、制造到维修的产业链革命；又如航空发动机必须采用耐高温材料制造，而目前使用的陶瓷基复合材料最高工作温度达2000℃。镍氢电池材料、锂离子电池材料、燃料电池材料、太阳能电池材料等新能源材料的技术进展，促进了新能源的转化和利用，支撑了新能源汽车行业、太阳能光伏产业的快速发展。量子材料、二维材料及半导体材料等的突破使信息技术发展进入了飞跃阶段，这些材料的应用将颠覆未来的信息技术和器件，如量子计算机、微纳型芯片、超级存储器及新型图像传感器等，且其在新能源、信息、生物医疗、人工智能和航空航天等领域具有非常广阔的应用前景。

全球新材料发展动向表明，近几年特别是2019年以来，全球新材料的发展开启了从基础支撑到前沿颠覆的跨越，如石墨烯、量子点纳米材料、超材料、仿生智能材料、新能源材料、生物传感器、超导材料、柔性材料、光催化材料等一些具有颠覆性的优异性能和特殊功能的新材料品种不断得到开发和应用，产业化进程也在快速推进。

新材料具有新特性，这些特性通常都是作为优点被利用的，但任何事物都有两面性，有些使用时的优点会成为废弃时的缺点，如有良好的耐候性是产品所希望的，但废弃物的处理就很困难。所以在产品设计中应考虑到废弃物的再利用或最终处理，使之成为设计的一环。

9.3 新材料介绍

9.3.1 信息材料

信息材料，从广义上讲是指信息科学技术与工程领域中使用的各种材料。通常指应用于信息科学技术与工程领域的功能材料，包括电子计算机、微电子技术和通信技术中使用的材料。信息材料品种繁多、门类复杂，是一个庞大的家族，图9-2所示为信息材料的基本分类。下面主要介绍信息记录材料、信息显示材料及信息传输材料。

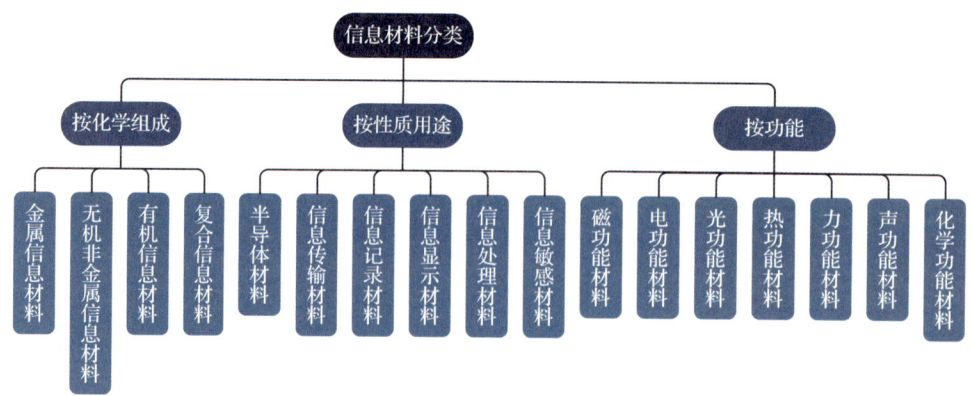

图 9-2 信息材料的基本分类

1. 信息记录材料

信息记录材料指能够用来记录和存储信息的材料，也被称为信息存储材料，主要用于制作各种存储器。这类材料在一定的外场（如光、电、磁或热等）作用下会发生状态突变，变化后的状态能保持比较长的时间，并且材料的某些物理性质在状态变化前后有很大的差别。因此，数字存储系统能够通过测量存储材料状态变化前后的物理性质，来区别材料的两种不同的状态，并用"0"和"1"来表示它们，从而实现信息的存储。如果信息存储材料在一定的外场作用下，能迅速从变化后的状态返回到原先的状态，那么这种存储就是可逆的，否则就是不可逆的。

信息存储材料的种类很多，最常用的有磁存储材料和光存储材料。

1) 磁存储材料

磁存储材料指利用矩形磁滞回线或磁矩的变化来存储信息的一类磁性材料。物质在磁场的感应下会被磁化，形成磁偶极子。磁性材料（特指铁磁性材料，又称强磁性材料）的特点是对外加磁场特别敏感、磁化强度大。磁性材料的磁化强度和磁场的关系很复杂，只能用磁化曲线和磁滞回线来描述。磁存储技术就是利用磁滞回线的两个剩磁状态来记忆二进制数字信号的。计算机的机械式硬盘就是在盘片上涂覆约 0.5mm 厚的磁性材料作为信息存储材料。早期的计算机外存如软磁盘、磁带等也都是利用磁存储材料制作的，如图 9-3 所示为早期使用的外存软磁盘。

2) 光存储材料

光存储材料是一种借助光束作用写入、读出信息的材料，又称为光记录高分子材料，现在常用的光盘就是采用光存储材料制成的。信息写入时，光盘的存储介质与聚焦的激光束产生作用，形成记录点，当光再次照射时形成反差，就能读出信号。按读、写、擦等功能，光盘一般分为只读式光盘、一次写入光盘和可擦重写光盘。

只读式光盘的膜层结构相对比较简单，一般由聚碳酸酯树脂盘基和反射膜构成。信息的存储是通过取样、量化、调制等步骤将要记录的模拟信号转换成二进制数字信号，再用脉冲调制码的编码方式编制成程序，由计算机控制激光刻录仪在光盘的玻璃母盘上刻出长度不等的凹坑（Pit）和平台（Land）结构；之后，通过电铸等步骤将玻璃母盘表面的凹凸结构复制到金属模盘上，再通过注塑积压成型等工艺将金属模盘上的凹凸结构复制到聚碳酸酯树脂盘的表面上，其上再依次镀上反射膜和保护涂层。如图 9-4 所示为只读式光盘的制备流程。

图 9-3 早期使用的外存软磁盘

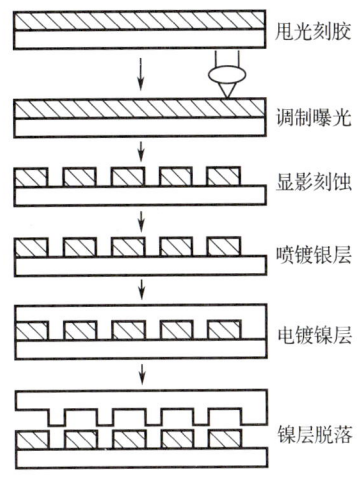

图 9-4 只读式光盘的制备流程

一次写入光盘指在光盘上写入信息后这些信息无法更改，而可擦重写光盘则指光盘上的信息可以擦除改写，使用更加方便，但其工艺流程相对比较复杂。首先，通过注射机加热树脂原料并注射成直径 120mm、厚 0.6mm 的光盘，并用预先制作的 DVD-RAM 母版将 DVD-RAM 模样压在光盘上；其次，用真空镀膜机将光盘镀上包括相变膜的多层机能膜，并用旋转离心涂敷的方法在镀膜面涂上保护膜层，再用紫外线将其硬化；再次，将两片 0.6mm 的盘片粘贴成 1.2mm 厚的双面光盘。图 9-5 所示为 DVD-RAM 微观结构示意图。

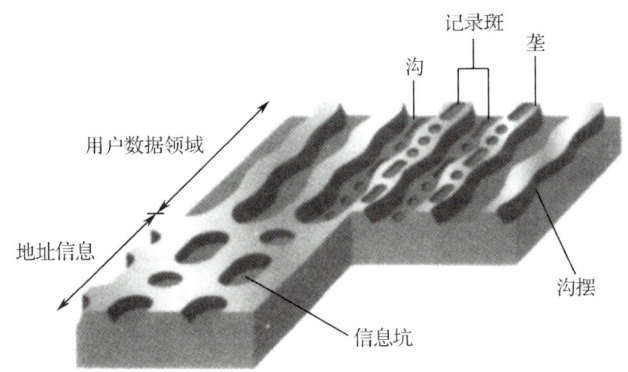

图 9-5 DVD-RAM 微观结构示意图

2．信息显示材料

通常把显示器件中使用的光电子材料称为信息显示材料或光电显示材料。最早发现的光电显示材料是阴极射线发光材料，人们由此制出了阴极射线管，且其在过去相当长的时期内占据信息显示领域的主导地位。随着集成电路技术的不断更新换代，要求显示器向平板化、小型化、低功耗方向发展，因而又促进了新型显示材料的发展。

信息显示材料通常分为两类：一类是本身发光的材料，称为主动显示材料，如阴极射线发光材料、电致发光材料等，图 9-6 所示为采用阴极射线发光材料的 CRT 显示器。另一类是本身不发光，依靠调制外界光完成显示功能的材料，称为被动显示材料，如液晶、电致变色材料等。按照显示原理，信息显示材料可分为液晶显示材料、等离子体显示材料、阴极射线管显示材料、场发射显示材料、真空荧光显示材料、无机电致发光材料和有机电致发光材料等。下面主要

图 9-6 采用阴极射线发光材料的 CRT 显示器

介绍液晶显示材料、等离子体显示材料和电致发光材料。

1）液晶显示材料

液晶指液态晶体，流动性和各向异性分别是液体和晶体的重要特点，人们把既有液体的流动性，又有晶体的各向异性的物质状态称为液态晶体，简称液晶。液晶主要有溶致液晶和热致液晶两大类。溶致液晶要溶解在一定的溶剂中才呈现液晶性，而热致液晶则在一定的温度范围内才呈现液晶性。显示用的液晶是一些相对分子质量为 200～500 的有机化合物，其分子的几何形状有棒状、板状、碗状三种，目前液晶显示用的主要是棒状分子液晶，而板状分子液晶主要用于液晶显示器的光学补偿膜。

任何已有的单质液晶都无法满足显示器件的所有要求，因此，显示器件中实际使用的液晶显示材料通常都由二十几种甚至三十几种单质液晶混合而成。常见的液晶显示材料主要有以下几种。

（1）安息香酸酯类。这类液晶化合物中心部两个苯环之间由酯类连接，液晶稳定性好，化合物品种丰富，具有多种性能。这类液晶两端均为烷基时，黏度高，末端基为氰基时，液晶具有正介电各向异性，常应用于低阈值、多路驱动显示。

（2）联苯类和联三苯类。这类液晶是正性液晶，是末端基团为烷氧基的氰基联苯液晶化合物，具有无色、化学性能稳定、光化学性能稳定、介电各向异性及黏度和折射率适中的特点，广泛应用于 LCD 中。氰基联苯液晶和氰氧联三苯液晶混配可增宽使液晶分子的排列方式发生变化的温度范围，增大双折射率，改进多路驱动性能。

（3）苯基环己烷基类和联苯基环己烷基类。这类液晶化合物的特点是稳定性好、黏度低，因而成为非常有用的 LCD 材料。联苯基环己烷基类液晶的向列相 - 各向同性相温度高，主要用于宽温度混合液晶。

（4）环己烷基碳酸酯类。这类液晶化合物的特点是黏度低、温度范围宽，尤其是 Z 末端基为烷基、烷氧基时，液晶的黏度很低，是快速响应混合液晶的主要成分。当 Z 末端基为氰基时，得到正性液晶，其双折射率小，介电各向异性也小。

2）等离子体显示材料

等离子体显示材料指电离后能发光的气体，利用气体电离发光的有源平板型显示技术即为等离子体显示技术。等离子体显示板（PDP）是一种平板型主动发光器件，它利用惰性气体在一定电压的作用下产生放电，从而形成等离子体，直接发射可见光，或发射真空紫外线，通过紫外线激发光致发光荧光粉而产生可见光。PDP 按驱动方式分为交流（AC）和直流（DC）两种，其中 AC-PDP 具有伏安特性非线性强、亮度高、视角大、响应快、寿命长和环境性能强等优点。

单色 PDP 器件是利用 Ne-Ar 混合气体在一定的电压作用下产生气体放电，直接发出 582nm 的橙色光而制作的平板显示器。彩色 PDP 器件是利用 He-Xe 混合气体放电时产生肉眼不可见的 147nm 真空紫外线（VUV）激发相应的三基色光致发光荧光粉，使其发出可见光而实现彩色显示。

3）电致发光材料

电致发光材料指在直流或交流电场的作用下，依靠电流和电场的激发，将电能直接转换成光能的材料。电致发光有无机电致发光和有机电致发光两大类。有机电致发光器件指被称为有机发光二极管（OLED）的面发光器件，发光颜色有红、绿、蓝等，具有直流低电压驱动、高亮度、高发光效率和低成本等优点。目前 OLED 已在汽车音响、移动电话、数码相机和 DVD 唱机等电子设备的显示中得到了应用，图 9-7 所示为测试中的柔性 OLED 手机屏幕。无机电致发光可分为低场型电致发光和高场型电致发光两种。低场型电致发光一般指在 Ⅲ-V 族化合物的 P-N 结上注入少数载流子，产生复合而引起发光，这种器件通常被称为发光二极管（LED）。

图 9-7　测试中的柔性 OLED 手机屏幕

用于高场型电致发光器件的材料有粉末材料和薄膜材料两种。

ZnS 是粉末电致发光的最佳基质材料，其发光特性是由被称作激活剂和共激活剂的特殊杂质决定的。常用的激活剂是 Cu，常用的共激活剂有 Al^{3+}、Ga^{3+}、In^{3+}、稀土元素和 Cl、Br、I 等。粉末电致发光显示板主要用来作为平面冷光源、LCD 的背光源和仪表盘照明、指示牌照明灯等。

薄膜发光材料常用的有 CaS、SrS 等。薄膜电致发光器件由衬底玻璃板、ITO 电极、绝缘层（0.2～0.3μm）、发光层（0.5～1μm）和金属电极组成。交流薄膜电致发光显示是全固化平板显示器件，具有亮度高、对比度大、响应速度快、视角大、工作温度范围宽、轻薄牢固等优点，其缺点是工作电压高、负载容抗较大，致使专用驱动集成块成本较高。薄膜电致发光器件主要用于工作条件恶劣和对体积有严格限制的场合，如工业控制和医疗设备、武器和装备系统等。

3. 信息传输材料

信息传输材料指在各种通信方式中能够用来传递信息的材料。传统的信息传输方法是采用电信号传输，常用的材料是铜或铝导线。光纤通信是电信号通过半导体激光器变为光信号，而后通过光导纤维（光纤）进行长距离传输，再由光信号变成电信号被接收。光导纤维是使光以波导方式传播的纤维状介质材料。最先实用化的光导纤维是多组分石英玻璃纤维，采用棒管复合法拉制而成。

光纤的种类很多，按其所用的材料可分为多包层石英光纤、多组分玻璃光纤和高聚物光纤等；按纤芯折射率分布，可分为阶跃型光纤和渐变型光纤两类；按传输模式数量，可分为单模光纤和多模光纤；按光纤传输的激光的波长，可分为短波光纤和长波光纤。下面主要介绍多包层石英光纤和高聚物光纤。

1）多包层石英光纤

多包层石英光纤由纤芯、包层和表面涂覆层组成。纤芯的主要成分是二氧化硅（SiO_2），纯度要求达到 99.999%，其余成分为极少量的掺杂材料，如二氧化锗（GeO_2），掺杂材料的作用是提高纤芯的折射率。包层的折射率一般要求比纤芯的低几个百分点，其作用是把光线限制在纤芯中，所用材料也是二氧化硅。为了降低包层的折射率，一般会掺杂少量的氟。包层的外面是高分子材料涂覆层，常用的材料有环氧树脂、硅橡胶等，其作用是增强光纤的柔韧性和机械强度。

2）高聚物光纤

高聚物光纤是以透明高聚物为芯材，以比芯材折射率低的聚合物为包层材料所组成的光纤。高聚物光纤由纤芯和包层两部分组成。纤芯的主要材料是聚甲基丙烯酸甲酯和聚苯乙烯，其优点是质量轻、韧性好、自由弯曲范围较大，有良好的电气绝缘性，而且成本低、工艺简单、接续容易；其缺点是损耗大、带宽小、耐热性差、抗化学腐蚀和表面磨损性能比玻璃光纤的差。

由于光导纤维具有容量大、质量轻、占用空间小、抗电磁干扰、串话少、保密性强等优点，因而用光纤通信逐步代替电缆和微波通信已成为信息技术发展的必然趋势。光纤在军事领域的应用越来越受到各国军队的重视，图 9-8 所示为光纤制导反坦克导弹。光纤可大大扩展现代作战系统的时域、空域和频域，可显著提高通信能力以及发现、跟踪、识别、命中目标的能力，使武器装备的快速反应能力、战时生存能力和战场指挥效能提高了几倍甚至几个数量级。

图 9-8　光纤制导反坦克导弹

9.3.2　新能源材料

新能源包括太阳能、生物质能、核能、风能、地热、海洋能等一次能源以及二次能源中的氢能等。新能源材料指实现新能源的转化和利用以及发展新能源技术中所要用到的关键材料，主要包括储氢材料、锂离子电池材料、燃料电池材料、超级电容器材料、聚合物电池材料、薄膜太阳能电池材料等。下面主要介绍燃料电池材料、锂离子电池材料、超级电容器材料和储氢材料。

1. 燃料电池材料

燃料电池是一种将储存在燃料和氧化剂中的化学能直接转化为电能的装置，图 9-9 所示为氢燃料电池原理图。燃料电池的发电装置主要由四部分，即阳极、阴极、电解质和外部电路组成。燃料电池运行过程中要求源源不断地从外部连续供给燃料和氧化剂等反应物，以保持连续供电。燃料电池按所用电解质材料可分为五种类型：碱性燃料电池（AFC）、磷酸型燃料电池（PAFC）、熔融碳酸盐燃料电池（MCFC）、固体氧化物燃料电池（SOFC）、质子交换膜燃料电池（PEMFC）。其中，PEMFC 是目前研究的热点，其关键材料重点涉及以下四类。

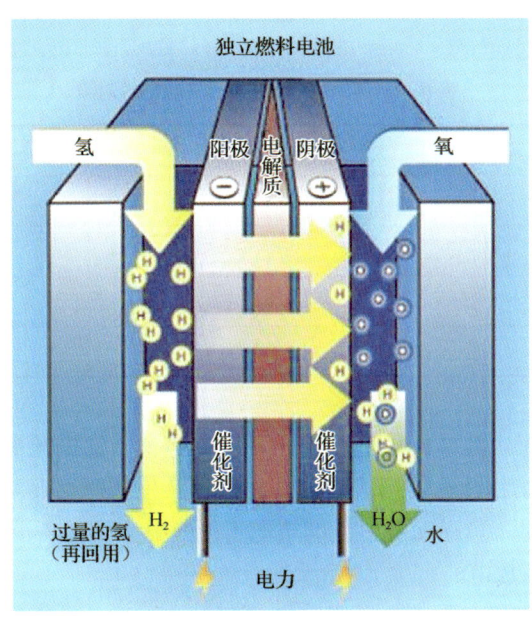

图 9-9　氢燃料电池原理图

1）电催化剂材料

目前常用的传统电催化剂材料是铂金（Pt）及其合金，二元合金催化剂材料包括 Pt-Ru、Pt-Sn、Pt-Pd 等，三元合金催化剂材料包括 Pt-Ru-W、Pt-Co-W、Pt-Ni-W、Pt-Mn-W、Pt-Ru-Nb 等。而过渡金属原子簇化合物、中心含过渡金属的大环化合物、金属碳化物和金属氮化物等将是未来燃料电池电催化剂材料的新选择。

2）质子交换膜材料

质子交换膜是质子交换膜燃料电池的关键材料之一，它在燃料电池中既可为电解质提供氢离子通道，也可作为隔膜隔离两极反应气体。目前国内外应用最广泛的是以全氟磺酸为骨架的质子交换膜。

3）气体扩散层材料

气体扩散层不仅起着支撑催化剂层、稳定电极结构的作用，还能为电极反应提供气体通道、电子通道和排水通道等。其主要材料有碳纤维纸、碳纤维布及碳黑纸等，如果能解决抗腐蚀问题，金属材料也可用于气体扩散层材料。

4）燃料电池化学储氢材料

金属氢化物储氢法是目前较为理想的供氢方法，它具有释放的氢气纯度高、单位体积储氢量大、安全性好、不需要建加气站等优点。

2. 锂离子电池材料

锂离子电池由锂离子插层负极材料、锂离子插层正极材料（一般为锂的氧化物，如

LiCoO$_2$）及将两者分离开的锂离子传导电解质（如溶有 LiPF$_6$ 的碳酸乙二酯 - 碳酸二乙酯有机溶液）等材料构成。

负极材料基本上都是石墨或碳，如人工石墨、天然石墨、中间相碳微球、石油焦、碳纤维、热解树脂碳等。石墨或碳作为负极材料的缺点是首次库仑效率低，且存在一定的安全问题。目前将钛酸盐作为锂离子电池负极材料的研究日渐深入，其中尖晶石钛酸锂已投入商业化应用。正极材料选择的余地较大，但主流产品多采用锂铁磷酸盐。不同的锂离子电池正极材料对照可参见表 9-1。

表 9-1 不同的锂离子电池正极材料对照

正极材料	平均输出电压 /V	能量密度 /（mAh/g）
LiCoO$_2$	3.7	140
Li$_2$MnO$_3$	3.7	100
LiFePO$_4$	3.2	130
Li$_2$FePO$_4$F	3.6	115

应注意的是，锂离子电池与锂电池是两种不同的电池。锂电池的负极材料是锂金属或锂合金，由于锂金属的化学特性非常活泼，加工、保存及使用时对环境的要求非常高。锂电池的锂直接参与反应，且是不可逆反应，只能放电不能充电。而锂离子电池是锂离子参与反应，是可逆反应，可充电也可放电。

锂离子电池（见图 9-10）具有电压高、能量密度大、循环性能好、自放电小、无记忆效应等突出优点。锂离子电池以其卓越的高性能价格比优势，广泛应用于电动汽车、笔记本计算机、移动电话、摄录机、武器装备等领域。

图 9-10 锂离子电池

3. 超级电容器材料

超级电容器是一种大功率密度（>1kW/kg）的新型能量存储装置。与传统的电容器和二次电池相比，超级电容器的比功率是电池的 10 倍以上，储存电荷的能力比普通电容器高，并具有充放电速度快、对环境无污染、循环寿命长、使用温度范围宽等特点。

超级电容器包含电极、电解质、集流体、隔膜四个部件。电极材料主要有碳电极材料、金属氧化物及其水合物电极材料、导电聚合物电极材料。电解质需要具有很高的导电性和足够的电化学稳定性,以便超级电容器可以在尽可能高的电压下工作。现有的电解质材料主要有固体电解质、有机物电解质和水溶液电解质。有机物电解质的分解电压高,一般都高于2.5V,但导电性比较差;水溶液电解质主要是KOH和H_2SO_4,它们的分解电压受到水的分解电位的限制,只有1.23V,但是其导电性是有机物电解质的4倍以上。有机物电解质通常使用聚合物(特别是PP)或者纸作为隔膜,而水溶液电解质可以采用玻璃纤维或者陶瓷隔膜。陶瓷隔膜允许带电离子通过,而会阻止电子通过。集流体则通常是选用导电性能良好的金属和石墨等来充当。

超级电容器(见图9-11)的主要应用包括电动自行车、摩托车、电动汽车及混合动力车的起动和加速,寒冷条件下普通汽车的快速打火起动,电动公交车、拖拉机等的动力源等。它与蓄电池组成的混合动力系统可用来满足汽车在加速、起动、爬坡时的高功率要求,以保护蓄电池系统,并且在汽车紧急刹车时可以瞬间回收能量,从而减少能源浪费,进而节省能源。在移动电子装置应用领域,超级电容器可与电池配合使用,为手机、数码相机、玩具等提供电源。另外,超级电容器还可应用于不间断电源装置、远程通信设备、风力发电机、电网支流屏,为其提供备用电源。其在军事、航天领域的应用潜力更为巨大。

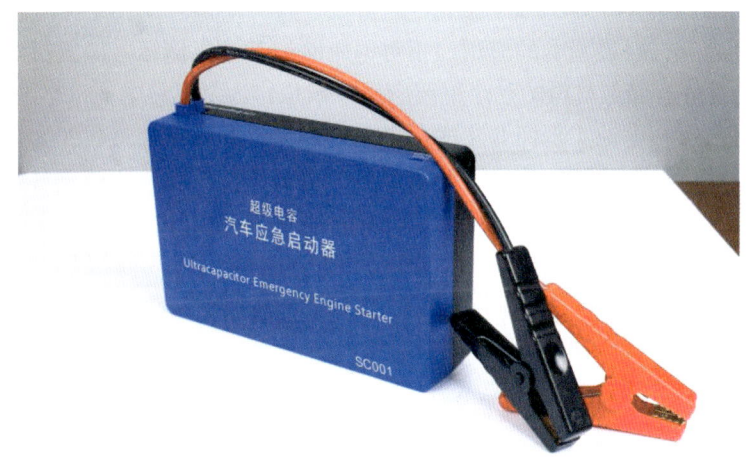

图9-11 超级电容器

4. 储氢材料

在适当的温度和压力下,能大量可逆吸收和释放氢的材料称为储氢材料。储氢材料大致分为非金属储氢材料、金属储氢材料、金属配位氢化物、有机液体储氢材料、金属有机骨架材料等。

1)非金属储氢材料

非金属储氢材料主要有碳系、玻璃微球等材料,属于物理吸附型储氢材料,即利用材料的高比表面积,在一定的温度和压力下吸附/释放氢气。碳纳米管具有纳米尺度的中空管道、高比表面积以及大量微孔,通过改进其储氢机理、改善其吸放氢条件,其可以作为优秀的储氢材料。

2）金属储氢材料

已开发的具有实用价值的金属储氢材料有稀土系 AB_5 型，如 $LaNi_5$；钛、锆系 AB_2 型，如 $ZrMn_2$、$TiMn_2$ 等；钛系 AB 型，如 TiFe、TiNi 等；镁系 A_2B 型，如 Mg_2Ni。以上 A 指可与氢形成稳定氢化物的放热型金属（吸氢时放出热量）；B 指难与氢形成氢化物但具有氢催化活性的吸热型金属（吸氢时吸收热量）。

3）金属配位氢化物

碱金属或碱土金属配位氢化物的通式为 $A(MH_4)n$，其中 A 一般为碱金属（Li、Na、K 等）或碱土金属（Mg、Ca），M 为第三主族的 B、Al，n 为金属 A 的化合价。这类储氢材料具有高储氢容量，目前发现的配位氢化物中 $LiBH_4$ 具有最高的含氢量（18wt%），这种物质在 280℃放出 3 个氢后变为 LiH 和 B，再加入 SiO_2 后，可在 100℃放出氢。

4）有机液体储氢材料

目前研究报道的有机液体储氢材料主要是苯或甲苯。有机液体氢化物储氢技术具有储氢量大（理论储氢量在 7wt% 左右）、储运安全方便等优点，具有广阔的发展前景。

5）金属有机骨架材料

金属有机骨架材料是由含氧、氮等的有机配体与金属离子进行化学作用而形成的具有孔隙结构的聚合物。由于其具有高比表面积、高孔隙率，且容易控制孔的结构而成为储氢材料中的研究热点，而研究的重点是要选择合适的金属离子和有机配体，对空腔大小和形状进行调控。

氢的储运是储氢材料最基本的应用，相对钢瓶储运和液氢储运，储氢材料不需要高压和绝热装置，安全性好。储氢材料的一个重要应用领域是作为氢燃料电池汽车的车载储氢媒介。氢的高效储存是氢燃料电池实现商业化的一个重要环节，要将储氢材料作为氢燃料电池的储氢媒介，需提高储氢材料的储氢密度、使用寿命等诸多特性。此外，储氢材料还能实现化学能与热能的转换、化学能与机械能的转换，还能用作二次电池的负极材料。

9.3.3 先进复合材料

1. 复合材料的定义

复合材料是由两种或两种以上性质不同但互补的材料所组成的，并被赋予了新特性的材料，它具有比组成材料更优越的综合性能。

复合材料由基体和增强体组成，基体是材料的主体，而分散在基体中的增强体起到了改善材料性能的作用。可以通过改变增强体的浓度（或体积比）、拓扑结构等来改变复合材料的整体性能，从而使其满足各种不同的要求。

复合材料的基体分为金属和非金属两大类。金属基体常用的有钢、铝、镁、钛、镍及其合金；非金属基体主要有合成树脂、橡胶、陶瓷、石墨、碳等。增强体主要有玻璃纤维、碳纤维、硼纤维、芳纶纤维、碳化硅纤维、石棉纤维、晶须、金属丝和硬质细粒等。

先进复合材料具备如下特点。

1）高的比强度和比模量

设计飞行器时，为达到减重的目标，除了优化结构形式，采用高比强度、高比模量的材料几乎是唯一的途径，图 9-12 所示为大量采用复合材料的现代战斗机。

图 9-12 大量采用复合材料的现代战斗机

2）各向异性和可设计性

由于增强体几何拓扑的非均匀性，复合材料不同方向上的性能不同，即所谓的各向异性。作为结构复合材料的纤维复合材料其各向异性尤为显著，即沿纤维轴方向和垂直于纤维轴方向的许多性质，包括光、电、磁、导热、比热、热膨胀以及力学性能，都有显著的差别。材料的各向异性虽使材料性能的计算复杂化，但也给设计带来了较多的自由度。复合材料铺层取向可以在很宽的范围进行调整，由于铺层的各向异性特征，可通过改变铺层的取向与铺叠顺序来改变复合材料的弹性和强度特性，以获得既满足使用要求又具有最佳性能质量比的复合材料。

3）良好的抗疲劳特性

疲劳破坏是材料在交变载荷下，由于裂缝的形成和扩展而产生的低应力破坏。在纤维复合材料中存在着难以计数的纤维/树脂界面，这些界面能阻止裂纹进一步扩展，从而推迟疲劳破坏的发生。这类材料即使产生疲劳破坏，事先也有明显的预兆。纤维复合材料的拉/压疲劳极限值可达到静载荷的 70%~80%，而大多数金属材料的疲劳极限只有其静强度的 40%~50%。

在使用过程中，复合材料构件即使过载而造成少量纤维断裂，其载荷也会迅速重新分布到未破坏的纤维上，从而在短期内不会使整个构件丧失承载能力，显示出结构良好的破损安全性。

4）易于大面积整体成型

树脂基复合材料在成型过程中，由于高分子化学反应相当复杂，进行理论分析与机理预测常常会有许多困难。但对于批量生产而言，当工艺规范确定后，复合材料构件的制造较为简单，许多方法可被用于复合材料构件的成型，其中包括整体共固化成型和 RTM（Resin Transfer Molding，树脂传递模塑）成型。此类成型技术大大减少了零件和紧固件的数量，简化了以往金属钣金件冗长的生产工序，缩短了生产周期。

如美国洛克希德·马丁公司制造的 F35（JSF）战斗机（见图 9-13）的复合材料垂直安定面，其零件数目减少到 1 个，原先众多的钣金铆接件被取代，取消了 1000 多个机械紧固件，既简化了工序，又节省了工时，使装配协调问题更简单，制造成本也减少了 60%。

复合材料制件的尺寸不受冶金轧板设备尺寸、加工和成型设备尺寸的限制，便于大面积整体成型。对于大型风电叶片、轨道交通、船舶类产品，复合材料的优势更加突出。

图 9-13　F35（JSF）战斗机

5）赋予新功能

复合材料组成的多样化与可设计性，使其具备了除了力学性能的许多性能，如声、光、电、磁、热，使其拥有吸波、透波、导电、半导、发热、记忆、阻尼、摩擦、吸声、阻燃、透析、隔热、磁阻、透光等功能，也赋予了其新的内涵，同时开拓了它在生物、能源、环保、测量、机械、建筑、军事工业中的新的应用领域。

2. 先进复合材料的分类及应用

先进复合材料按照基体材料的不同，主要分为树脂基复合材料、金属基复合材料、陶瓷基复合材料和水泥基复合材料。

1）树脂基复合材料

树脂基复合材料（PMC）又称纤维增强塑料，分为纤维增强热固性树脂基复合材料和纤维增强热塑性树脂基复合材料。

纤维增强热固性树脂基复合材料是以各种热固性树脂为基体，加入各种增强纤维复合而成的。材料的强度、刚度主要由纤维承担，树脂起到把纤维黏结成整体，在纤维之间传递力的作用。比较常用的树脂基体有环氧树脂、双马来酰亚胺、酚醛树脂、不饱和聚酯等。纤维增强热固性树脂基复合材料的成型方法有很多种，如喷射成型、树脂传递模塑（RTM）成型、层压成型、模压成型、浇铸成型、纤维缠绕等，通常根据树脂基体的性能特点决定。

纤维增强热塑性树脂基复合材料具有比纤维增强热固性树脂基复合材料更高的断裂韧性和冲击强度，常用的纤维增强热塑性树脂基体有聚烯烃类、聚酰胺类、聚碳酸酯、聚甲醛、聚砜、聚苯硫醚和聚醚酮等。纤维增强热塑性树脂基复合材料可以在一定温度和压力的作用下通过模压、挤出或注射等成型工艺快速成型，其预浸料不需要冷储存，也不需要经过复杂的固化和后固化过程，因而制造周期短。纤维增强热塑性树脂基复合材料的成型是一种熔融 - 造型 - 冷却固结的过程，生产率高，而且其复杂结构制品有非常好的整体性。它的缺点是基体分子量高，对纤维的浸润性差。

树脂基复合材料具有较高的比强度、比刚度及优良的耐烧蚀性，是理想的航空航天材料。它同时具有隔音、隔热、减振、阻燃、耐腐蚀等性能，能应用于车辆制造及船舶工业。它还具有优异的介电性能，可应用于电工器材制造领域。

2）金属基复合材料

金属基复合材料（MMC）根据基体的不同可以分为黑色金属基（如钢）复合材料和有色金属基（如铝、镁、钛、镍等）复合材料两大类。纤维增强型 MMC 是利用纤维的极高强度来增强金属的，纤维可以是长纤维，也可以是短纤维或者晶须，纤维直径从 $3\mu m$ 到 $150\mu m$，长径比在 100 以上。MMC 的性能取决于所选金属或合金基体和增强体的特性、含量、分布等，通过优化组合可以获得既具有金属特性，又具有高比强度、高比模量、耐热、耐磨等优良综合性能的复合材料。MMC 常用的制备方法有扩散黏结法、铸造法、叠层复合法和原位复合法。

MMC 可应用于汽车的活塞及活塞环、缸套、连杆、制动鼓及刹车盘、传动轴、轴承等部件，在航空航天领域可用作人造卫星支架、人造卫星抛物面天线、先进燃气涡轮发动机（见图 9-14），也可用于体育用品行业、电子工业领域等。

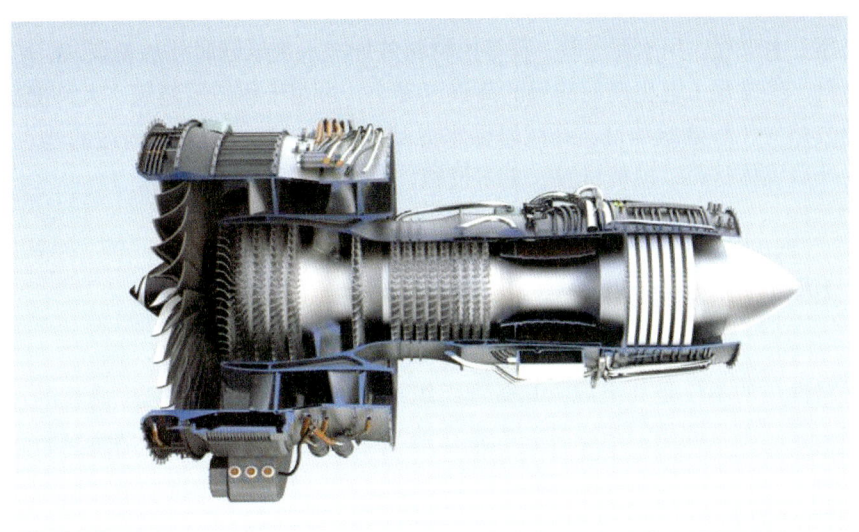

图 9-14 采用金属基复合材料的燃气涡轮发动机

3）陶瓷基复合材料

陶瓷基复合材料（CMC）是在陶瓷基体中引入第二相材料构成的多相复合材料，可分为连续纤维补强陶瓷基复合材料、晶须补强陶瓷基复合材料和异相颗粒弥散强化的多相复合陶瓷三类。其中，连续纤维补强陶瓷基复合材料主要包括碳纤维/石英玻璃、碳纤维/氮化硅、碳化硅纤维强化铝硅酸锂微晶玻璃等。陶瓷基复合材料的强度或韧性比单纯的陶瓷均有较大提高。

陶瓷基复合材料继承了陶瓷材料高硬度、耐磨性、耐高温、稳定性、耐化学介质的优点，同时韧性大大提高，可用于制造高温部件、切削刀具、耐磨材料、过滤和净化材料，如航空发动机燃烧室、发动机尾喷管调节片、热结构连接件、超轻反射镜、微波屏蔽反射镜、汽车发动机活塞、超硬合金的切削刀具等。图 9-15 所示为工业及厨房用陶瓷刀具。

图 9-15 工业（左）及厨房用（右）陶瓷刀具

4）水泥基复合材料

水泥基复合材料是以水泥净浆、砂浆或水泥混凝土为基材，以非连续的短纤维或连续的长纤维为增强体组合而成的复合材料。纤维在其中起着阻止水泥基体中微裂缝的扩展和跨越裂缝承受拉应力的作用，从而增强了水泥基复合材料的抗拉与抗弯强度。

水泥基复合材料价格低廉、品种多，具有很多优点，主要以混凝土的形式用作建筑材料，根据构成混凝土的材料不同而用于不同的方面。轻集料混凝土可用于房屋建筑外墙体、屋面结构，也可用作承重钢筋混凝土结构或构件。粉煤灰混凝土广泛用于工业与民用建筑工程和桥梁、道路、水利等土木工程。用水泥、砂、石等原材料外加减水剂或同时外加粉煤灰、矿粉、矿渣、硅粉等混合料，经常规工艺生产而获得的高强混凝土，可用于超高层建筑、大跨度桥梁、架空索道及高速公路等工程建筑项目。纤维增强水泥基复合材料被视为最有前途的建筑复合材料，它可用于内外墙墙体材料、模板材料、土木设施、海洋设施等方面。

9.3.4 纳米材料

影响材料性质的不仅是其组成，其微观组织结构也是重要因素，其中晶粒的尺寸是重要影响因子之一。三维空间中，至少有一维是在纳米级尺寸的材料被称为纳米材料，一般尺寸应小于100nm。

1. 纳米材料的分类

根据化学成分的差异，纳米材料可以分为无机纳米材料、有机高分子纳米材料、无机-有机纳米复合材料。

根据物理形态的差异，纳米材料大致可分为纳米粉末（纳米颗粒）、纳米纤维（纳米管、纳米线）、纳米膜、纳米块体和纳米相分离液体五类。

此外，按空间维度划分，可分为零维、一维、二维、三维纳米材料。零维纳米材料指纳米粒子、原子团簇等；一维纳米材料指纳米纤维，如纳米丝、纳米棒、纳米管等；二维纳米材料一般指纳米膜；三维纳米材料指在三个方向都具有纳米空间结构的材料。

2. 几类纳米材料介绍

1）碳纳米材料

以 C60 和碳纳米管为代表的碳纳米材料在无机纳米材料乃至整个纳米材料领域占有举足轻重的地位。

碳纳米管分为单壁碳纳米管（见图9-16）和多壁碳纳米管。碳纳米管由于具有较好的导电性能和力学性能，可应用于电子领域及工程塑料等领域。通过对碳纳米管的外表面进行改性，可以改善其性能，扩大其应用范围。例如，改性的碳纳米管在生物传感器、微电子技术等领域具有很好的应用前景。

2）纳米钙钛矿类材料

钙钛矿属于复合型氧化物，而钙钛矿型铁电材料可用于新型记忆存储和微电子等领域。常规的钙钛矿型铁电体产生上下伸缩振动的功能较弱，将钙钛矿型铁电体制备成纳米薄膜后，不仅相应功能得以明显提高，而且还开拓了钙钛矿型铁电体新的研究领域，如高温超导体研究等。

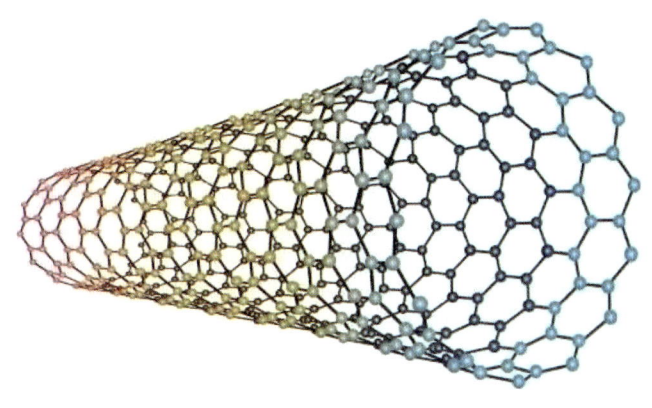

图 9-16　单壁碳纳米管

3）有机纳米材料

目前的纳米材料仍以无机类物质居多，但有机化学以及高分子化学领域中的纳米材料及纳米结构研究工作不断有新成果问世，下面介绍三种。

（1）分子开关是一类重要的纳米器件，是运用有机化学中一些可逆互变反应（如异构互变）设计的开关，可逆反应等式两端的 A 与 B 分别代表该纳米器件的"开"与"关"，同时也代表计算机科学中二进制的"0"和"1"。因此，许多分子开关的研究与纳米存储器件的研究是密切相关的。被应用于分子开关设计的有机物一般具有多环和稠环结构。

（2）高分子纳米材料由多个部分构成，分别为纳米材料结构单元和有机高分子材料，经过复合后可形成高分子纳米复合材料。其中的纳米结构单元种类较多，如金属外壳、陶瓷等。

（3）生物纳米材料是纳米材料与生物医用材料的交叉，将纳米微粒与其他材料相复合，可制成各种各样的复合材料。目前纳米技术用于生物芯片等医用器件的制备研究颇受关注。

3. 纳米材料的应用

纳米材料由于量子尺寸效应、小尺寸效应、表面效应而具备的特性，使其在催化、光吸收、生物医药等方面应用前景广阔。

1）纳米材料的催化作用

纳米颗粒具备众多优异的性质，如比表面积大、表面反应活性高、表面活性中心多、催化效率高、吸附能力强，这些特性使其在化工催化方面有着重要的应用，如汽车尾气净化催化剂、纳米光催化材料。使用纳米镍粉作为反应催化剂的火箭固体燃料，燃烧效率可提高 100 倍。纳米二氧化钛、钙钛矿以及部分纳米层状复合物都表现出较好的光催化作用，可以作为纳米光催化材料。

2）纳米材料的补强增韧作用

纳米材料的小尺寸效应和宏观量子隧道效应使其产生淤渗作用，可深入其他材料（如高分子材料）中，与不饱和键的电子云发生作用，进而与材料的大分子互相结合成立体网状，从而大幅度提高材料的强度、韧性、延展性。少量经过改性的纳米材料添加到工程塑料中可以起到补强增韧且抗磨的作用。

3）纳米材料的光吸收作用

多种物质对光线都具有屏蔽防护的作用，如 Al_2O_3、MgO、ZnO、TiO_2、SiO_2、$CaCO_3$、高岭土等，当这些材料制成纳米粉体，微粒的尺寸与光波波长相当或比其更小时，小尺寸效应会使光吸收显著增强。例如，金属氧化物的纳米粉体能加强紫外线屏蔽效果，30～40nm

的 TiO_2 纳米粉体对波长 400nm 以下的紫外线有极强的吸收能力，而 AL_2O_3 纳米粉体对波长 250nm 以下的紫外线有很强的吸收能力。

4）纳米材料在抗菌、抑菌、除臭等方面的应用

根据杀菌机理，无机纳米抗菌剂可分为两种类型，一类为元素、元素的离子及其官能团的接触性抗菌剂，如 Ag、Cu、Zn、S、As、Ag^+、Cu^{2+} 等；另一类为光催化抗菌剂，如纳米 TiO_2、纳米 ZnO 等。图 9-17 所示为添加无机纳米抗菌剂的卫生洁具。

图 9-17　抗菌卫生洁具

5）纳米材料的抗红外线作用

纳米微粒制成的纳米薄膜和多层膜可用作红外反射材料。通常将包含有 Al_2O_3、MgO、ZnO 等的陶瓷粉体称为远红外陶瓷粉，这些材料对红外线有极强的屏蔽作用。

6）纳米材料的医学应用

纳米材料作为药物载体，其应用前景广阔，可以开发新型的缓控释药剂或靶向治疗药剂。例如，在 10～50nm 的 Fe_2O_3 磁性微粒表面涂覆高分子材料（如聚甲基丙烯酸），再与蛋白相结合后可注入生物体内。动物临床实验表明，这种载有高分子和蛋白的纳米磁性粒子作为药物载体，注射到动物体内后，在外加磁场的作用下，通过纳米 Fe_2O_3 的磁性导航，使药物移向病变部位，达到定向治疗的目的。

9.3.5　生态环境材料

1. 生态环境材料的定义

生态环境材料的定义学术界目前还没有统一的描述。一般认为，在环境保护意识指导下，通过开发或改进，赋予传统结构材料、功能材料以特别优异的环境协调性而所获得的材料，即所谓的生态环境材料。生态环境材料与传统材料不可分离，通过对现有传统工艺流程的改进和创新，以实现材料生产、使用和回收的环境协调性，是生态环境材料发展的重要内容。

生态环境材料具备以下特征。

（1）节约能源，提高能量效率，即改善材料的性能，降低能量消耗，达到节能的目的。

（2）节约资源，通过提高性能降低材料消耗，从而节省资源；或者通过提高材料的资源利用率，节省资源。

（3）可重复使用，材料制成的零部件回收后，仅需要通过清洗、灭菌、磨光和表面处理等即可再次使用。

（4）可循环再生，材料制成的产品报废回收后，可作为原材料，生产新产品。

（5）结构可靠性，材料使用时具有不会发生任何断裂或意外的性质。

（6）化学稳定性，材料制品在寿命周期内，不会在使用环境中发生化学降解。

（7）生物安全性，不含有毒、有害、导致过敏和发炎、致癌和环境激素的元素和物质，在使用过程中，不会对动物、植物和生态系统造成危害。

（8）有毒、有害替代性，可以用来替代已经在环境中传播并引起环境污染的材料，如生物降解塑料有很高的可置换性。

（9）舒适性，材料在使用时能给人提供舒适感，包括抗震性、吸收性、抗菌性、温度控制、除臭性等。

（10）环境清洁、治理功能，材料具有对污染物分离、固定、移动和解毒以便净化废气、废水和粉尘等的性质。

所以，生态环境材料的定义是循序渐进不断发展的，随着经济、科技的进步，会不断调整其定义，以促进生态环境材料的研究发展，促进资源短缺和环境恶化等问题的解决，从而从真正意义上实现人与自然的和谐发展。

2．常见生态环境材料介绍

1）金属类生态环境材料

钢铁工业及有色冶金工业会生成大量的炉渣，主要为钢渣和赤泥。钢渣是炼钢过程中产生的废渣，其大量堆放，占用土地，影响环境。通过将其转化为高炉、转炉炉料，可在钢铁厂内自行循环使用，或制成道路材料、建筑工程材料等。赤泥是铝土矿提炼氧化铝过程中产生的废弃物，容易造成土地碱化，污染地下水。通过循环使用，赤泥被用作生产水泥、新型墙体的材料及填充料。

2）无机非金属类生态环境材料

无机非金属材料是除了金属材料、高分子材料的所有材料的统称。

无机非金属材料生态化改造的基本原则是从设计、制造、使用到退役、废弃、循环再生都必须与环境有优良的协调性。例如，水泥厂将其他行业排放的矿渣、钢渣、粉煤灰、拆除建筑材料等作为原料，并将城市垃圾等作为燃料，发展生态水泥工业。

生态混凝土是典型的无机非金属类生态环境材料。通过材料优选、采用特殊工艺制造出来的具有特殊结构与表面特性的混凝土，能够适应动、植物生长，对调节生态平衡、美化环境、实现人类与自然的协调具有积极作用。生态混凝土的提出，标志着人类在处理混凝土材料与环境关系的过程中采取了更加积极、主动的态度。生态混凝土不仅仅作为建筑材料，为人类构筑所需要的结构物或建筑物，而且它是与自然融合的，是对自然环境和生态平衡具有积极保护作用的材料。图9-18所示为使用生态水泥修复山体前后效果对比，时间间隔为2个月。

图9-18 使用生态水泥修复山体前后效果对比

3）可降解塑料

普通塑料在自然条件下自动降解的速度极其缓慢，有的长达数年、数十年，甚至数十年都不一定能完全降解。可降解塑料则不同，在合适的环境中数小时或数个月就能降解。可降解塑料一般分为光降解和生物降解两大类。光降解是塑料吸收太阳光中的紫外线，使高分子链断裂的过程。生物降解的过程分为两步：第一步是填充在塑料中的淀粉被真菌等微生物侵袭，渐渐消失，从而在聚合物中形成多孔破坏结构，增大塑料的表面积；第二步是剩下的塑料发生自氧化作用，使分子链断裂，生成分子量较低的聚合物碎片，达到能被微生物代谢的程度。图 9-19 所示是采用可降解塑料生产的快餐盒。

4）再生纸

再生纸用废纸作为原料。首先，将废纸从家庭、企事业单位回收；其次，在水中进行软化和分散处理，将废纸中的塑料膜、订书钉、胶等异物用过滤、离心分离等方法除去；再次，用表面活化剂乳化分解印刷油墨，用水冲洗掉携带油墨颗粒的泡沫，并根据需要决定是否化学漂白；最后，根据造纸工艺制作成再生纸。图 9-20 所示为使用再生纸制作的记事本。

图 9-19 采用可降解塑料生产的快餐盒

图 9-20 使用再生纸制作的记事本

9.3.6 生物医用材料

1. 生物医用材料的分类

生物医用材料是用于对人体进行诊断、治疗、修复或替换其发生病变、损伤的组织、器官或增进其功能的新型高技术材料，其作用药物不可替代，且其治疗途径的特点是与生物机体直接结合或相互作用。

生物医用材料涉及的学科领域广泛，交叉度高，从不同的角度有多种分类方法，主要可按以下几个方面分类。

1）按材料来源分类

① 天然生物材料：如生物缝合线，甲壳素、纤维素等制成的人工肾、人工肝等。

② 人工合成材料：如硅胶和其他高分子聚合物、陶瓷、金属等。这类材料又可按照属性分为金属与无机非金属材料、高分子材料与人工生物材料等。

2）按材料性质分类

① 医用高分子材料：硅胶、聚合物等。

② 医用金属材料：如各种钛合金等。
③ 医用无机非金属材料：如生物陶瓷等。
④ 医用复合材料：如牛心包制作的人工心瓣膜。
⑤ 生物衍生材料与杂化材料：如人工皮肤的胶原、葡萄糖膜等。

3）按材料应用部位和用途分类
① 硬组织材料：包括骨、软骨、牙齿材料等。
② 软组织材料：各种软组织填充剂，包括液体填充剂。
③ 心血管材料：包括人工血管、心血管导管等。
④ 血液代用材料：包括代血浆、人工红细胞等。
⑤ 分离、过滤、透析膜材料：包括血液净化、取浆分离用膜材料等。

4）按材料使用目的分类
① 非植入性材料和制品：各种注射器、输液器、输血器、医用织物等。
② 植入性材料和制品：如多孔聚乙烯、聚四氟乙烯、聚甲基丙烯酸甲酯等。

5）按材料与人体接触时间分类
① 短期接触材料：接触时间在 24 小时内的材料。
② 长期接触：接触时间在 24 小时到 30 天内的材料。
③ 永久性接触：接触时间超过 30 天，甚至终身植入体内的材料。

6）按材料与人体组织之间的相互作用分类
① 生物医用惰性高分子材料：在人体内不降解、不变性、不会引起长期组织反应的高分子材料，适合长期植入体内。
② 生物医用活性高分子材料：植入生物体内能与周围组织发生相互作用，可促进肌体组织、细胞等生长的材料。
③ 生物医用可吸收高分子材料：材料能在体内逐渐降解，其降解产物能被肌体吸收代谢，并通过排泄系统排出体外，对人体健康没有影响，又称生物降解高分子材料。如用聚乳酸制成的体内手术缝合线、体内黏合剂等。
④ 细胞与基因活性材料：材料被设计成能在分子水平上激活细胞和基因的专一性，从而激活活体组织再生。

2．生物医用材料的应用

1）硬组织材料的应用

此类材料主要用于生物机体的关节、牙齿及其他骨组织，用于替代损伤或严重病变的硬组织，如骨骼、牙等。

牙齿修复过程中需要用到多种生物医用材料，首先要用生物陶瓷制作义齿（见图 9-21），再用钛金属植入材料将义齿植入口腔。常用生物陶瓷包括羟基磷灰石陶瓷、生物活性玻璃陶瓷、磷酸钙玻璃陶瓷等。该类材料具有良好的生物相容性，与人体骨组织中的无机成分十分相似，当其被植入活体骨组织后，能与骨组织发生有机的结合，并参与骨组织的新陈代谢，促进骨组织的生长。

人造关节用于置换因骨折、骨质疏松症、关节炎而失去功能的关节，用于治疗颈椎骨折及股骨头坏死等，迄今已研制出膝、髋、肘、肩、指关节假体用于临床。

图 9-22 所示为钛合金制造的人工骨骼植入体，其具有良好的生物相容性以及生物稳定性，且与人类骨骼的比重相差不大，不会引起各种副作用。而用骨骼中的磷酸钙和骨胶原组成的复合材料制成的人造骨骼，则是新一代人工骨骼，其强度与弹性均接近于真正的骨骼，把它

移植到缺损部位，在骨骼重构的作用下，磷酸钙和骨胶原被吸收，人工物质转变成骨骼，从而实现骨骼的再生。

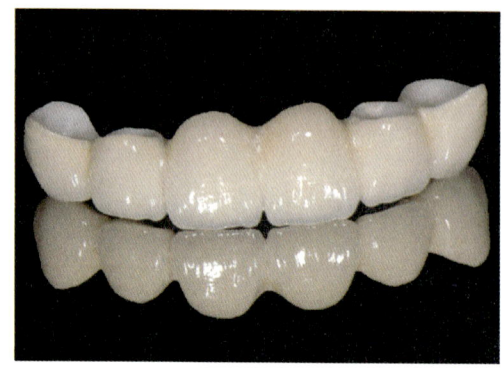

图 9-21 生物陶瓷义齿

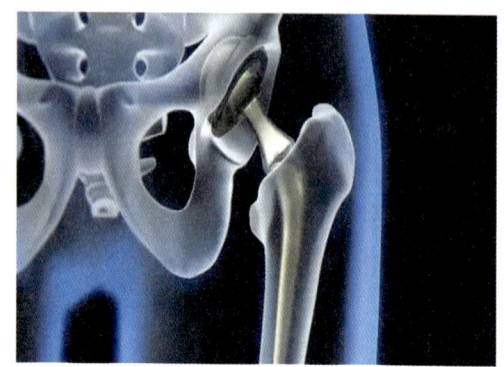

图 9-22 钛合金制造的人工骨骼植入体

2）软组织材料的应用

软组织材料主要用于制作人体软组织，特别是人工皮肤、人工脏器的膜和管材。聚氨酯、聚氨基酸、胶原蛋白、血纤维蛋白等可以用来制作人工皮肤；聚四氟乙烯、聚甲基丙烯酸甲酯、聚酰胺、聚酯、硅橡胶、乙酸纤维素等可以用来制作人工心脏、人工瓣、人工肾脏、人工肝脏、人工肺、人工血管、人工食道等。

3）生物降解材料的应用

生物降解材料是在生物机体内，在体液及其酸、核酸作用下能不断降解，并被机体吸收或排出体外，最终完全被新生组织取代的天然或合成的生物医用材料。生物降解材料主要用于吸收型缝合线、药物载体、愈合材料、黏合剂以及组织缺损用修复材料等。

药物缓释控是生物降解材料的重要应用，如胶原、海藻酸钠、透明质酸等天然高分子材料以及聚酯、聚醚、聚酰胺等人工合成高分子材料都可用作药物缓释控材料。

医用缝合线是生物降解材料在医学方面的另一个重要应用。传统的可降解吸收缝合线是羊肠线，它的吸收周期较短，为 15 天。聚乙交酯丙交酯（PGLA）是一种分解周期较长的可吸收医用缝合线，它的强度和手感都要比普通合成纤维优异，正逐渐取代长期使用的羊肠线以及合成纤维缝合线。

9.3.7 智能材料

1. 智能材料的定义

与传统材料不同，智能材料不以单一的材料形式存在，而是以某一智能化体系方式存在。一般将由多种材料组元，通过有机紧密复合或严格的科学组装而构成的材料系统称为智能材料。智能材料必须具备感知、驱动和控制这三个基本功能要素。

智能材料的设计指导思想有两种：一是材料的多功能复合；二是材料的仿生设计。基于这些原因，智能材料具有或部分具有下列智能功能和生命特征：传感功能、信息识别及存储功能、反馈功能、响应功能、自诊断功能和自修复功能、自调节功能等，具体描述如下：

传感功能。感知自身情况以及所处的外部环境变化，如负载、应力、应变、振动、热、光、电、磁、化学、核辐射等的强度及其变化。

信息识别及存储功能。能够分析传感网络形成的信息，并对其进行分类存储。

反馈功能。借助传感网络，对感知到的信息进行对比分析，将结果提供给控制中心。

响应功能。根据内、外部条件的变化，做出适时的动态反应。

自诊断功能。能够通过分析比较系统当前状态与过往的情况，对简单的系统问题进行自诊断并予以校正。

自修复功能。能够通过自生长、自繁殖等再生机制，实现局部损伤或破坏的修复。

自调节功能。能够针对不断变化的内、外部环境和条件，适时地调整系统自身的结构功能，保证系统始终处于最优状态。

2. 智能材料的分类

根据智能材料的功能特征，可将其分为感知材料和响应/驱动材料两大类，如图 9-23 所示。

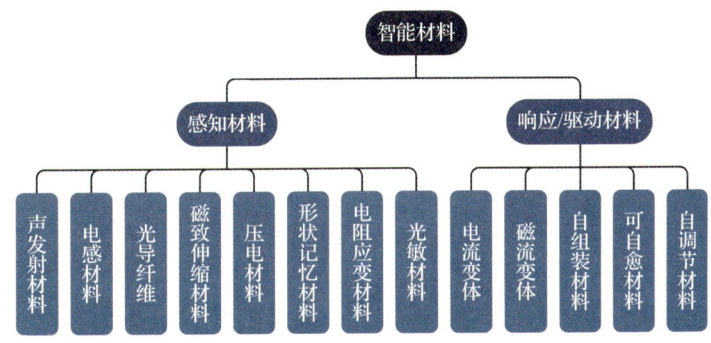

图 9-23　智能材料的分类

感知材料对外界的刺激具有感知作用，可用于制造传感器，可感知外界环境刺激并进行信息采集。响应/驱动材料可对外界环境条件或内部状态发生的变化做出响应或驱动，可用于制造执行器。智能系统的执行器类似于生物体的肌肉，它在外界或内部状态变化时做出相应的响应，这种响应可以表现在力、位移、颜色、频率、数码显示、信息存储等方面。可用作执行器的材料包括形状记忆材料、压电材料、电流变体、磁流变体、磁致伸缩材料等。从上文的描述中可知，部分材料同时具备感知和驱动功能。

3. 智能材料的应用

1）仿生防污材料

仿生防污材料以自然界某些特别生物本身的长效防污机制为研制依据，是可用于防止海洋生物污损，实现友好抵制附着物的仿生材料。海洋生物污损指海水环境中海洋生物附着在结构物表面，对其造成污损等不良影响。海洋生物污损一方面增加船舶航行阻力，增加燃油消耗；另一方面会影响船舶的使用性能，增加维护修理费用。

自然界中许多生物没有被其他生物寄生，因它们自身存在各不相同但极为有效的防污机制。通过对这些生物防污机制进行模拟、组合，人类开发了仿生防污材料。仿生防污材料的原理主要是通过材料表面的表面能、弹性模量、表面双电性等物理化学特性或结构特征来防止污损海生物附着，或使之易于脱除。例如，丹麦海虹老人公司推出的基于水凝胶技术的有机硅防污涂料 Hempasil x3，该产品的机理是使凝胶聚合物通过缓慢分离释放，与海水作用在涂层表面形成凝胶，从而大幅提升涂料抗海藻和黏泥污损的效果。

2）形状记忆合金的应用

形状记忆材料指具有形状记忆效应（SME）的材料。形状记忆效应是指将材料在一定条件下进行一定限度以内的变形后，再对材料施加适当的外界条件，材料的变形随之消失并恢复到变形前的形状的现象。SME 最先在金属材料中发现，20 世纪 80 年代科学家发现在一些陶瓷和高分子材料中也存在 SME。

形状记忆合金由于具有优异的性能而被广泛应用于日常生活中，以及航空航天、机械电子、生物医学、桥梁建筑、汽车工业等领域。

受铁定甲虫拥有强壮的外骨骼启发，英国 BAE 系统公司开发出一种采用镍钛记忆合金制成的新型车用悬挂系统，可保护军用车辆免受爆炸等恶劣作战环境的影响。BAE 的新型悬挂系统可完美替代旧式弹簧减震悬挂系统，并且在爆炸环境下可恢复原状。BAE 目前已开发出记忆合金悬挂系统的原型，该原型已通过 5 次爆炸测试。新型悬挂系统拥有的出色防爆特性源于形状记忆合金的高强韧材料结构，该系统能够适应多变的战场环境，能有效提高人员和装备的灵活性和生存能力。

图 9-24 形状记忆合金轮胎

美国国家航空航天局成功研发出使用形状记忆合金制成的免充气轮胎（见图 9-24），用以取代探测车的老款轮胎。这种轮胎采用镍钛合金制作，不会像一般金属那样在外力作用下不断延伸直到断裂。在载荷下，这种镍钛合金的原子结构会重新排列，导致其外形发生改变，当载荷减轻或者消失之后，其原子结构会再次重新排列，形状也随之恢复。这种形状记忆合金可以实现在变形 30% 的情况下不发生永久变形或者损坏；其还能够在延伸 10% 之后恢复原本的形态，而普通金属材质只能延展 0.3% ~ 0.5%。这种形状记忆合金轮胎的优点在于不会像充气轮胎那样存在泄气或者爆胎的风险，也不容易受到温度变化的影响。

3）自修复材料的应用

材料损伤是影响材料功能的主要原因之一，微观损伤进一步发展引发的宏观损伤是对材料耐久性的最大考验。如果能对这种早期的损伤或者裂纹进行修复，则会对消除安全隐患、增强材料的强度和延长材料的使用寿命具有重大意义。在现代工业装备中，自修复材料可以感知环境变化并实时做出反应，因此，可以实现装备在早期损伤情况下的低成本维修甚至是零成本维修的目标。

美国海军研究署和卡内基梅隆大学共同研发出可自愈金属——弹性体复合材料，成功解决了柔性材料无法自修复的难题。这种材料制成的电路具有高度柔性，可以在极端的机械损伤下创建绕过受损区域的新电气连接，从而进行自我修复，并且不需要引入外部的能量及设备。图 9-25 所示为由可自愈金属——弹性体复合材料制成的复杂电路，可承受拉伸和扭曲。这种新型金属——弹性体复合材料可以大幅提升柔性电子设备的使用寿命和性能，在软体机器人、仿生机器人和可穿戴电子设备领域具有巨大的应用前景。经过试验，在这种新材料制成的电路上引入切割、穿孔等机械损伤，电路的导电性能没有明显的变化，并且可以承受 180° 折叠和 1.32MPa 的压力 1000 余次。

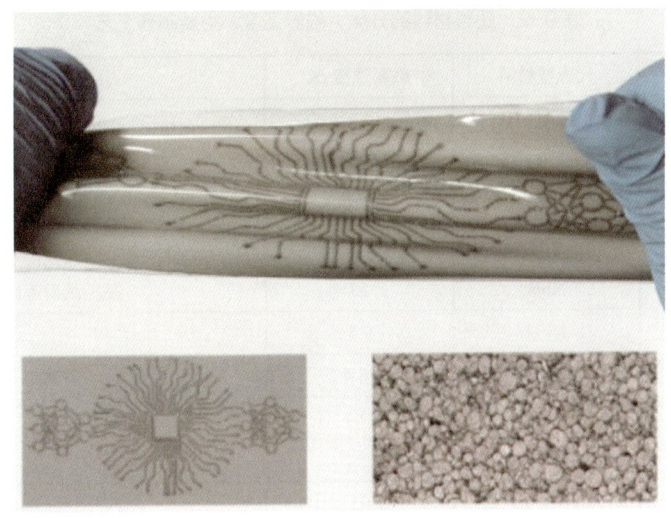

图 9-25 由可自愈金属——弹性体复合材料制成的复杂电路

4)在医学领域的应用

智能材料在生物医学领域应用广泛,如可以用智能材料作为药物释放体系(DDS)的载体材料,可根据病情所引起的化学物质和物理量(信号)的变化自我反馈、控制药物释放的通/断特性。国内研究者以醋酸洗必泰为模型药物,组成基材型药物释放体系,释放行为特征为:药物在酸性条件下达到稳态释放,而 pH 值在 7 或 8 左右时,由于溶胀的作用使药物几乎不能释放。目前,人们正探索用于治疗癌细胞的 DDS,如从对细胞无毒、无抗原性且可降解的支链淀粉出发,用疏水性胆固醇取代亲水性多糖部分,以提高它和癌细胞的相容性,而癌细胞可以作为该疏水化多糖的感受器。用此疏水化支链淀粉和抗癌药物复合,可以得到能识别癌细胞而对正常细胞无影响的 DDS。

9.3.8 超导材料

1. 超导材料的分类

1911 年,荷兰物理学家卡麦林·昂尼斯首次发现了超导现象:将水银(Hg)冷却到接近绝对零度(约等于摄氏零下 273°)时,其电阻突然消失。后来他又发现许多金属(如铝、锡)和合金都具有与水银类似的特性:在接近绝对零度的低温下电阻为零,由于无电阻的特殊导电性能,昂尼斯将这种特性称为超导态。使普通材料转变为超导材料的温度被称为超导材料的临界温度。

然而,临界温度成为超导材料实用化的障碍,即温度壁垒。在发现高温超导材料之前,人们研究的各种超导材料的最高超导转变温度只有 23K,因此,超导材料只能在复杂、昂贵的液氦介质中工作。超低温制冷技术及成本问题极大地限制了超导技术的开发应用。

1986 年高温氧化物超导体的出现,突破了低温壁垒,把超导材料应用的温度从液氦温区提高到了液氮温区(77K,1K=-272.15℃)。同液氦相比,液氮是一种非常经济的冷媒,并且具有较大的热容量,给工程应用带来了极大的方便。

因此,超导材料主要分高温超导材料和低温超导材料这两大类(见表 9-2),其应用范围很宽广,主要有强电(电力)和弱电(电子)这两大方面。

表 9-2 超导材料的分类、临界温度、主要制备工艺

分　　类		代表性材料	临界温度 /K	主要制备工艺
低温超导材料	金属（单元素）	Al	1.2	热蒸发、电子束蒸发、磁控溅射等制备薄膜
		In	3.4	
		Pb	7.19	
		Nb	9.26	
	合金和金属化合物（多元素）	NbN	15	磁控溅射等制备薄膜
		NbTi	9.5	多芯复合加工法等制备线材
		NB3Sn	18.4	
		V3Si	17.1	
		Nb3Ge	23.2	
高温超导材料	氧化物陶瓷	YBaCuO	92	磁控溅射、电子束共蒸、脉冲激光沉积等制备薄膜
		BiSrCaCuO	107	
		HgBaCaCuO（高压）	164	

2．超导材料的特性

超导材料具备零电阻、抗磁性、磁通量子效应及约瑟夫森（Josephson）效应（也称为超导"隧道"效应）等基本特性，正是这些特性使它在电力、可控核聚变、磁悬浮、电磁推进装置、储能、磁材料、微电子以及微波器件等领域显示出其他材料无法比拟的优越性。

1）零电阻特性

当超导材料被冷却到临界温度以下时，其电阻会突然消失。超导材料的零电阻特性是超导材料实用化的最重要的基础，由于其无发热损耗，在超导输电、超导发电、储能、磁材料、变压器、电机等方面较常规材料有着巨大的优越性。

2）完全抗磁性

当把一个超导体放置于磁场中时，超导体的表面将会出现感生电流，可以屏蔽外部磁场，由于超导体电阻为零，感生电流不会衰减，因此外部磁场将被完全屏蔽，此时超导体内的磁场为零，且不随时间变化。1933 年 Meissner 发现，超导体一旦处于超导态，其内部磁场永远为零，而与磁化过程没有关系。该特性是超导磁悬浮、储能、重力传感器等应用的基础。

3）磁通量子效应

磁通量子效应即进入超导环中的磁通是量子化的，科研人员已证实了最小量子磁通的存在，由此开发了超导磁通量子器件及超导量子干涉器，来探测微弱磁场。

4）约瑟夫森（Josephson）效应

1961 年，约瑟夫森（Josephson）根据经典超导理论提出，当夹在两块超导体之间的非超导层薄到一定程度时，这两块超导体间将有隧穿电流通过。根据该原理，科研人员研发了超导电子学器件，如放射线和电磁波传感器、电压标准计量、超导计算机等。

3．超导材料的应用

由于超导材料的零电阻特性，因此其无发热损耗，较常规导体有着巨大的优越性。下面以高温超导材料为例简单介绍几种超导材料的应用。

（1）超导输电电缆：损耗低，不需要使用绝缘油，没有环境污染，使用方式灵活，可以减少电力运行成本。利用相同截面积的高温超导电缆比常规电缆所传送的电力高 3～5 倍。

（2）超导变压器（见图9-26）:损耗非常小，不需要变压器油，结构紧凑、质量小、噪声低，同时具有能源和环境效益，且便于运输和使用。因为不需要变压器油，能消除火灾及环境污染的风险，适合在高密度城区及建筑物的内部等不适合安装油浸变压器的地方使用。

（3）超导电动机（见图9-27）:体积小、质量小、效率接近100%，节省能源。如果舰船的推进装置使用高温超导电动机，则可将推进装置缩小五分之一左右，特别适合于舰船的电力推进装置。

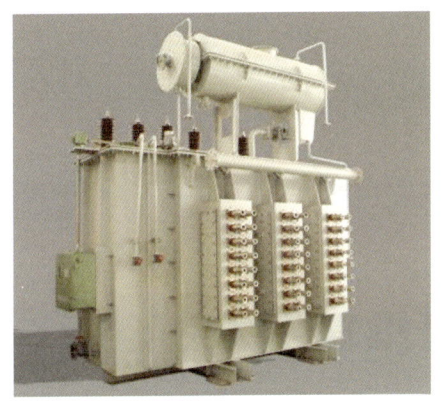

图 9-26　超导变压器

图 9-27　超导电动机

（4）超导磁共振成像仪：利用了磁场强度高，且磁场具有高度的均匀性和稳定性的特性，如图9-28所示。

（5）超导储能装置：可以长期保存储存的能量，能量密度大、体积小、不受场地限制，可节省送变电设备，减少送变电损耗，提高电能质量。

（6）超导磁悬浮列车(见图9-29):悬浮间隙大、速度高,相对于低温超导的磁悬浮列车而言，制冷费用低、制冷设备简单。

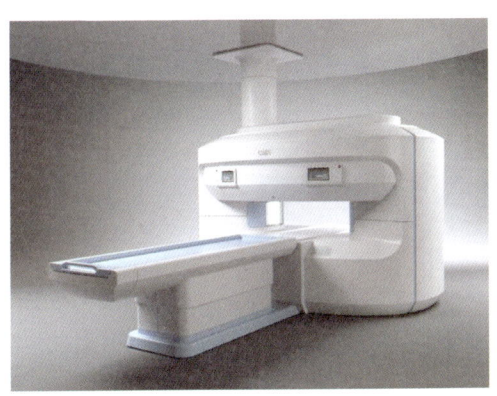

图 9-28　超导磁共振成像仪

图 9-29　高温超导磁悬浮列车

（7）超导电磁推进系统（见图9-30）：利用高温超导磁体可以产生一个很强的磁场，再通过船上的一对电极放电，使穿过推进系统被笼罩在磁场内的海水产生电流，电流与磁场之间产生作用力推动船舶前进，使船舶不再需要螺旋桨，因此可以大大降低振动和噪声。

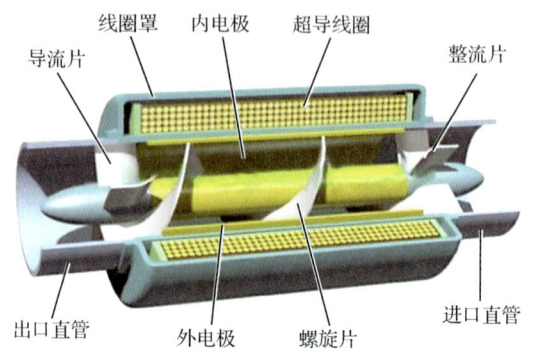

图 9-30　超导电磁推进系统

9.4 "学以致用"——碳纤维复合材料在自行车中的运用

自行车是日常生活中便捷、环保的代步工具，目前，自行车已经不仅仅是交通工具，还具备健身、旅行、竞赛等多种属性。传统的自行车车架都是用金属，如钢、铝合金等制作的，碳纤维复合材料从 2000 年开始推动了自行车行业的"黑色革命"，碳纤维车架逐渐取代金属材质车架，成为高级运动自行车车架及许多零部件的主要制造材料。图 9-31 所示为采用碳纤维复合材料的自行车。

图 9-31　采用碳纤维复合材料的自行车

采用碳纤维复合材料制作自行车的车架、车把等主要结构，具有非常明显的优势，主要体现在以下几个方面：

（1）强度大。碳纤维指的是含碳量在 90% 以上的高强度高模量纤维。高质量的碳纤维复合材料车架，强度高于铝合金车架。所以，现在许多对强度要求极高的山地车、速降车的车架、车把等都会使用碳纤维复合材料来制造。

（2）质量小。每立方厘米碳纤维的质量为 1.5～2g，是非常理想的轻量化材料。用于职业竞赛的公路自行车质量要求是不得低于 6.8kg，但公路自行车如果大量使用高级碳纤维复合材料，质量可以控制在 5kg 左右。

（3）刚度高。自行车车架的刚度直接关系到骑车人踩踏发力时的力量传输效率。优质的碳纤维复合材料车架比金属材质的车架更加硬朗，更适合运动骑行，特别是在爬坡和冲刺时，表现得尤为明显。

（4）可塑性高。碳纤维复合材料部件可采用大面积的一体成型工艺，可以减少零部件的数量，部件表面看不到接驳的痕迹，结构强度高，并且能优化自行车整车的组装工序。采用碳纤维复合材料可以设计、制造更加新颖的自行车造型。碳纤维复合材料的高可塑性能较好地改善自行车的空气动力学性能，能使骑行速度更快。

在制造过程中，要根据力学原理采用碳纤维单向预浸料，将其按照纤维角度的走向对碳纤维预浸料进行铺设。首先，将铺设的预浸料卷制到芯模上，卷制到设计尺寸后，取出芯模。其次，将卷制好的碳纤维部件对接，把对接好的部件半成品按照技术工艺要求装进模具，在电热炉台上充气加压并加温固化。部件成型后要进行加工处理，主要是上胶插接，并放进烤箱进行固化。最后对胶合后的部件进行补土、喷漆、打磨等工序去除表面缺陷，达到表面光滑平整。

本章习题

1. 简述新材料的定义。
2. 简要阐述结构材料的发展趋势。
3. 描述功能材料的定义。
4. 新材料的研发主要包括哪些内容？
5. 简述现代工业对新材料的需求趋势。
6. 新材料的发展对产品设计有何意义？
7. 新材料对产品设计的影响主要体现在哪些方面？
8. 留意周围的生活环境，看看哪些产品应用了新材料。
9. 信息存储材料主要有哪几种？
10. 柔性 OLED 属于什么材料？
11. 处于技术前沿的新能源材料主要有哪些？
12. PEMFC 的关键材料重点涉及哪几类？
13. 锂离子电池的负极材料主要有哪些？
14. 储氢材料主要有哪几类？
15. 何为复合材料？复合材料由哪几部分组成？
16. 先进复合材料具有哪些特点？
17. 根据基体材料的差异，复合材料可以分为哪几类？
18. 纳米材料具备哪些特性？
19. 无机纳米抗菌剂有哪两类？
20. 生态环境材料具备哪些特征？
21. 简述生态混凝土的功效。

22. 可降解塑料分为几种类型？对每种类型进行简要说明。
23. 简述再生纸的加工过程。
24. 阐述医用生物材料的主要应用方向。
25. 智能材料具备哪些特征？
26. 智能感知材料有何作用，主要包括哪些种类的材料？
27. 什么是形状记忆效应？
28. 超导材料具备哪些特性？

参 考 文 献

[1] 赵占西，黄明宇，等．产品造型设计材料与工艺 [M]．北京：机械工业出版社，2016．
[2] 王玉林，苏全忠，等．产品造型设计材料与工艺 [M]．天津：天津大学出版社，1994．
[3] 关瑾，朱钟炎，范圣玺，等．产品设计材料与工艺 [M]．青岛：中国海洋大学出版社，2015．
[4] 殷晓晨，张良，韦艳丽，等．产品设计材料与工艺 [M]．合肥：合肥工业大学出版社，2009．
[5] 程能林，刘长英，等．产品造型材料与工艺 [M]．北京：北京理工大学出版社，1991．
[6] 张锡．设计材料与加工工艺 [M]．北京：化学工业出版社，2010．
[7] 汪湘芸．设计材料及加工工艺 [M]．北京：北京理工大学出版社，2003．
[8] 邹家生．材料连接原理与工艺 [M]．哈尔滨：哈尔滨工业大学出版社，2005．
[9] 吉姆·莱斯科．工业设计——材料与加工手册 [M]．北京：中国水利水电出版社，知识产权出版社，2005．
[10] 张宗登，张红颖，刘李明．材料的设计表现力 [M]．合肥：合肥工业大学出版社出版，2011．
[11] 王玉林，苏全忠，曲远方．产品造型设计材料与工艺 [M]．天津：天津大学出版社，2004．
[12] 陈思宇，王军．产品设计材料与工艺 [M]．北京：中国水利水电出版社，2021．
[13] 贺松林，焦玉琴，张泉，等．产品设计材料与加工工艺 [M]．北京：电子工业出版社，2020．
[14] 赵彦钊、殷海荣．玻璃工艺学 [M]．北京：化学工业出版社，2006．
[15] 吴柏诚．玻璃制造工艺基础 [M]．北京：中国轻工业出版社．1997．
[16] 尹盛玉．锂离子电池负极材料钛酸盐的合成及电化学性能研究 [D]．武汉：武汉大学，2010．
[17] 谢建新，等．材料加工新技术与新工艺 [M]．北京：冶金工业出版社，2004．
[18] 李全林．前沿领域新材料 [M]．南京：东南大学出版社，2008．
[19] 耿文范．神奇的现代新材料 [M]．北京：兵器工业出版社，1991．
[20] 郑佳，王旖旎，周思凡．新材料 [M]．济南：山东科学技术出版社，2018．
[21] 谭毅，李敬锋．新材料概论 [M]．北京：冶金工业出版社，2004．
[22] 李俊寿．新材料概论 [M]．北京：中国轻工业出版社，国防工业出版社，2004．
[23] 徐竹．复合材料成型工艺及其应用 [M]．北京：国防工业出版社，2017．
[24] 王联翔，孙秀春，郑兴我，华芳．陶瓷产品装饰设计与制作 [M]．北京：中国轻工业出版社，2016．
[25] 高淑雅．智能材料及其应用 [J]．陕西科技大学学报，2004（05）：163-166．
[26] 白子龙．智能材料研究进展及应用综述 [J]．军民两用技术与产品，2020（03）：15-20．
[27] 鞠燕，黄永程，邓超兵．材料成形加工工艺综述 [J]．化学工程与装备，2019（04）：239-240．